广 西 生 态

赵其国　黄国勤　主编

中国环境出版社·北京

图书在版编目（CIP）数据

广西生态/赵其国，黄国勤主编．—北京：中国环境出版社，2014.6

ISBN 978-7-5111-1859-2

Ⅰ．①广…　Ⅱ．①赵…②黄…　Ⅲ．①生态环境—环境保护—研究—广西　Ⅳ．①X321.267

中国版本图书馆 CIP 数据核字（2014）第 095505 号

出 版 人　王新程
责任编辑　孔　锦
责任校对　尹　芳
封面设计　彭　杉

出版发行　中国环境出版社
（100062　北京市东城区广渠门内大街 16 号）
网　　址：http：//www.cesp.com.cn
电子邮箱：bjgl@cesp.com.cn
联系电话：010-67112765（编辑管理部）
010-67187041（学术著作图书出版中心）
发行热线：010-67125803，010-67113405（传真）

印　　刷　北京中科印刷有限公司
经　　销　各地新华书店
版　　次　2014 年 6 月第 1 版
印　　次　2014 年 6 月第 1 次印刷
开　　本　787×960　1/16
印　　张　17
字　　数　290 千字
定　　价　68.00 元

赵其国院士为《广西生态》题词：

维护生态安全，建设生态广西；

推进生态文明，建设美丽广西。

赵其国

2014年3月5日

赵其国，中国科学院院士，中国科学院南京土壤研究所研究员、博士生导师，著名土壤学家、农学家、生态学家。

编 委 会

前 言

2007 年 10 月，党的十七大报告首次明确地提出了建设“生态文明”的战略目标；2012 年 11 月，党的十八大又进一步提出“五位一体”、建设“美丽中国”的总体布局与战略构想；2013 年 11 月，党的十八届三中全会通过的《中共中央关于全面深化改革若干重大问题的决定》，更加明确地提出“加快生态文明制度建设”，指出：“建设生态文明，必须建立系统完整的生态文明制度体系，实行最严格的源头保护制度、损害赔偿制度、责任追究制度，完善环境治理和生态修复制度，用制度保护生态环境。”这充分反映了党中央对保护生态环境、建设生态文明的极端重视。按照党中央的战略部署，我国各地正在积极维护生态环境、推进生态文明、建设美丽中国，向着“经济与生态协调发展、人与自然和谐共处”的美好明天迈进。

广西是我国西部地区重要省区（市）之一，位于西南边陲，东与广东紧挨，南濒北部湾、面向东南亚，西南与越南毗邻，正在成为中国南部沿海一个高速发展的“龙头”。广西是西南地区最便捷的出海通道，是中国—东盟博览会的举办地，在中国与东南亚的经济交往中占有重要地位。广西现有人口 4 682 万人（2012 年），占全国 3.46%，区内聚居着壮、汉、瑶、苗、侗等民族。广西沿海、沿边、沿江，不仅具有丰富的森林资源，还有奇特的喀斯特地貌，广西具有诸多生态优势与环境特色。

新中国成立 60 多年来，在党和政府的正确领导下，在广西全体干部和广大群众的共同努力下，广西生态环境保护与生态文明建设取得巨大成就，这是有目共睹的。然而，在肯定广西取得巨大生态环境成就的同时，也要看到广西仍然存在诸多生态环境问题，危及广西区域生态安全，对建设广西生态文明极为不利。

为从理论和实践两方面系统分析、总结广西生态的组成、结构、功能及其发展演变规律，指出其生态安全面临的问题并寻求积极对策和措施，以推进广西生态文明、建设美丽广西，在国家自然科学基金重点项目“广西红壤肥力与生态功能协同演变机制与调控”（项目批准号：U1033004）的支持下，中国科学院南京土壤研究所赵其国院士带领项目组成员，在广泛调查与深入研究的基础上，编撰了《广西生态》一书。

该书共分六章。第一章，绪论，对生态的含义、广西区情及生态环境概况等进行了简要分析；第二章，广西环境，介绍了广西环境的组成、特点及其存在的主要问题；第三章，广西生物，从广西植物、动物、微生物，以及生物多样性四个层次，介绍了广西生物的种类、数量、特点及其可持续发展；第四章，广西生态系统，对广西常见的几类生态系统的结构、功能及其演替进行了分析；第五章，广西生态安全，着重论述了广西生态安全的重大意义、广西生态安全面临的问题及挑战，以及维护广西生态安全的对策与措施；第六章，广西生态可持续发展，对广西生态农业、生态旅游、生态文化的可持续发展进行了探讨，提出了广西生态可持续发展保障措施。总体上看，该书是一部理论联系实际的区域生态学著作，值得一读。

全书由中国科学院院士赵其国、江西农业大学首席教授黄国勤主编，中国科学院南京土壤研究所、江西农业大学、广西农业科学院、广西大学、中国科学院亚热带农业生态研究所等单位的相关科技人员参加调研和编写。在此，对支持和参加《广西生态》一书研究和编写工作的所有同志表示感谢！

因时间仓促，书中可能存在不少缺点甚至错误，敬请广大读者批评指正！

主　编

2014年3月12日

目　录

第一章　绪　论*

第一节　生态含义

什么是生态？可以有以下几种理解：

第一种，生态，可以这样简单地理解为：生，即指生物，泛指地球上的一切生物；态，事态，无生命的东西，可泛指除生物之外的一切无机环境；生态就是生物与其环境组成的综合体，是二者的总称、统称。

第二种，生态一词，现在通常指生物的生活状态。指生物在一定的自然环境下生存和发展的状态，也指生物的生理特性和生活习性。

第三种，生态（Eco-）一词源于古希腊字“oikos”，意思是指家（house）或者我们的环境。简单地说，生态就是指一切生物的生存状态，以及它们之间和它与环境之间环环相扣的关系。

第四种，“生态”一词涉及的范畴也越来越广，人们常常用“生态”来定义许多美好的事物，如健康的、美的、和谐的等事物均可冠以“生态”修饰，如生态食品、生态服装、生态住宅、生态建筑、生态旅游等。

第五种，“生态”也常常是“生态学”的简称。生态学（Ecology），是德国生物学家恩斯特·海克尔于1866年定义的一个概念：生态学是研究生物体与其周围环境（包括非生物环境和生物环境）相互关系的科学。目前已经发展为“研究生物与其环境之间的相互关系的科学”。

为简化起见，本书着重从生物与环境及其相互关系角度，对“广西生态”进行分析和讨论。

---

* 本章作者：黄国勤（江西农业大学）

第二节 广西区情概述

一、广西地理概况

广西壮族自治区简称桂，地处祖国南疆，位于东经 104°26'—112°04'，北纬 20°54'—26°24'，北回归线横贯全区中部。广西区位优越，南临北部湾，面向东南亚，西南与越南毗邻，东邻粤、港、澳，北连华中，背靠大西南。是西南地区最便捷的出海通道，也是中国西部资源型经济与东南开放型经济的结合部，在中国与东南亚的经济交往中占有重要地位。广西周边与广东、湖南、贵州、云南等省接壤。东南与广东省省界线长约 931 km，东北与湖南省省界长约 970 km，北面与贵州省省界长约 1 177 km，西面与云南省省界长约 632 km。西南与越南社会主义共和国边界线长约 637 km。大陆海岸线长约 1 500 km。全区土地总面积 23.67 万 km^2，占全国总面积 2.47%。东西最大跨距约 771 km，南北最大跨距（南至斜阳岛）约 634 km。

二、广西地形

广西地势。由西北向东南倾斜，四周多被山地、高原环绕，呈盆地状。盆地边缘多缺口，桂东北、桂东、桂南沿江一带有大片谷地。

广西地貌。属山地丘陵盆地地貌，分中山、低山、丘陵、台地、平原、石山 6 类。中山为海拔 800 m 以上山地，面积约 5.6 万 km^2，占总面积的 23.7%；低山为海拔 400～800 m 山地，面积约 3.9 万 km^2，占 16.5%；丘陵为海拔 200～400 m 山地，面积约 2.5 万 km^2，占 10.6%；台地为介于平原与丘陵之间、海拔 200 m 以下地区，面积约 1.5 万 km^2，占 6.3%；平原为谷底宽 5 km 以上、坡度小于 5°的山谷平地，面积约 4.9 万 km^2，占 20.7%；石山地区约 4.7 万 km^2，占 19.9%。中山、低山、丘陵和石山面积约占广西陆地面积的 70.8%。石灰岩地层分布广，岩层厚，褶纹断裂发育，为典型的岩溶地貌地区。

广西山系。主要分盆地边缘山脉和盆地内部山脉两类。边缘山脉：桂北有凤凰山、九万大山、大苗山、大南山和天平山；桂东北有猫儿山、越城岭、海洋山、都庞岭和萌渚岭，其中猫儿山主峰海拔 2 141 m，为南岭及广西的最高峰；桂东南有云开大山；桂南有大容山、六万大山和十万大山等；桂西多为岩溶山地；桂西北为云贵高原边缘山地，有金钟山、岑王老山等。内部山脉在东翼有东北—西南走向的驾桥岭和大瑶山，西翼有西北—东南走向的都阳山和大明山，两列山脉在镇龙山会合，构成完整的弧形。弧形山脉内缘，构成以柳州为中心的桂中盆地；弧形山脉外缘，构成沿右江、郁江和浔江分布的百色盆地、南宁盆地、郁江平原和浔江平原。

广西水系概况。广西河流众多，总长约3.4万km；水域面积约8 026 km^2，占陆地总面积的3.4%。河流的总体特征是：山地型多，平原型少；流向大多与地质构造一致；水量丰富，季节性变化大；水流湍急，落差大；河岸高，河道多弯曲、多峡谷和险滩；河流含沙量少；岩溶地区地下伏流普遍发育。河流分属珠江、长江、红河、滨海四大流域的五大水系。属珠江流域的有西江、北江两水系，其中西江水系以红水河、柳江、黔江、郁江、浔江和桂江为主，流域面积占全自治区陆地面积的85.2%；属长江流域的有洞庭湖水系，主要为湘江上游；属红河流域的有百都河，经越南流入北部湾；属滨海流域的是独流入海的桂南沿海诸河，流域面积占全自治区陆地面积的10.7%。

广西海岸和岛屿。大陆海岸东起广东、广西交界的洗米河口，西至中越交界的北仑河口，全长1 500多km。海岸类型为冲积平原海岸和台地海岸。海岸迂回曲折，多溺谷、港湾。海岸沿线形成防城港、钦州港、北海港、铁山港、珍珠港、龙门港、企沙港等天然良港。沿海有岛屿697个，总面积66.9km^2。涠洲岛是广西沿海最大的岛屿，面积约24.7km^2。

广西滩涂和浅海。广西沿海滩涂面积1 000多km^2，其中软质沙滩约占90%；浅海面积6 000多km^2。海洋生态环境良好。

三、广西气候概况

广西地处低纬，北回归线横贯中部，南濒热带海洋，北接南岭山地，西延云贵高原，属云贵高原向东南沿海丘陵过渡地带，具有周高中低、形似盆地，山地多、平原少的地形特点。广西地处中、南亚热带季风气候区，在太阳辐射、大气环流和地理环境的共同作用下，形成了气候温暖、热量丰富，降水丰沛、干湿分明，日照适中、冬短夏长，灾害频繁、旱涝突出，沿海、山地风能资源丰富的气候特点。

（一）气候温暖，热量丰富

广西气候温暖，热量丰富，各地年平均气温在16.5～23.1℃。等温线基本上呈纬向分布，气温由南向北递减，由河谷平原向丘陵山区递减。全区约 65%的地区年平均气温在 20.0℃以上，其中右江河谷、左江河谷、沿海地区在 22.0℃以上，涠洲岛高达 23.1℃。桂林市东北部以及海拔较高的乐业、南丹、金秀年平均气温低于 18.0℃，其中乐业、资源只有 16.5℃。

广西各地极端最高气温为 33.7～42.5℃。其中，沿海地区、百色市南部山区及金秀、南丹、凤山、乐业、天等在 33.7～37.8℃，其余地区 38.0～42.5℃，百色为全区最高。

广西各地极端最低气温为−8.4～2.9℃。桂北山区−8.4～−4.0℃，资源为全区最低；北海市、防城港市南部及博白、都安极端最低气温在 0℃以上，其余各地在−3.9～−0.2℃。

日平均气温≥10℃的积温（简称≥10℃积温），表示喜温作物生长期可利用的热量资源。广西各地≥10℃积温在 5 000～8 300℃，是全国积温最高的省区之一，具有自北向南，由丘陵山区向河谷平原递增的特点。如此丰富多样的热量资源，为各地因地制宜发展多熟制和多种多样的经济作物提供了有利的气候条件。

（二）降水丰沛，干湿分明

广西是全国降水量最丰富的省区之一，各地年降水量为 1 080～2 760 mm，大部分地区在 1 300～2000 mm。其地理分布具有东部多，西部少；丘陵山区多，河谷平原少；夏季迎风坡多，背风坡少等特点。广西有三个多雨区：① 十万大山南侧的东兴至钦州一带，年降水量达 2 100～2 760 mm；② 大瑶山东侧以昭平为中心的金秀、蒙山一带，年降水量达 1 700～2 000 mm；③ 越城岭至元宝山东南侧以永福为中心的兴安、灵川、桂林、临桂、融安等地，年降水量达 1 800～2 000 mm。另有三个少雨区：① 以田阳为中心的右江河谷及其上游的田林、隆林、西林一带，年降水量仅有 1 080～1 200 mm；② 以宁明为中心的明江河谷和左江河谷至邕宁一带，年降水量为 1 200～1 300 mm；③ 以武宣为中心的黔江河谷，年降水量为 1 200～1 300 mm。

由于受冬夏季风交替影响，广西降水量季节分配不均，干湿季分明。4—9 月为雨季，总降水量占全年降水量的 70%～85%，强降水天气过程较频繁，容易发生洪涝灾害；10 月—次年 3 月是干季，总降水量仅占全年降水量的 15%～30%，干旱少雨，易引发森林火灾。

（三）日照适中，冬少夏多

广西各地年日照时数 1 169～2 219 h，比湘、黔、川等省偏多，比云南大部地区偏少，与广东相当。其地域分布特点是：南部多，北部少；河谷平原多，丘陵山区少。北海市及田阳、上思在 1 800 h 以上，以涠洲岛最多，全年达 2 219 h。河池、桂林、柳州三市大部及金秀、乐业、凌云、那坡、马山等地不足 1 500 h，金秀全年日照时数最少，只有 1 169 h。其余地区在 1 500～1 800 h。

广西日照时数的季节变化特点是夏季最多，冬季最少；除百色市北部山区春季多于秋季外，其余地区秋季多于春季。夏季各地日照时数为 355～698 h，占全年日照时数的 31%～32%；冬季各地日照时数只有 186～380 h，仅占全年日照时数的 14%～17%。

（四）灾害频繁，旱涝突出

广西气象灾害相当频繁，经常受到干旱、洪涝、低温冷害、霜冻、大风、冰雹、雷暴和热带气旋的危害，其中以旱涝最突出。

按干旱发生的季节划分，广西有春旱、夏旱、秋旱和冬旱。危害广西的旱灾主要是春旱和秋旱。干旱发生频率的地域差异较大，春旱以桂西地区居多，而秋旱多出现在桂东地区。全广西大范围的春旱 4～5 年一遇，但百色和崇左两市、防城港市北部、北海和南宁两市南部、河池市西部等地发生春旱的频率达 70%～90%。全广西大范围的秋旱 2～3 年一遇，但桂东北大部、桂中盆地及其邻近地区等地发生秋旱的频率达 70%～90%。

广西暴雨洪涝灾害频繁。每当汛期，强降水天气常造成山洪暴发、河水上涨，冲毁和淹没农作物、道路、街道、房屋，冲毁水库、桥梁、电站等设施，引发山体滑坡、泥石流等地质灾害。广西洪涝发生频率大的地区有两类：一是降水量多、暴雨多的地区，例如柳州市北部、桂林市中部、沿海地区和玉林市南部，以及马山、都安、凌云等地；二是广西大、中河流沿岸各市、县，特别是地处江河中、下游及交叉口海拔较低的河谷平原地带，例如柳州盆地，郁江、浔江、西江沿岸等地。

（五）沿海、山地风能资源丰富

广西地处季风气候区，冬季盛行偏北风，夏季盛行偏南风。广西风能资源丰富区主要集中于沿海地区和海拔较高的开阔山地。其中北部湾沿海一带离海岸 2 km 以内的近海区域和岛屿以及大容山等山体相对孤立的中、高山区，年平均风功率密度超过 200 W/m^2，年平均风速在 5.5 m/s 以上，年有效风速时数在 5 500 h 以上，风能资源十分丰富，具有很高的开发价值。此外，桂北的湘桂走廊冬季风能也具有开发利用的潜力。

四、广西人口、民族分布状况

2001 年年末广西全区总人口为 4 788 万，2012 年年末广西全区总人口为 4 682 万。

广西是多民族聚居的自治区，世居民族有壮、汉、瑶、苗、侗、仫佬、毛南、回、京、彝、水、仡佬 12 个，另有满、蒙古、朝鲜、白、藏、黎、土家等 40 多个其他民族成分。

壮族是广西人数最多的少数民族，主要聚居在桂西、桂中地区的南宁、柳州、崇左、百色、河池、来宾 6 市。靖西县是壮族人口比重最高的县，达 99.7%。汉族在各地均有分布，在南部沿海及东部地区较为集中。同时，广西是以壮族为主体民族实行民族区域自治的省份。1958 年 3 月 5 日，国务院批准成立广西壮族自治区。此外，从 1951 年起，先后批准在各少数民族聚居地建立多个自治县。到 2007 年，全自治区设有民族乡 58 个，其中瑶族乡 46 个，苗族乡 8 个，瑶族苗族乡、回族乡、侗族乡、仫佬族乡各 1 个。

五、广西资源和物产概况

（一）土地资源

广西土地总面积 23.67 万 km^2，占全国土地总面积的 2.5%，居各省、自治区、直辖市第九位。山多地少是广西土地资源的主要特点，山地、丘陵和石山面积占自治区总面积的 69.8%，平原和台地占 26.9%，水域占 3.3%。

（二）矿产资源

广西矿产资源种类多，储量大。全自治区发现矿种 145 种（含亚种），占全国探明资源储量矿种的 45.8%；探明储量的矿藏有 97 种，其中 64 种储量居全国前 10 位，12 种居全国第一位。在 45 种重要矿藏中，广西探明资源储量的有 35 种。有色金属矿尤为丰富，是全国十大有色金属矿产区之一。

（三）水力资源

广西河流众多，水力资源丰富。地表河流总长 3.4 万 km，常年径流量约 1 880 亿 m^3，占全国地表水总量的 6.4%，居各省、自治区、直辖市第四位。水能资源理论蕴藏量 2 133 万 kW，可开发利用 1 751 万 kW。红水河水能资源丰富，被誉为中国水电资源的“富矿”。

（四）海洋资源

广西南临北部湾，海岸线曲折，溺谷多且面积广阔，形成众多天然良港。基岩海岸和沙砾质线较长，优质沙滩多，旅游开发前景好。海洋水产资源丰富，有主要经济鱼类 50 多种、虾蟹类 10 多种，是中国著名渔场、南珠产地。海洋油气资源储量大。潮汐能理论蕴藏量高达 140 亿 kW。沿海红树林面积 7 200 多 hm^2，居全国第二位。

（五）动植物资源

广西发现陆栖脊椎野生动物 929 种（含亚种），约占全国总数的 43.3%。有国家重点保护的珍稀动物 149 种，约占全国总数的 44.5%，其中国家一级保护动物 24 种，占全国的 26.8%。沿海有鱼类资源 500 多种，虾蟹类 220 多种。野生植物 288 科 1 717 属 8 354 种，居全国第三位，其中国家一级保护植物 37 种，包括金花茶、银杉、桫椤、擎天树等。全自治区森林面积 1 252.5 万 hm^2，森林覆盖率 52.71%。

（六）旅游资源

广西山川秀丽，民风淳朴，旅游资源得天独厚。有山清水秀、洞幽石奇的自然景观，古朴浓郁的少数民族风情，风光旖旎的热带滨海风光，以及众多的文物古迹。列为国家级风景名胜区的有桂林漓江、桂平西山和宁明花山；列为自治区级风景名胜区的有南宁青秀山、隆安龙虎山、金秀大瑶山、灵川青狮潭、资源八角寨—资江、容县都峤山、防城港江山半岛等 31 处。国家重点文物保护单位有三江程阳风雨桥、合浦大士阁、兴安灵渠、桂林靖江王府及王陵、忻城莫土司衙署、容县经略台真武阁、花山崖壁画等 42 处。有国家级、自治区级旅游度假区 10 个。精品旅游区有：以桂林市为中心的大桂林山水文化休闲度假旅游区，南宁商务会展绿都文化旅游区，以北海银滩为主的滨海旅游区，乐业大石围天坑群旅游区，德天瀑布旅游区，桂东宗教名胜历史文化旅游区，贺州山水古镇生态文化旅游区，以柳州为中心的桂中壮瑶苗侗民族风情生态旅游区，来宾、金秀“三圣”旅游区，以凭祥、靖西为重点的南国边关风情旅游区等。

（七）土特产品

广西气候温暖湿润，阳光充足，利于作物生长。除稻谷、玉米等大宗粮食作物，花生、油茶籽等油料作物，甘蔗、黄红麻等大宗经济作物外，还有众多的著名地方特产。地方名优蔬菜品种主要有荔浦芋、玉林大蒜、横县大头菜、博白雍菜、扶绥黑皮冬瓜、田林八渡笋、覃塘莲藕、长洲慈姑等。药用植物有田七、肉桂、罗汉果、绞股蓝、血竭、安息香等。著名热带及亚热带水果有荔枝、龙眼、木瓜、凤梨、香蕉、杧果、沙田柚、柑、橙、菠萝蜜等。优良禽畜品种有三黄鸡、香猪、都安山羊、德保矮马、右江鹅等。林产品有松脂、桐油、紫胶等。海产品有珍珠、对虾、青蟹、花刺参、方格星虫和红鳍笛鲷细纹、黄斑、金线鱼等经济鱼类。

六、广西国土资源概况

广西土地总面积 23.76 万 km^2，占全国土地总面积的 2.5%，在全国各省、自治区、直辖市中排第 9 位。截至 2007 年 10 月 31 日（年度土地变更调查时点），广西农业用地 1 786.89 万 hm^2（其中耕地 421.47 万 hm^2），建设用地 94.4 万 hm^2，未利用地 494.29 万 hm^2。已发现矿种 147 种（含亚种），其中探明资源储量 98 种。在探明资源储量矿产中，储量排全国前 10 位的有 66 种，居全国首位的有锰、重稀土、镓、钪、砷、化肥用灰岩、压电水晶、方解石、玛瑙、水泥配料用页岩、水泥配料用泥岩、膨润土 12 种。大陆海岸线东起粤桂交界处的英罗港，西至中越边境的北仑河口，全长 1 500 多 km；20 m 等深线以内浅海面积 6 488 km^2，滩涂面积 1 005 km^2；海岛总数 624 个，岛屿岸线长度 354.46 km，岛屿面积 45.81 km^2，其中涠洲岛（广西沿海最大岛屿）面积约 28 km^2。北部湾中国海域面积 12.93 km^2。

第三节　广西生态环境概况

2012 年，广西生态环境质量总体保持良好，环境保护优化经济发展的作用不断显现，“山清水秀生态美”的品牌优势得到增强。

2012 年，广西 14 个设区市环境空气质量均达到国家城市环境空气保护目标要求（达二级标准），空气优良天数占比为 98.8%，柳州市近 10 年来首次达到二级标准；39 条主要河流水质达标率为 97.2%；国界、省界交界断面水质继续保持优良，珠江流域广西重点河流断面整体水质达标率仍保持 100%；近岸海域水质基本保持稳定，大部分海洋环境功能区达到水质保护目标要求，海洋环境功能区达标率为 90.9%；全区 71.4%的城市区域声环境质量和 92.9%的城市道路交通声环境质量为好和较好，城市各类功能区噪声昼间达标率为 97.4%，夜间达标率为 66.4%；辐射环境处于正常水平；森林覆盖率达到 61.4%。

第二章 广西环境*

第一节 环境概述

在环境科学中，一般认为环境是指围绕人类的空间及可以直接影响人类生活和发展的各种自然因素的总称。在人类几百万年的历史进程中，环境对开创人类文明和进步发挥着巨大作用。大气、水源、土地、草原都是让人类得以生存的物质基础；而森林、矿藏等资源又为人类的不断发展提供物质，创造出地球上高度的人类文明。但是，人类在开发利用环境资源的同时，也对自己的生存环境产生了一系列环境问题。为此，了解和熟悉我们的生存环境对于人类的生存和发展至关重要。

一、环境及生态环境内涵

环境，汉语最基本的解释，一是环绕一定中心的周围；二是周围的情况和条件。在英语中"environment"来自法语单词"environ"或"environner"。意思是"附近""周围"，这两个词又依次来自古法语"virer"和"viron"，意思是"包围""环绕""围住"。据此，所谓环境，无论汉语还是英语的理解，都解释它是环绕一个中心的客观物质的条件或情况（李文苑，2007）。

环境是相对并相关于某项中心事物的周围事物，是指围绕着某一事物（通常称其为主体）并对该事物会产生某些影响的所有外界事物（通常称其为客体）。中心事物是环境最主要的属性，代表了环境服务的对象和重点，是环境的主体，与中心事物相关的周围事物就是环境客体，客体可以是物质的，也可以是非物质的。离开了这个主体或中心事物，环境就失去了明

* 本章作者：熊柳梅、梁家作、杨连春、吴少玲、王凤琴（广西农业科学院）

确的含义，也就无所谓环境。因此，环境只具有相对的意义（左玉辉，2002；潘爱芳和赫英，2004）。在环境科学中所研究的环境是人类的生存环境，它包括自然环境和社会环境。自然环境指的是环绕于人类周围的各种自然因素的总和；社会环境是人类在长期的发展中，所创造的适宜人类生产、生活和发展的一类环境。

“生态环境”这一汉语名词最初是在 20 世纪 50 年代初期自俄语“ӘKOTOΠ”和英语“ecotope”翻译而来。时至今日，“生态环境”术语已经基本脱离了原来的“母体”。生态环境是指影响人类生存和发展的各种自然资源和环境因素的总称，即生态系统（王孟本，2003），一般指气候资源（气候环境）、水资源（水环境）、土地资源（土地环境）、生物资源（生物环境）。自然资源即自然环境，是对人类生存和发展能够创造财富的自然环境要素。生态学中，生态系统是指在一定空间内，生物群落与周围环境组成的自然体。因此，生态环境的实质是指生物圈这一大的空间，与人类的生存发展有着密切关系。生态环境的提出是生态学向人类生活和社会形态等方面的扩展。

二、环境分类

依据人类赖以生存的环境要素将自然环境划分为气候环境、地质环境、土壤环境、水环境和生物环境。实质上自然环境是各种自然资源与环境因素的总和。

（一）气候环境

包围地球的空气称为大气。气候环境是指生物赖以生存的空气的物理、化学和生物学特性。主要包括空气的温度、湿度、风速、气压和降水，这一切均由太阳辐射这一原动力引起。

地球上的大气环境是环境的重要组成要素，并参与地球表面的各种过程，是维持一切生命所必需的。大气环境的优劣，对整个生态系统和人类健康有着直接的影响。某些自然过程不断地与大气之间进行物质和能量交换，直接影响着大气的质量，尤其是人类活动的加强，对大气环境质量产生了深刻的影响，研究大气受到的污染是当前面临的重要环境问题之一，因此，了解和掌握当前环境状况是维护和解决环境问题的前提基础。

（二）地质环境

地质环境是指影响人类生存、发展的地壳表层的岩石、土壤、地下水等地质体及其活动的总体，包括地球表层岩石圈和风化层两部分地质体的组成、结构和各类地质作用与现象（邢永强等，2008）。地质环境是具有一定空间范围（从地表或岩石圈表层到人类生产活动所能达到的地壳深部）的客观实体，包含物质组成、地质结构和动力作用三个基本要素。它是与地质作用密切相关的自然环境，它与自然环境一样具有自然属性与社会属性。

（三）土壤环境

所谓土壤环境实际是指连续覆被于地球陆地地表的土壤圈层（李天杰等，1999）。从生态学角度讲，土壤也是一个生态系统。土壤生态系统实际上是以土壤生物（包括土壤中生物和地表动植物）和土壤为主体的部分或土壤——植物系统与环境之间相互作用的系统。土壤生态环境是指土壤环境中围绕生物因素的物理和化学环境。而土壤环境的物质组成、结构，基本特性和功能是生物生存和发展的基础。

（四）水环境

水环境是指围绕人群空间及可直接或间接影响人类生活和发展的水体，其正常功能的各种自然因素和有关的社会因素的总体（中华人民共和国国家标准，GB/T 50095—98）。按照环境要素的不同，水环境可以分为：海洋环境、湖泊环境、河流环境等。

（五）生物环境

生物环境是指环境因素中其他的活着的生物相对于由物理化学的环境因素所构成的非生物环境而言，与有机环境同义。按照环境要素的不同，生物环境可分为：农田环境、森林环境、草原环境等。

第二节　自然环境

一、地理

广西壮族自治区地处中国大陆最南端，位于东经 104°26′～112°04′，北纬 20°54′～26°24′（广西壮族自治区人民政府公报，2009），北回归线横贯中部，经过苍梧—桂平—上林—那坡一线，是我国 4 个北回归线贯穿的省区之一，属低纬地区。广西最东至贺州市八步区南乡金沙村，最西达西林县马蚌乡清水江村，最北抵全州县大西江乡炎井村，最南为北海市斜阳岛。西北接云南，北连贵州，东北靠湖南，东南邻广东，西南与越南接壤。广西背靠云贵高原，面向西南北部湾，大陆海岸线长 1 595 km，是我国唯一地处沿海的自治区。全区土地总面积 2 367 万 hm^2，占全国总面积的 3.47%，居各省区第九位（广西统计年鉴，2011）。

二、气候

气候要素是指各种气象要素的多年平均值或特征值。包括气温、降水、湿度、风、云量等，其中最能说明一个地区气候特征的气候要素，主要是气温和降水两个方面的状况。

广西地处低纬度，近距北部湾、四周高山环绕、中部山岭纵横、河流穿梭，致使广西气候具明显的亚热带季风气候特征，气象灾害频繁。

（一）气温和光照强度

广西各地气温近十年来在 18.8～23.9℃，年平均气温在 21.0℃以上（表 2-1），各地年日照时数 1 169～2 219 h。

表 2-1　1998—2010 年广西各地平均气温　　单位：℃

年份	1998	1999	2000	2001	2002	2003	2004	2005	2006	2007	2008	2009	2010
南宁	23.0	21.8	21.5	22.4	21.8	22.1	21.6	21.5	22.0	21.7	20.9	22.2	21.8
柳州	21.7	21.3	20.8	21.0		21.8	21.4	21.0	21.4	21.6	20.8	22.2	21.2
桂林	19.9	19.6	18.8	19.3	19.4	19.6	19.7	19.2	19.6	20.1	19.3	20.0	19.6
梧州	20.7	20.5	21.6	21.3	21.6	21.9	21.4	21.4	21.8	21.9	21.0	21.9	21.4

年份	1998	1999	2000	2001	2002	2003	2004	2005	2006	2007	2008	2009	2010
北海			23.0	22.9		23.6	23.1	23.0	23.4	23.1	22.2	23.2	23.3
防城			22.6	22.5		23.4	22.9	22.7	23.2	23.1	22.2	23.2	23.3
钦州	23.3	22.9	22.6	22.4	22.8	23.4	22.9	22.8	23.4	23.4	22.4	23.5	23.3
贵港			22.0	21.8		22.6	22.1	22.0	22.3	22.3	21.4	22.6	22.0
玉林	22.8	22.5	22.3	22.2		23.0	22.4	22.6	23.1	23.1	22.1	23.1	22.8
百色	22.7	22.4	21.9	22.1	22.6	22.9	22.3	22.1	22.5	22.4	21.4	22.7	22.8
贺州			20.1	20.3		20.9	20.7	20.4	20.7	21.3	20.4	21.2	20.6
河池	21.5	21.4	20.6	21.1	21.5	21.8	21.3	21.0	20.9	20.9	20.1	21.2	20.6
来宾						21.8	21.4	21.2	21.5	21.6	20.8	21.9	21.4
崇左						23.5	22.9	22.7	23.4	23.2	22.4	23.9	23.5
均值	22.0	21.6	21.5	21.6	21.6	22.3	21.9	21.7	22.1	22.1	21.2	22.3	22.0

注：数据自参考文献。广西统计年鉴，1999—2011 年。

（二）降水

广西降水量丰富，各地年降水量为 717.7～4 147.7 mm，大多数降雨量集中在 1 000～2000 mm（表 2-2）。但全区降水量季节分配不均，干湿季分明。4—9 月的雨季，其间总降水量占全年降水量的 70%～85%，10 月至次年 3 月的旱季，总降水量仅占全年降水量的 15%～30%。广西气象灾害相当频繁，经常受到干旱、洪涝、低温冷害、霜冻、大风、冰雹、雷暴和热带气旋的危害，其中以旱涝最为突出。

表 2-2　1998—2010 年广西各地平均降雨量　　单位：mm

年份	1998	1999	2000	2001	2002	2003	2004	2005	2006	2007	2008	2009	2010
南宁	1 275.0	1 232.0	905.0	1 778.6	1 318.5	1 297.6	906.3	1 119.2	1 159.4	1 008.1	1 625.0	963.1	1 376.9
柳州	1 552.0	1 835.0	1 437.0	1 627.0		940.6	1 253.4	1 681.1	1 487.6	1 673.8	1 928.5	997.3	1 259.4
桂林	2 143.0	2 018.0	2 056.0	1 419.1	2 807.0	1 554.7	1 842.9	1 877.4	1 773.1	1 397.3	2 140.6	1 866.4	1 855.7
梧州	1 420.0	1 592.0	904.2	1 673.9	1 525.5	1 089.2	1 207.2	1 508.5	1 946.6	1 196.9	1 465.3	1 395.9	1 650.2
北海			1 283.9	2 700.0		1 287.1	1 110.6	1 462.6	1 519.8	1 384.2	2 728.4	1 611.6	1 351.6
防城			1 865.0	4 147.7		2 219.6	1 922.4	2 792.6	1 701.6	2 348.3	2 959.3	2 433.2	2 141.8
钦州	1 656.0	1 796.0	1 884.4	2 917.1	2 562.3	2 336.2	2 050.4	2 055.8	1 767.9	1 855.8	2 766.3	1 783.3	1 634.8
贵港			1 040.7	2 085.1		1 208.3	1 352.5	1 253.5	1 729.2	1 363.0	1 367.0	1 418.6	1 534.9
玉林	1 549.0	1 375.0	1 400.4	1 809.0		1 201.4	1 412.1	998.8	1 610.0	1 289.4	2 194.2	1 605.8	1 764.7
百色	1 015.0	1 058.0	717.7	1 206.7	1 206.2	1 075.2	729.8	1 329.5	1 223.5	962.5	1 499.8	868.4	1 075.3
贺州			1 178.0	1 956.2		1 283.2	1 345.1	1 394.5	1 840.0	1 154.8	1 647.1	1 214.2	1 895.3

年份	1998	1999	2000	2001	2002	2003	2004	2005	2006	2007	2008	2009	2010
河池	1 488.0	1 370.0	1 648.1	1 423.2	1 494.3	1 166.7	1 229.3	1 200.5	1 260.8	1 498.0	1 768.3	973.7	1 276.1
来宾						1 190.7	1 306.8	1 211.0	1 158.6	934.3	1 616.3	991.7	1 711.6
崇左						1 035.2	877.9	1 123.5	1 055.1	992.5	1 502.0	963.0	990.6
均值	1 512.3	1 534.5	1 360.0	2 062.0	1 819.0	1 349.0	1 324.8	1 500.6	1 516.7	1 361.4	1 943.4	1 363.3	1 537.1

注：数据引自参考文献。广西统计年鉴，1999—2011 年。

（三）气候变化

随着经济的发展、城镇建设加快及人类活动的影响，多种事实证明地球气候系统正经历一次以全球变暖为主要特征的显著变化，气候变暖已成全球关注的热点问题。广西的气温与降雨也相应地发生着变化，覃卫坚等（2010）对 1951—2008 年广西 80 个气象观测站的气温观测资料统计分析，结果是广西大部分地区年平均气温有很显著的增高趋势，平均 50 年增高 0.6℃，桂中和桂北的平均气温增幅较大，其中灵川、阳朔、柳州、金秀、天峨、岑溪、凭祥气温增高了 1℃以上。全区的气候变暖主要来自最低气温升高的贡献；冬季增温最明显，而春季则是增温最慢的季节（黄梅丽等，2008）。黄嘉宏等（2006）对 1957—2001 年的气温和降雨数据分析的结果显示，广西总体上是气温极明显的增温，但降雨无明显长期变化异常。

（四）气候变暖对广西农业的影响

1．对作物种植制度和品种布局的影响

≥10℃积温及其持续日数增加，将改变作物品种搭配，使作物的种植北界向北移，并使其种植高度向海拔更高的地区发展。气候变暖将使广西高海拔山区由目前的两熟制逐步被不同组合的三熟制所取代。同时，双季稻的品种搭配也可进行调整，晚熟品种也可适当的逐步的北移至桂中和桂北进行栽植。

根据黄梅丽等对广西全区各个气象站的多年气候资料分析，得出年平均气温与地理经度、纬度和海拔高度的气候学方程推算，若年平均气温每升高 1℃，气候带将向北移动 1.41 个纬度距离，相当于 155 km，海拔高度向上移动 209 m。因此，气候变暖将使作物的种植北界向北移动，桂北将可能逐步成为甘蔗、荔枝、龙眼等名特优产品的适宜种植区。广西是多山省份，山地面积占总面积约 71%，随着气候的变暖，甘蔗、双季稻、果树等种植高度将有所提高。这对山区农业的发展有利。

2. 对作物品质和产量的影响

未来气候变暖对农作物产量的影响因不同作物而异。气温升高使作物生长发育速度加快，对于无限生长习性的作物如块根作物和牧草等，有利于生长期延长，增加产量；而对于有限生长习性的水稻等作物，则由于发育速度加快，生育期缩短，生长量减少，导致单产下降。目前广西大部地区气温较高，热量资源丰富，未来气候变暖将加剧高温热害和伏旱等不利天气的产生，对作物品质和产量的不利影响将更为突出。

3. 对病虫草害的影响

一般地说，温度低，病原菌和害虫的潜育期长；温度升高，则潜育期缩短。未来气候变暖，特别是冬季气温升高，有利于病原菌和害虫安全越冬，使来年春夏季节的病源和虫源基数增大，引发危害面积扩大，作物受害程度加重，对病虫害的控制也将更困难。气候变暖还使害虫的地理分布范围扩大，并使一些害虫种的越冬界线北移。

未来气候变暖后，各种杂草将变得异常茂盛，这也将成为农业耕地的严重问题。

（五）农业气象灾害

广西地理环境复杂，气候多变，自然灾害较频繁，主要农业气象灾害有洪涝、干旱、低温阴雨、霜冻、高温热害等。广西1987—1996年各种农业气象灾害的发生概率明显高于1957—1986年，严重灾害出现的周期比过去短，如严重性的春旱、春季低温阴雨、洪涝等发生的频率比1957—1986年偏高16.7%～26.7%，受灾程度有明显加重的趋势，且具有灾害突发性强、强度大、影响范围广、受灾时间长、损失越来越严重等特点。

2009年8月至2010年4月上旬，广西气温显著偏高，降水量明显偏少，导致大范围夏秋冬春连旱，给农业生产、人民生活等方面造成了严重影响。统计数据显示，灾情最严重的时候广西有100个县（市、区）受灾，324.5万人、159.95万头大牲畜饮水困难；全区农作物受灾107.98万hm^2，成灾34.44万hm^2，绝收3.16万hm^2，因灾造成直接经济损失33.16亿元。

气候变暖的同时，仍然有极端气候事件发生。例如1999年冬季的严重霜冻，使广西农作物受害面积约140×10^4 hm^2，大量的甘蔗、果树、蔬菜、海产品被冻死、冻伤，直接经济损失近200亿元。2004年2月9—10日，受强冷空气南下影响，广西先后有64个县、市出现霜冻、冰冻天气。2008年1—3月、12月，低温雨雪冰冻、霜冻、寒潮给广西造成了不同程度的影响，其中 1 月 12 日至 2 月 20 日出现的 1951 年以来持续时间最长、影响范围和强度最大的低温雨雪冰冻灾害为历史罕见。据统计，此次全区受灾人口 1 676.8 万人，因山体滑坡死亡 2 人，农作物受灾 135.3×10^4 hm^2，因灾造成直接经济损失 321.75 亿元，超过新中国成立以来任何一次同类灾害造成的损失。

气候变暖导致农业气象灾害出现新的变化，总体而言是灾害发生更加频繁，强度更大，损失更严重。

三、地质与地形

（一）地质

地质和地形有极密切的关系，一个区域地形的发育受地质构造的深切支配。广西的地质经历了元古代、早古生代、晚古生代、中生代和新生代五大发展阶段。

十多亿年前的元古代，广西是一片浩瀚的海洋。中元古代末，桂北地区发生强烈的地壳运动——四堡运动，九万大山至大苗山（元宝山）一带地壳隆起，形成了广西最早的陆壳“雏形”。但后来经过一段时间的侵蚀，又逐渐下沉，复沦为浅海至深海盆地，并向东扩展至龙胜一带。上元古代，受雪峰运动的影响，桂东北地区地壳上升，露出海面，成为陆地。而后，桂东北地区又曾一度露出海面，经风化剥蚀后，再度沉降为海洋。

早古生代是广西地质发展的重要阶段。在寒武纪时期，除了桂北九万大山、大苗山和天平山一带以及桂东南的云开大山地区有较大的陆地以外，广西全区仍被海水所淹没。到了志留纪末期，广西地区发生了一次剧烈的地壳运动——加里东运动，这个运动使广西由大海隆起成为陆地。以后到了泥盆纪初期，陆地又慢慢下沉，海水自越南方面侵入，除了三江和龙胜一带，博白和容县以东一带以及大瑶山和大皖山地区仍露出水面以外，其余地方又沦为浅海。

晚古生代是泥盆纪初期，广西大部分陆地又慢慢下沉，海水由南往北，同时向东、西方向不断推进，除九万大山——越城岭一带及云开大山外，广西其他地区再次被海水淹没。由泥盆纪至三叠纪，海水几进几退，时深时浅，全区广大地区仍然处于水下状态，以海洋占优势。在这段漫长的海洋历史中，沉积了形形色色的地层，其中尤以石灰岩最为发育。岩层厚、质地纯、分布广的石灰岩，为广西岩溶（喀斯特）地貌的发育奠定了地质基础。

中生代是广西地质演化发生重大变革的时期。在早、中三叠纪，桂西地区地壳强烈下沉，海域扩大，并有海底火山活动，逐渐转化为再生地槽（称为右江再生地槽）。三叠纪末，广西又一次经历了强烈的地壳运动——印支运动，这次运动使整个广西升出海面，成为陆地，从而结束了广西的海洋历史。从此以后，海水再没有侵入广西，结束了本区海相沉积的历史，开始了中、新生代陆相盆地沉积的新纪元。侏罗纪末至白垩纪，广西受燕山运动的影响，形成了许多高山峻岭和大小不等的盆地，奠定了广西现代地形的雏貌。燕山运动还伴随有大规模花岗岩的侵入。在一些盆地中，沉积了侏罗系和白垩系的内陆湖相沉积。

新生代是广西地壳经历了中生代剧烈变革以后，在新生代却处于相对平静时期，仅北部湾有火山活动。这一时期，地壳以升降运动为主，并表现为震荡性，发生了多次升降。在喜马拉雅运动影响下，地壳由多次升降变为总体抬升，只有南部的北部湾地区地壳下沉，从而奠定了广西现代地形的轮廓。地壳隆升有地区差异，西北部比东南部上升较快，边缘部分比中部上升快，中部如郁江流域一带，先是下降，以后又上升，全境呈现了西北高、东南低，四周高、中间低的盆地地形。主要河流也顺应地势向中部和东南部汇集，然后向东流去。同时，境内也有各地质时期的地层出露。

（二）地形

广西的地形，从总体来看，是我国东南丘陵的一部分，但又有其地域的独特性。境内四周多山，西北部属于云贵高原边缘的山原地带，金钟山、青龙山和东风岭伸延其间，海拔 1 000～1 500 m，北部为凤凰山、九万大山、大苗山、大南山和天平山所盘踞，海拔 1 500 m 左右，东北部属于南岭山地，越城岭，海洋山、都庞岭和萌渚岭平行排列，岭谷相间，海拔 1 500～1 800 m，不少的山峰在 2 000 m 上下，南部和西南部为云开大山、六万大山、十万大山和大青山等山脉所包绕，海拔 1 000 m 左右。中部地势较低，海拔多在 200 m 以下，所以，广西成一个周高中低的盆地，地学界称之为“广西盆地”。

广西盆地由于受中部弧形山脉（大瑶山—大明山）自东北至西南向和自西北至东南向所分隔，又分为几个部分。弧形山脉内缘，以柳州为中心的称为桂中盆地；弧形山脉外缘，沿右江、郁江和浔江分布的，有右江平原、郁江平原和浔江平原。此外，在东南部还有较大的南流江冲积平原。

广西境内丘陵广布，交错分布在山脉的前沿地带或者在谷地和盆地的边缘，以桂南分布最广，也较连片。如桂东的博白、陆川、玉林、北流、容县、岑溪和藤县等地，桂南的横县、邕宁，右江和红水河下游以及柳江、桂江和贺江等河谷的边缘地带。

广西地形的显著特点是山多平原少，不仅山多，而且还比较高大，平原则面积小而且分布零星。全区山地占总面积的 59.4%（包括石山），丘陵占 10.3%，台地、平原占 26.9%，水域占 3.4%（广西统计年鉴，2011）。

支配地形发育的主要因素为岩石性质、地质构造和气候。广西的地形，受石灰岩影响最大，同时也受另外两个因素的影响，两者中又以气候影响较大。同一石灰岩地层，在不同干旱的区域则形成石质的沙漠，在广西湿润的条件下，则成为峻峭的奇峰和奇特的山洞，这种特殊的石灰岩地形，称为喀斯特地形。因此广西地形的另一个特征是岩溶地形广布、发达。

（三）母岩母质

土壤物质组成中的固体物质部分，其中 90%以上是矿物质，这些矿物质均来源于岩石，因此人们把岩石及其风化物称为成土母岩或母质。广西在各地质时期具有漫长的海洋历史，因此以沉积岩类分布最广，约占全区面积的 90%以上，常见的有石灰岩、砂岩、页岩、砾岩等。岩浆岩出露的以花岗岩为主，还有少量的闪长岩、辉绿岩、流纹岩、玄武岩和全凝灰岩等，共占全区面积的 8.6%。各种成土母岩或母质对它形成的土壤的矿物组成和化学性质是不同的。

四、土壤

土壤是由气候、生物、地形、母质及时间五个成土因素综合作用下发生发展的。在不同的地区，土壤形成的条件不同，所以在不同地域范围内就有不同的土壤类型发生和分布而表现出土壤的地域性。广西南北跨越 6 个纬度，东西地形差异大，加上母岩性质、水文状况和人为活动的影响，土体中元素的迁移方式和富集程度有明显差异，因此土壤类型多种多样，资源丰富。

（一）红壤类土壤

形成土壤最重要的因素是气候和生物。广西全境处在亚热带季风气候下，发育的是以常绿阔叶林、季雨林为主的亚热带和热带地带性植被，在这种成土背景下形成的地带性土壤是以红壤类（包括红壤、黄壤、赤红壤、砖红壤）为主的富铝化土纲系列土壤。广西的红壤类土壤，分布在山地、丘陵和台地，总面积为 1 201.71 万 hm^2，占全区土壤总面积的 74.4%（广西土壤，1994），是广西最重要的土壤资源。

1. 砖红壤

广西砖红壤总面积 24.98 万 hm^2，占全区土壤总面积的 1.55%，包括陆川、博白、浦北、钦州等县、市的南部和防城港市、北海市。

2. 赤红壤

赤红壤是广西南亚热带地区的代表性土壤，属湿热铁铝土亚纲的土类，其风化淋溶程度低于砖红壤，它大致分布于北纬 22°～23°30′，海拔 350 m 以下的平原、低丘、台地。全区共有赤红壤 485.11 万 hm^2，占全区土壤总面积的 30.05%，是区内主要的地带性土壤之一。

3. 红壤

红壤是中亚热带的地带性土壤，有显著的脱硅富铝化特征，但较砖红壤和赤红壤的程度轻，全区共有红壤面积 564.24 万 hm^2，占全区总面积的 34.95%，红壤是广西面积最大的一个土类。广西红壤大致分布在北纬 23°30′一线附近以北，即东起贺州市的信都，经梧州市的长发，藤县的太平，平南的同和，桂平的金田，武宣的三里，上林的西燕，马山的加芳，都安的地苏，巴马县城，凌云的伶站，田林的乐里到那比止。

4. 黄壤

黄壤是广西山地土壤垂直系列的一个重要土壤带，在垂直带谱占有较宽的分布幅度，在西部其分布在 1 100～1 700 m，往东随着分布下限的降低，黄壤的带幅得到很大的发展，分布幅度为 600～1 500 m。发育的环境条件温凉潮湿、没有明显的干湿季节交替，植被以常绿阔叶林及中生草本为主。

（二）石灰岩土壤

广西是全国石灰岩面积分布最广的省区之一，石灰岩分布面积占全区面积的一半以上。以石灰岩风化物作为成土母质和受石灰岩影响的土壤都会因为混进石灰岩分解时产生的重碳酸盐，而形成一种与地带性土壤明显不同的地方性土壤——石灰土。广西共有 81.86 万 hm^2，占全区土壤总面积的 5.07%（广西土壤，1994），特以桂西南、桂西北、桂东北和桂中较多。广西的石灰岩根据其发育的程度和性状划分为黑色石灰土、棕色石灰土、红色石灰土和黄色石灰土 4 个亚类，其中又以棕色石灰土分布面积最大。广西共有棕色石灰土 72.93 万 hm^2，占石灰岩类土壤面积的 89.09%。

（三）耕作土壤

广西农业垦殖的历史悠久，大部分土壤都带有人类干扰的烙印。占全区土地面积 68%的林地和草地，大多数原生植被均为人工改造过的次生植被，当然也会影响发育在这种植被下的土壤。同时，人类的垦殖还形成了大面积的耕作土壤。广西有耕作土壤 255.9 万 hm^2（水田和旱地），占全区国土面积的 10.8%（广西统计年鉴，2007）。大多数耕作土壤的理化性质和土体结构都已明显脱离了原来的地带性土壤或地方性土壤。

五、水

（一）水资源总量

广西地表河流总长 4.45 万 km；水域面积 8 026 km^2，占全区土地面积的 3.38%（广西壮族自治区人民政府公报，2009；广西统计年鉴，2011）。广西水资源丰富，人均水资源近 4 000 m^3，高于 2 200 m^3 的全国人均水平，但在年际间存在较大差异。广西的水资源主要由地表水和地下水构成，而地表水占到水资源总量的 82%（表 2-3）。但广西水资源时空分布不均，大部分河流丰水期 5—9 月来水量约占全年来水量的 80%，枯水期 10 月至次年 4 月来水量仅占年来水量的 20%。广西水资源蕴藏量达 2 133 万 kW，可开发量 1 800 万多 kW，但水能资源已接近开发极限。截至 2008 年年底，全区水电开发（建成和在建）规模达到了 1 500 万 kW 以上，超过经济可开发量的 80%（广西壮族自治区人民政府公报，2009）。对 2000—2010 年地表水与降雨量的相关分析，表明地表水与年降雨量存在极显著的线性正相关，$y_{地表水}=1.268\,4x_{降雨量}-124.84$（$r=0.926\,3^{**}$），说明广西水能资源丰缺主要与雨水的贡献作用是密不可分。因此，在广西水资源的人口、地区分布不均，各流域、区域人均水资源量相差也较大的情况下，充分存贮和利用好雨水对于广西各项事业的发展十分有利。

表 2-3　2000—2010 年广西水资源基本情况

年份	地表水资源量/亿 m^3	地下水资源量/亿 m^3	人均水资源量/（m^3/人）
2000	1 592.1	385.0	3 351.0
2001	2 415.1	438.8	5 044.0
2002	2 372.6	514.5	4 920.0
2003	1 807.1	575.3	3 721.0
2004	1 604.5	321.5	3 282.0
2005	1 720.8	365.7	3 494.0
2006	1 881.1	453.0	3 795.0
2007	1 377.8	341.3	2 891.0
2008	2 282.5	504.8	4 739.4
2009	1 480.0	256.7	3 057.2
2010	1 822.0	316.5	3 770.7
均值	1 850.5	406.6	3 824.1

注：数据摘自参考文献。广西统计年鉴，2001—2011 年。

（二）地下水资源

广西地处祖国大陆南部温带和亚热带地区，雨量充沛，汇水面广，径流量 1 880 亿 m^3/a，由于岩溶和地表植被发育，地表径流补给大都转入地下，从而形成极其丰富的地下水资源。广西地下水类以岩溶水为主要类型，天然补给量约 484 亿 m^3/a，可采量 148 亿 m^3/a，分别占地下水资源的 64%和 25%。地下河和岩溶大泉是岩溶水赋存的重要形式，岩溶水的分布与埋深，受地形、地貌及当地侵蚀基准面的控制。经勘察，广西干流 2 km 以上的地下河有 435 条，总长达 1 万 km，枯季总流量 191 万 m^3/s，已开发利用 45 处，其中，以都安县地苏地下河系为代表。此外，岩溶大泉也相当发育，枯流量在 5 L/s 以上的大泉有 296 处，总流量为 3.9 万 m^3/s。其成因与地质构造和岩层组合有关，主要分布于东部地区，部分广为民间所利用。

六、生物

生物多样性丰富，种类总数居全国前列。广西是中国生物资源最丰富的省区之一，具有丰富的生物多样性。广西的植被以热带和热带—亚热带成分为主，特有树种较多，植被多为次生。广西野生动植物种类繁多，同时拥有大面积的红树林和珊瑚礁。广西已知有野生维管束植物 8 354 种、野生陆栖脊椎动物 916 种、淡水鱼类 212 种、海洋生物近 1 600 种，仅次于云南、四川，居全国第三。

七、环境状况

自2010年以来，广西环境质量总体良好，且稳中有升，城市环境空气质量、地表水、地下水和近海海域环境质量总体保持良好，海水环境功能区达标率逐步趋好。

（一）大气环境

2010年，广西14个市有13个环境空气质量达到国家城市目标要求，城市环境空气质量整体保持在二级水平。城市环境空气综合污染指数平均值在1.40左右，比上年下降0.07个百分点，二氧化硫年平均浓度为0.014～0.073 mg/m^3，年平均值为0.031 mg/m^3，略比上年降低；除柳州市为三级标准外，其余城市均达到二级标准。城市环境空气中二氧化氮和可吸入颗粒物年平均浓度分别为0.015～0.036 mg/m^{3}和0.023 ～0.073 mg/m^3，均达二级标准；城市酸雨污染略比上年加重，降水pH值在4.39～6.82，年平均值较上年下降0.15 pH值单位；年平均酸雨频率33.2%，比上年增加7.7个百分点，酸雨频率最高的桂林市达90.1%。

（二）地质环境

广西山地面积大，地质构造复杂，褶皱和断裂异常发育，气候炎热多雨，地质环境脆弱，是我国地质灾害多发地之一。受自然和人为因素的共同影响，广西地质灾害的发生次数和损害程度呈现增加趋势。

广西地质环境问题有水土流失、崩塌、滑坡、泥石流、石漠化、水质污染、地裂、崩沟、海水入侵、河（海）侵蚀淤积以及矿山污染。近年来，广西地质灾害不仅发生范围扩大，而且发生次数、造成人员伤亡数也呈增长趋势。1999年，广西突发性的地质灾害为239起，死亡42人，受伤11人；2001年，突发性地质灾害506起，死亡21人；受伤40人；2003年，突发性地质灾害658起，死亡33人，受伤21人；2004年，地质灾害不仅发生次数、造成人员伤亡数都比2003年增多，而且中型灾害也比往年增多。截至2005年广西发生地质灾害5 600多处，潜在经济损失约4.2亿元。其中：

（1）滑坡。在调查的1 100处滑坡中，80%属于小型滑坡，类型虽小但危害却不小。1993年平乐县石盘岭发生的滑坡，滑坡体积仅有5.7×10^4 m^3，却摧毁房屋6间，附近桂江码头被掩埋，道路中断2个多月，直接经济损失达 1 200 万元，间接经济损失 6 500 万元。

（2）崩塌。据统计，体积小于 $2\times10^4\ m^3$ 的崩塌占 93%，2×10^4～$20\times10^4\ m^3$ 的占 6%，大于 $20\times10^4\ m^3$ 的占 1%。

（3）泥石流。此类灾害小型占 60%，中型占 20%，大型占 20%。1985 年桂北的资源县和桂林的海洋山泥石流，受灾面积达 1 000 km^2，冲毁房屋 3 493 间，死亡 54 人，直接经济损失达 1.6 亿元。2003 年 9 月 16 日，金秀县突降暴雨，较短时间内降雨量达 146 mm，造成多处山体滑坡和泥石流，使该县的 5 个乡镇的 18 645 人生命安全受到严重威胁，88 间房屋倒塌，250 hm^2 耕地毁坏，1 325 hm^2 农作物受灾，直接经济损失 3 560 万元。

（4）地面塌陷。已调查到的岩溶塌陷约有 1 750 处，塌坑 1 万多个。塌陷灾害 75%是自然因素造成，25%是人为因素造成。在人为活动强烈的地区，则有 50%的塌陷是人为造成的。

（5）矿坑突水和冒顶。1998—2001 年矿山地质灾害造成 512 人死亡，93 人受伤。其中 2001 年的合浦石膏矿矿坑冒顶，死亡 29 人，南丹“7·17”突水死亡 78 人，此类灾害在极短的时间内造成多人死亡，经济损失巨大。

（三）水环境

目前广西总体水质状况为良，Ⅰ～Ⅲ类达标率在 65.5%，但月季间存在明显差别（表 2-4）。

表 2-4　2009 年河流水质类别及达标率　　单位：%

月份＼类别	Ⅰ	Ⅱ	Ⅲ	Ⅳ	Ⅴ	劣Ⅴ	Ⅰ～Ⅲ合计	Ⅳ～劣Ⅴ合计
6	0.0	28.7	37.3	17.3	11.3	5.4	66.0	34.0
7	0.0	18.7	27.5	18.2	17.8	17.8	46.2	53.8
8	1.9	18.0	47.3	18.1	12.4	2.3	67.2	32.8
9	0.0	28.2	54.5	6.6	8.5	7.2	82.7	22.3

注：数据摘自参考文献。广西水环境质量通报，2009 年 7 月和 2009 年 9 月。

1. 主要河流水质状况

2010 年，境内 33 条主要河流水质总体良好，63 个监测断面三类水质达标率 96.9%，较上年提高 0.1 个百分点，年平均水质总体保持良好，大部分河段可满足水环境功能区目标要求。但部分河段也受到不同程度的污染，2009 年 6—9 月的监测结果是水质超标的河段共有 23～55 处，占监测河段总数的 32%～76%，严重污染的河段共有 8～23 处，占监测河段总数的 11%～32%。重金属、溶解氧、氨氮、高锰酸盐、粪大肠菌群超标是各河流水质超标的主要因素。

2. 城市饮用水水源水质状况

广西 14 个主要城市共 23 个饮用水水源地，水质合格率在 60.9%～87.0%。地下水水质污染以点状污染为主，局部存在小范围的面状污染，主要超标因子为亚硝酸盐、氨氮、铁、锰、化学需氧量等。地表水水质比上年略有下降。

3. 地下水水质

广西农村地区有 77.06%的人口以地下水作为生活饮用水，为了解广西地下水饮用水的水质状况，钟格梅等于 2005 年对广西部分地区（东、西、南、北、中五个区域）的地下水的饮水水质状况做了抽样调查，调查共采集水样 86 份，总超标率达 83.72%，只有 16.28%的水样符合《农村实施〈生活饮用水卫生标准〉准则》一级水的标准。

实验室检测结果表明，广西地下水饮水水质超标指标主要为细菌学指标中的大肠菌群、细菌总数，化学指标中的 pH 值、锰、铁和感官指标中的浑浊度。个别水样发现总固体、锌、硫酸盐、氯化物、总硬度、氟化物、硝酸盐项目超标。其中农村地区水质合格率为 7.81%，城镇地下水饮水水质合格率为 36.36%；并且两组水质各超标指标构成不同，农村水质以细菌学指标超标为主，城镇水质以一般化学指标超标为主。由此可见，广西农村地区虽然以地下水为主，但其极易遭受粪便或生活污水的污染。另外调查结果显示，广西地下水存在α放射性指标超出国家有关标准的情况。地下水锰和铁超标，说明广西部分地区的岩层和土壤中该类金属的含量偏高。部分地区地下水水质偏酸性，pH 值超标率为 20.93%，主要与原生地质环境有关。在水质净化消毒的同时，要注意进行 pH 值调节，以达到有关标准的要求。

4. 水库水质状况

水库水质全年和汛期达到或优于Ⅲ类标准，非汛期除大王滩水库因总氮项目标杆为Ⅳ类标准外，其他水质均达到或优于Ⅲ类水质标准。监测的 10 座水库水质均轻度富营养化，大部分水库富营养程度上升。全自治区废水排放总量 25.97 亿 t，其中工业废水 12.89 亿 t，生活污水 13.08 亿 t。废水化学需氧量 111.93 万 t，仍居全国第一位。

第三节　土壤生态环境

土壤是在气候、生物、地形、母质及时间五个成土因素综合作用下发生发展的。在不同的地区，土壤形成的条件不同，土壤类型发生和分布表现出土壤的地域性，土壤地域性又有地带性与地方性的表现。但无论土壤形成条件如何或具有各自不同的特征，一个良好的土壤环境必须具备土壤生态健康的标准，它包括 5 个层面的内容（赵其国等，1997；章家恩，2004；孙波，2005）：① 土壤物理健康：一个健康的土壤首先必须具备一定厚度和结构的土体。② 土壤营养健康：一个健康的土壤必须具备一定的养分储存，如有机质、全 N、P、K 和有效 N、P、K、阳离子交换量（CEC）、微量元素等，以保持植物正常生长所需的营养状态。③ 土壤生物健康：一个健康的土壤具有适度多样性的微生物和土壤动物群落，具有功能健康的优势生物种群，不存在有害的土壤病菌微生物和动物滋生。④ 土壤环境健康：一个健康的土壤必须具备一个健康的发育环境，不存在严重的环境胁迫，如水分胁迫、温度胁迫、盐度胁迫、酸度胁迫、污染胁迫、重力侵蚀胁迫等。⑤ 土壤生态系统健康：一个健康的土壤不仅需要各个组成部分的健康，而且需要生态系统整体上的健康，即要求各部分组成比例恰当、结构合理、相互协调，最终才能完成正常的功能。

土壤作为一个活的有机—无机生态复合体，其健康状况与否，将直接关系生物的生长发育以及食物安全，并将最终影响到人类健康和社会经济的可持续发展。因此，从土壤自然环境和土壤健康状况入手，探讨和分析在特定的地理和气候条件下形成的具有广西特色的红壤和石灰岩土壤的生态环境，对于广西的生态可持续发展是非常必要的。

一、土壤物理环境状态

分别对红壤类土壤和石灰岩土壤的物理环境状态进行分析。

（一）红壤类土壤

1. 土层厚度

土壤在其发育过程中，由于土体内物质的转化、迁移和沉积，分化为不同发育层次，通常划分为表土层（A）、心土层（B）和底土层（C）。因为耕作、施肥、灌溉和作物换茬根系穿插残留等影响，表土层形成了耕作层。耕作土壤的耕作层是作物根系活动的主要土层。深厚的耕作层能储蓄较多水分、养分和空气，有利于作物的生长，是重要的肥力指标之一。

在第二次土壤普查中，将土体厚度划分为厚层（＞80 cm）、中层（40～80 cm）、薄层（＜40 cm）三种类型，按土类分别统计林、荒、草地的土层厚度结果见表 2-5，砖红壤土层厚度主要是处于中层以下，占统计面积的97.5%；赤红壤土层较厚，厚层土壤占统计总面积的 55.8%；红壤的中层以上厚度土壤面积占统计总面积的 86.6%；黄壤、黄棕壤中层厚度以上土壤面积分别占统计总面积的 89.4%和 79.6%。

表 2-5 红壤类林荒草地土体厚度面积统计

土类	统计面积/万亩	薄层（＜40 cm）		中层（40～80 cm）		厚层（＞80 cm）	
		面积/万亩	占比/%	面积/万亩	占比/%	面积/万亩	占比/%
砖红壤	222.568 4	90.045 6	40.5	126.933 7	57.0	5.589 1	2.5
赤红壤	6 353.398 9	1 045.379 9	16.5	1 758.487 6	27.7	3 549.531 4	55.8
红壤	7 901.878 6	1 060.954 5	13.4	3 738.910 7	47.3	3 102.013 4	39.3
黄壤	1 870.394 8	198.903 6	10.6	948.216 0	50.7	723.275 2	38.7
黄棕壤	53.544 8	10.901 8	20.4	19.075 9	35.6	23.567 1	44.0

注：数据引自参考文献。广西土壤，1994 年 4 月。

2. 土壤容重、孔性和结构

土壤是一个极为复杂的多孔体，它的结构性影响土壤的孔性及松紧情况，不仅反映了土壤肥力水平，而且反映了土壤耕作性能。土壤的孔性及结构性常常可通过土壤容重大致反映。

根据部分典型剖面的统计如表 2-6，广西红壤类土壤表层容重较大的是砖红壤和红壤平均值分别为 1.27 g/cm^3 和 1.23 g/cm^3，其次是赤红壤平均值为 1.18 g/cm^3，黄壤和棕壤的较低，分别为 1.09 g/cm^3 和 0.86 g/cm^3。土壤总孔隙度的大小与容重大小变化结果正好相反，砖红壤和红壤的总孔隙度最小，低于 55.0%，黄红壤较大为 57.88%，黄壤的最大，达 65.57%。

表 2-6 红壤类土壤表层容重和孔隙度统计

土壤类型	容重变幅/（g/cm^3）	容重平均值/（g/cm^3）	土壤总孔隙度平均值/%
砖红壤	1.03～1.51	1.27	52.04
赤红壤	0.90～1.57	1.18	55.01
红壤	1.01～1.77	1.23	53.36

土壤类型	容重变幅/（g/cm^3）	容重平均值/（g/cm^3）	土壤总孔隙度平均值/%
黄壤	0.90～1.20	1.09	57.88
黄棕壤	0.72～1.03	0.86	65.57

注：数据引自参考文献。广西土壤，1994 年 4 月。

（二）石灰岩土壤

1. 土层厚度和土壤质地

土壤厚度表示了可供植物生长发育环境容量的大小、水肥的供应能力和抗侵蚀年限的长短，土层越薄环境容量减小，抗侵蚀年限时间缩短，脆弱度增强（袁菊等，2004）。

典型喀斯特峰丛洼地发育的土壤主要为碳酸盐岩发育的石灰土，石灰岩土壤多为土质黏重的富含铁质的黏土，土层中呈现上松下紧的物理性状不同的界面；同时土体 B 层直接覆盖于基岩上，呈现软硬不同的界面，土体与基岩面过度清晰。坡地土层浅薄且不连续，一般厚 20～30 cm，局部地段仅有 5～10 cm。洼地土层较厚，平均可达 70～80 cm（岳跃民等，2008；李阳兵等，2002）。

2. 土壤容重

喀斯特峰丛洼地土壤容重在整个剖面有较大变异，如退耕还草地和耕地土壤容重在 0～10 cm 时较小（平均为 1.25 g/cm^3），在 10～20 cm 时容重降低为最小值（平均为 1.18 g/cm^3），然后随着深度增加而增加，在 40 cm 附近出现最大值，40 cm 以下随着深度增加又减小（袁海伟，2007）。

二、土壤营养环境状态

（一）红壤类土壤

1. 土壤阳离子交换量及酸性环境

土壤的一个重要特性是具有保持和供应植物所必需的养分和水分的能力，它主要是靠土壤细粒表面的作用，即通过吸附和解吸离子来向植物提供养分和水分，并保持土壤溶液中的离子浓度处于比较稳定的范围。对于不同的土壤，其阳离子交换量不同、所吸附的阳离子各类和数量也不相同。

广西红壤的阳离子交换量很低，普遍小于 15 cmol（+）/kg，土壤保肥能力差。由于盐基组分溶解能力强，在砖红壤中盐基离子基本被淋失殆尽，含量甚微；赤红壤中钙、钠、钾等组分的迁移率也很高；即使是红壤中，其盐基饱和度一般也小于 30%（表 2-7）。红壤中交换性阳离子以氢、铝为主，其中交换性铝占 77%～95%，盐基饱和度为不饱和。

区内的各类红壤均为明显的酸性反应。其中，砖红壤为酸性—强酸性，pH 变化范围为 4.10～5.50，平均为 5.27；赤红壤为酸性，pH 值平均值为 5.52，变化范围是 4.64～6.10；红壤的 pH 值变化范围较窄，呈酸性反应，平均 pH 值为 5.36。从总体看，H^+在红壤中的增加，与其盐基饱和度呈必然的反相关关系。

表 2-7 红壤类土壤阳离子交换量组成特征

土壤类型	阳离子交换量/[cmol（+）/kg]	交换性盐基/[cmol（+）/kg]				盐基饱和度/%
		K^+	Na^+	Ca^{2+}	Mg^{2+}	
砖红壤	7.76	0.26	0.61	1.03	0.17	26.70
赤红壤	6.86	0.25	0.39	0.70	0.37	24.90
红壤	4.18	0.20	0.21	0.33	0.22	22.90

注：数据引自参考文献。广西土壤，1994 年 4 月。

2. 砖红壤营养状况

广西海岸带的典型土壤主要是砖红壤。其中，砂页岩母质砖红壤占广西海岸带砖红壤总面积的 55%，广泛分布于防城港市、钦州市，北海市下属的合浦县的丘陵区，且多为志留、泥盆纪的砂页岩。普遍具有瘦、沙、酸等特点。以钦州市钦南区康熙岭镇板坪村的典型剖面为例（表 2-8），土壤有机质含量在 0.81%～4.07%，全氮在 0.049%～0.12%，全磷在 0.040%～0.045%，全钾在 0.474%～0.904%，土壤肥力状况就砖红壤而言属于较高类型。

表 2-8 典型砂页岩母质砖红壤剖面结构及理化分析

层次/cm	pH		有机质/%	全氮/%	全磷/%	全钾/%	速效磷/(mg/kg)	代换性盐基/(cmol/kg 土)				有效微量元素/(mg/kg)			阳离子代换量/(cmol/kg 土)
	水提	盐提						Ca^{2+}	Mg^{2+}	K^+	Na^+	Cu	Zn	Mn	
0～22	4.37	3.32	4.07	0.120	0.040	0.474	1.4	0.260	0.112	0.146	0.683	0.332	0.160	0.294	5.42
22～80	4.70	3.46	0.77	0.047	0.035	0.904	退迹	0.206	0.112	0.126	0.674	0.270	0.160	0.176	4.69
80～100	4.80	3.55	0.81	0.049	0.045	0.672	退迹	0.276	0.196	0.134	0.653	0.186	0.100	0.235	4.93

注：数据摘自参考文献。曾洋，等。广西北部湾地区典型土壤肥力研究，2012。

3. 赤红壤

（1）赤红壤耕地土壤营养环境

防城港市防城区从 1980 年第二次全国土壤普查至 2007 年，全区耕地土壤有机质、全氮、速效磷含量得到了明显的提高（何军月，2010），其中有机质≥30 g/kg 由 1980 年占耕地面积的 17.8%提高到 2007 年的占耕地面积的 61.3%；全氮≥1.5 g/kg 由 1980 年占耕地面积的 25.9%提高到 2007 年占耕地面积的 65.5%；速效磷≥20 mg/kg 由 1980 年占耕地面积的 3.6%提高到 2007 年的占耕地面积的 33.0%；土壤速效钾 1980 年、1998 年、2007 年平均含量分别为 39 mg/kg、45 mg/kg、43 mg/kg，变化不大。20 多年来，土壤有机质、全氮、速效磷分别从 22.2 g/kg、1.14 g/kg、9.0 mg/kg 增加到 31.8 g/kg、1.63 g/kg、21.5 mg/kg，其中有机质增加了 9.6 g/kg，提高 43.24%，全氮增加了 0.49 g/kg，提高 42.98%，速效磷增加了 12.5 mg/kg，提高 130.21%，由低含量上升到中等水平，土壤速效钾含量仍处于偏低水平，土壤 pH 值由 5.0 下降到 4.71。

但在旱地土壤上，多数偏施化肥和施肥量不足的土壤，有机质含量偏低，平均含量仅为 14.98 g/kg；土壤氮、磷、钾含量普遍处于中下水平，全量氮、磷、钾平均含量分别 0.86 g/kg、0.50 g/kg 和 4.19 g/kg；速效氮、磷、钾平均含量分别为 67.7 mg/kg、12.0 mg/kg 和 90.2 mg/kg；土壤有效钙、铜、铁、锰含量较丰富，大部分土壤有效锌较缺乏，有效镁、硼十分缺乏，即有效钙、有效镁平均含量分别为 1 022.0 mg/kg、66.6 mg/kg；有效铜、锌、铁、锰、硼的平均含量分别为 0.57 mg/kg、0.63 mg/kg、27.7 mg/kg、24.7 mg/kg 和 0.20 mg/kg（陈桂芬等，2012）。

（2）赤红壤果园土壤营养状况

不同土地利用方式下的土壤有着不同的生态环境，广西山地赤红壤上主要种植果树、林木等植物，其中荔枝在广西种植历史悠久，产区包括玉林、贵港、钦州等地，在这些主产区荔枝果园中土壤有机质、碱解氮和速效钾含量整体上属于低水平；有效磷含量整体为中下水平；所有产区的有效硫含量为丰富；总体上，不同荔枝主产区土壤养分肥力状况差别较大，荔枝园缺镁区主要分布在玉林和钦州，缺钼区主要分布在贵港和钦州，缺硼区主要为玉林、贵港和钦州，因此硼是荔枝园土壤最普遍缺乏的元素，镁、钼次之（表 2-9）（李国良等，2012）。

表 2-9 广西荔枝园土壤有机质和土壤养分含量情况

含量分级	有机质/（g/kg）		碱解氮/（mg/kg）		有效磷/（mg/kg）		速效钾/（mg/kg）	
	标准	%	标准	%	标准	%	标准	%
1	＞40	0	＞150	0.5	＞40	8.6	＞200	1.6
2	30～40	0.5	120～150	2.2	20～40	11.9	150～200	3.8
3	20～30	6.5	90～120	7.6	10～20	17.3	100～150	7.0
4	10～20	78.9	60～90	42.2	5～10	21.6	50～100	35.1
5	6～10	13.5	30～60	47.0	3～5	15.7	30～50	29.2
6	＜6	0.5	＜30	0.5	＜3	24.9	＜30	23.3

单位：mg/kg

	项目	有效钙	有效镁	有效硫	有效铜	有效锌	有效硼	有效钼
玉林	平均	339.9	47.0	51.5	0.68	0.85	0.13	0.14
	CV/%	114.6	73.4	45.0	137.5	123.8	34.2	121.3
贵港	平均	448.6	110.8	65.4	0.73	0.99	0.13	0.06
	CV/%	95.6	123.6	62.1	84.0	130.5	34.1	151.4
钦州	平均	308.8	37.5	48.4	0.56	0.56	0.15	0.09
	CV/%	206.2	103.1	53.9	139.4	84.0	34.6	209.8

注：数据引自参考文献，李国良等，广西壮族自治区与福建省荔枝园土壤养分肥力现状研究，2012。

（二）石灰岩土壤

1. 土壤酸碱性

石灰性土壤上层的多数处于中性，pH 6.5～7.5，其次为微碱性（pH 7.5～8.5），酸性土壤较少。

2. 土壤交换性能

石灰岩成土物质中存在的碳酸盐类虽经自然淋溶过程而丧失了一部分，然而，溶触风化物中仍富含黏粒和钙胶体，所以土壤具有相当大的胶结性能。石灰岩地区土壤往往因富含碳酸盐类而使累积的有机质及其胶体相对稳定。石灰岩地区土壤的干湿交替强烈，在干旱的季节，天气灼热，土体显得干燥，氧化作用不能彻底进行，而在湿润季节，植物生长繁茂，有利于生物累积，因而有机质的积累相当丰富，土壤的吸收性能每百克土都在 50 mg 当量以上。

3. 土壤养分

喀斯特峰丛洼地的土壤养分因不同的利用方式而存在显著差异，林地和自然坡地养分含量较为丰富。其中林地、自然坡地土壤有机质超过

40 g/kg，土壤全氮在 4.87～6.03 g/kg，超过 2.0 g/kg 的最高标准，土壤有机质和全氮均达到Ⅰ级水平；而退耕还林、还草地和耕地的有机质含量在 10～20 g/kg，属于Ⅳ级水平，土壤全氮含量在 1.89～3.35 g/kg，在Ⅱ级水平以上（岳跃民等，2008）。

不同利用方式下土壤全磷含量在 0.82～1.15 g/kg，均值 1.03 g/kg，属于Ⅰ级；全钾 9.11～11.38 g/kg，均值 10.96 g/kg，达Ⅳ级标准；碱解氮为高等水平，速效磷和速效钾均属于中等水平（表 2-10）。

表 2-10　喀斯特峰丛洼地不同利用方式下土壤性质

土壤性质	自然坡地	撂荒地	耕地	退耕地	均值	标准差	变异系数/%
有机质/（g/kg）	58.30a	36.38b	20.25c	22.19c	35.29	22.36	62.25
全氮/（g/kg）	6.03a	4.59ab	3.35c	2.47bc	4.18	2.40	57.42
全磷/（g/kg）	1.08a	0.82b	1.15a	0.87b	1.03	0.34	33.01
全钾/（g/kg）	9.11a	10.17a	11.38a	11.12a	10.96	3.51	32.03
碱解氮/（mg/kg）	424.13a	260.58b	177.21c	193.20bc	276.93	145.71	52.62
速效磷/（mg/kg）	5.52ab	5.32ab	7.17a	4.40b	5.69	2.87	50.44
速效钾/（mg/kg）	112.61a	105.42a	75.05b	76.04b	99.74	33.68	33.77
pH	6.80	6.84	6.85	6.83	6.83	0.26	3.81

注：数据引自参考文献，岳跃民等，基于典范对应分析的喀斯特峰丛洼地土壤-环境关系研究，2008。

三、土壤微生物生态环境

（一）蔗区土壤微生物健康状况

在广西主要蔗区，多数宿根蔗根际土壤微生物数量总体上表现为：细菌＞真菌＞放线菌，细菌数量都达 10^7 数量级，各蔗区土壤中的放线菌数量，除了宁明和柳江蔗区分别达到（10.29×10^6 和 19.385×10^6 个/g）外，其余地点在 1.5×10^6～6.5×10^6 个/g；真菌数量在 1.05×10^6～$4.287\,5\times10^6$ 个/g，其中柳江 1.05×10^6 个/g，兴宾和钦州为 1.245×10^6 个/g，金光、横县、扶绥约为 1.6×10^6 个/g；但宜州市和北海市土壤中，真菌数量（宜州 $4.287\,5\times10^6$ 个/g，北海 2.494×10^6 个/g）＞放线菌（宜州 2.045×10^6 个/g，北海 2.1×10^6 个/g），崇左市土壤中真菌数量和放线菌数量相当（3.0×10^6 个/g）。

（二）石灰岩类土壤微生物健康状况

1. 烟地土壤微生物状况

在岩溶区烟草栽培地的 3 种微生物在土壤中密度的顺序依次为细菌＞放线菌＞真菌，其中，细菌数量占绝对优势，数量为 1.11×10^7～9.60×10^7 个/g，占总量的 88.3%～99.1%，说明细菌在土壤物质分解中起最重要的作用；其次是放线菌，数量为 0.05×10^7～0.75×10^7 个/g，占总量的 0.79%～10.9%；真菌最少，数量为 0.0039×10^7～0.012×10^7 个/g，仅占总量的 0.086 %～1.0%。比较两种类型耕地土壤微生物数量，水田总量显著高于旱田，主要是水田细菌数量显著高于旱田（$P<0.05$），真菌和放线菌数量两种类型耕地间差异不显著（$P>0.05$）。

2. 不同土地利用方式下土壤微生物现状

广西都安澄江喀斯特流域内不同土地利用方式下土壤表层微生物和酶活性的变化特征为：各种土地利用方式中，细菌数量最多，均占 85%以上，放线菌和真菌相对较少。从总量上看，灌草丛地和草地土壤微生物总数量最大，分别为 37.88×10^6cfu/g、26.70×10^6cfu/g，自然林地、灌丛地和旱地次之，退耕地和人工林地最小，分别为 8.78×10^6cfu/g、7.74×10^6cfu/g。自然林地和人工林地的土壤微生物多样性指数较高，分别为 0.461 、0.459 ，灌草丛地、草地、灌丛地和退耕地次之，旱地最低，仅为 0.155 ，与土壤微生物总数的变化趋势不一致。不同土地利用方式下土壤表层酶活性也存在较大的差异，自然林地土壤过氧化氢酶、转化酶、蛋白酶、脲酶活性分别为 0.195 mL/（g • min）、1.2 mL/（g • min）、0.753 mL/（g • min）和 1.5 mL/（g • min），均高于其他用地类型，退耕地和旱地最低，人工林地、灌丛地、灌草丛地、草地居中。

（三）岩溶区与非岩溶区土壤微生物数量

土壤微生物在土壤物质转化和能量流动过程中起着非常重要的作用，影响着土壤结构和土壤肥力等，相反，土壤理化性质和不同土地利用方式对土壤中微生物数量和类群也具有重要的影响。陈家瑞等（2012）对桂林的林地、耕地等几种不同土地利用方式下 20 cm、40 cm、60 cm 3 个土层土壤中细菌、放线菌、真菌三大微生物类群进行计数，结果是岩溶区土壤细菌和放线菌数量明显高于非岩溶区，真菌数量反之，且岩溶区微生物总量大于非岩溶区。其中，岩溶区土壤中细菌数量占绝对优势，夏季所占比例最高达到 94.7%，秋季达 93.8%；放线菌最高夏季为 33.1%，秋季为 55.4%；真菌夏季最高达 55.9%，秋季为 4.4%。微生物数量变化存在时间和空间差异性，但总体而言，夏季各微生物数量明显高于秋季，细菌数量变化趋势在不同地区存在一致性，真菌和放线菌则不明显。造成差异区别的因素包括土壤理化性质、微生物生理特性等。

四、土壤环境胁迫

（一）土壤水分状况

土壤水分与农业生产关系十分密切。掌握不同地区的土壤水分变化规律，对充分利用水分资源，提高土壤水分的经济效益有着十分重要的意义。苏平通过收集全区现有的土壤水分、气象、土质等历史资料，运用模糊聚类分析，定量地进行土壤水分分区，将广西全区分为 7 个区（苏平，1987）[47]：

（1）Ⅰ区——左右江谷地赤红壤低含水量严重春旱区。该区位于左右江谷地，包括百色、田林、田阳、平果、天等、扶绥、大新、崇左、宁明等。该区降水量为 1 100～1 400 mm。为广西少雨区之一。年降水蒸发差为 100～400 mm。0～50 cm 土层多年平均含水量在 120～150 mm；作物生长季土壤含水量在 110～165 mm，极差为 30～60 mm。土壤含水量不稳定，波动大，春旱严重。属低含水量严重春旱区。

（2）Ⅱ区——隆林山原山地红壤、黄壤低含水量重春旱区。该区位于广西的西北部，包括隆林、西林县全部，天峨、乐业、西林县的部分地区。该区年降水量为 1 200～1 500 mm，年降水蒸发差 200～500 mm。0～50 cm 土层多年平均含水量为 130～140 mm；作物生长季土壤含水量在 105～145 mm，极差为 40 mm 左右。常年有春旱出现。作物生长季含水量低，波动小，属持续型低含水量重春旱区。

（3）Ⅲ区——玉林低丘平地—河池峰丛槽谷红壤、赤红壤、棕色石灰土中等含水量春、秋旱区。该区位于广西西北部的凤山、巴马、东兰、南丹、环江等县，东南部的贵港、容县、陆川、博白等县，以及宾阳、横县、合浦、防城等。该区降水量为 1 500～2000 mm；年降水蒸发差为 600～1 200 mm。0～50 cm 土层多年平均含水量为 150～170 mm；作物生长季的土壤含水量在 110～170 mm，波动大，极差为 50～70 mm。常年有春、秋干旱，属于中等含水量秋、春旱区。

（4）Ⅳ区——宜山盆地红壤、棕色石灰土较高含水量秋旱区。该区位于桂中地区的宜山、忻城和来宾。该区年降雨量为 1 400 mm 左右；年降水蒸发差为 400～500 mm。0～50 cm 土层多年平均含水量为 170 mm 左右。作物生长季 0～50 cm 土层含量在 140～170 mm，极差为 30 mm 左右，波动小，较稳定。但常年有秋旱出现。属于较高含水量秋旱区。

（5）Ⅴ区——桂林中山丘陵红壤、黄壤高含水量重秋旱区。该区位于桂林全境，融安、融水、柳城、柳江、武宣、鹿寨、苍梧、藤县、钟山、贺州平南等。该区年降水量为 1 500～2000 mm，年降水蒸发差在 500～1 000 mm。0～50 cm 土层多年平均含水量为 150～180 mm。作物生长季土壤含水量高，为 150～190 mm，年变幅为 40 mm 左右。但该区秋旱严重。属高含水量重秋旱区。

（6）Ⅵ区——都安峰林谷地—靖西岩溶高原红壤、棕色石灰土高含水量区。该区位于桂中地区的都安、马山、上林县，桂西南地区的那坡、德保、靖西等县。该区年降水量为 1 400～1 600 mm；年降水蒸发差为 500～800 mm。该区的土壤含水量高，0～50 cm 土层多年平均含水量高达 200 mm 左右；作物生长季 0～50 cm 土层含水量在 170～220 mm 变化，极差为 50～60 mm，波动大，不稳定，属高含水量区。

（二）重金属污染状况

目前，广西水田、园地、旱地 3 类农田土壤重金属含量超标率较高的元素是 Cd、Hg、Ni，其次是 As、Zn。其中，水田和园地以单项重金属超标为主，旱地以多项重金属复合超标为主。总体上大部分旱地土壤、少部分水田和园地土壤重金属复合超标情况比较严重。

而茶园相对于上述三种土地利用类型而言，土壤环境质量总体表现良好，未受到 Pb、Cd、Cu 等重金属的污染（表 2-11）（余志强，2009）。虽然广西主要茶区茶园土壤重金属污染现状并不严重，但是茶园土壤中 Cu 的含量偏高，4 个地区就有 2 个地区处于警戒线水平，还有 1 个地区茶园土壤处于轻度 Pb 污染状态，原因可能与该地区的土壤背景值、工矿企业“三废”排放、污水灌溉、生产管理过程中不规范施用的各种污染物如化肥、农药等其他化学物质有关。因此，仍需要采取措施防治茶园土壤重金属污染，以确保茶叶生产的优质高效，这就要加强技术宣传，普及茶园安全知识，规范茶农施用有机肥和农药；加强对茶园周围产生 “三废”的工业企业的监督管理；在茶园周边大力植树造林，营造防风林、隔离林带，利用肥田萝卜、百喜草、香草等对重金属进行植物修复等，从而为有机茶的发展提供安全洁净的土壤环境。

表 2-11　不同地区茶园土壤重金属含量　　单位：mg/kg

重金属	乐业		罗城		苍梧		横县	
	范围值	平均值	范围值	平均值	范围值	平均值	范围值	平均值
Pb	8.37～20.08	18.44	8.76～21.02	16.10	7.33～15.45	9.23	30.76～39.21	38.00
Cd	0.04～0.10	0.06	0.12～0.16	0.14	0.01～0.06	0.04	0.03～0.14	0.05
Cu	11.52～34.85	17.60	6.89～17.93	11.70	12.47～30.79	20.30	8.68～16.53	12.30

注：数据引自参考文献。余志强，广西主要茶区土壤重金属的监测与污染评价，2009。

（三）农药残留状况

鉴于对广西土壤农药残留现状调查研究的有限性，目前仅对荔枝园的土壤农药残留现状有所了解。荔枝园土壤农药检出率以多菌灵最高（48.1%），氯氰菊酯检出率次于多菌灵（8.1%），甲霜灵和三氟氯氰菊酯均为 3.8%，溴氰菊酯和敌敌畏仅有少量检出，在所有采样土壤中均未检出代森锰锌、敌百虫和乐果（姚丽贤等，2011）。

五、土壤生态系统健康——保持和建设良好的土壤环境

一个健康的土壤不仅需要各个组成部分的健康，而且需要生态系统整体上的健康，它是土壤及其生物群落（包括动物和微生物）之间长期协同进化、相互适应、相互作用而表现出来的一种和谐共融特性，以及在该特性状态下土壤保证植物生长所需物质与能量的可获得性和可持续性的一种功能与能力。因此，一定要加强土壤环境的建设来维持良好的土壤生态。土壤生态环境建设的观点要求在土壤肥力培育过程中，不仅仅要求需向土壤中投入无机养分，而且更重要的是可通过增加地面覆盖、大力发展生态农业、优化土地耕作管理方式、控制水土流失和环境污染等保持和建设良好土壤环境的一些基本措施，以保持良好的土体结构、健康的生态环境、稳定而丰富的生物多样性、一定的自我更新能力和抗逆能力为核心，来加强对土壤肥力的定向培育与调控，只有这样，才能获得稳定、健康和可持续的土壤生态环境。

第四节　土壤环境问题

土壤是生态环境的重要组成部分，是人类赖以生存的主要资源之一。我国土壤主要的环境问题是土壤退化，土壤退化是指由于人类不合理开发利用造成的土地生产力衰减。近几十年来，随着人口的大量增长和经济的迅速发展，我国土壤退化状况日趋严重，主要土壤退化类型包括土壤侵蚀（水土流失）、土地石（沙）漠化、土壤盐碱化、土壤贫瘠化及土壤污染等（中国土壤环境保护政策，2010）。

广西地处中亚热带至北热带，热量丰富，雨量充沛，但年际间和季节间降雨不均，降雨强度大，常有暴雨和旱涝，引起土壤侵蚀和水分不足；同时区内以碳酸盐岩为主的化学沉积岩占广西面积 30%左右，因此在特定的气候和地质条件下形成不同的土壤退化类型。

一、水土流失现状

广西是我国水土流失严重的地区之一，全区水土流失面积有 2.81 万 km^2，占土地总面积 23.67 万 km^2 的 11.87%，其中轻度、中度、强烈、极强烈、剧烈水土流失面积分别为 1.572 0 km^2、0.966 9 km^2、0.379 6 km^2、0.081 2 km^2 和 0.058 8 km^2（姜维和杨丽梅，2012）。岩溶地区水土流失面积 10 369.43 km^2，占广西土地总面积的 4.38%（中国水土流失防治与生态安全，2010）。岩溶环境与水土流失问题不仅破坏着土地资源，而且更是直接诱发多种自然灾害的根源，是广西分布面积最广、危害最严重的生态问题。

二、土地石漠化

石漠化是指在热带、亚热带湿润——半湿润气候条件和岩溶极其发育的自然背景下，受人为活动干扰，使地表植被遭受破坏，造成土壤严重侵蚀，基岩大面积裸露，砾石堆积的土地退化现象，是岩溶地区土地退化的极端形式。广西岩溶土地分布广，2005 年广西岩溶地区第一次石漠化监测结果，广西岩溶土地面积 833.0 万 hm^2，占国土面积的 35.2%，涉及全区 10 个市 76 个县（市、区）。并且土地石漠化现象普遍，在岩溶土地面积中石漠化面积 237.9 万 hm^2、潜在石漠化面积 186.7 万 hm^2，分别占岩溶土地面积的 28.6%和 22.4%（芦峰，2012），广西石漠化现象危害严重，影响了国土生态安全，制约了地方经济社会的发展。

三、土壤贫瘠化

广西土壤具有优越的水热环境条件，降水量、日照、辐射能及热量均能满足禾谷类作物一年二熟至三熟，以及亚热带和部分热带经济作物生长。但在高温高湿的情况下，土壤发育程度深。部分地区土壤遭到不同程度侵蚀，造成土壤贫瘠化，由于养分元素含量在土壤剖面中有自上而下递减的特征，随着土壤退化程度加大，土壤中有机质、全氮、全磷含量均相应减少。多数土壤瘦瘠，土壤阳离子交换量普遍偏低，80%的样本阳离子交换量在 10 cmol（+）/kg 土左右，表明土壤保肥供肥能力均较低，潜在肥力不高（广西土壤，1994）。

四、土壤污染

（一）重金属污染状况

农田土壤是重要的农业资源，是进行农业生产的基本要素，农田土壤环境质量的优劣，直接关系农产品质量安全。在农田土壤环境质量指标体系中，重金属含量是一个重要指标。

近年来，广西农业环境监测管理站对全区 33 个县水田和园地及 12 个县旱地土壤环境质量进行了监测，监测总面积 855 554.5 hm^2，其中水田 429 454.0 hm^2、园地 356 174.0 hm^2、旱地 69 926.5 hm^2，约占全区水田、园地、旱地总面积的 25%。水田种植的作物主要是水稻和蔬菜，园地种植的作物主要是水果和茶叶，旱地种植的作物主要是玉米，大量的样品监测结果如表 2-12 所示（凌乃规，2010）。

（1）广西水田、园地、旱地 3 类农田土壤重金属含量超标率较高的元素是 Cd、Hg、Ni，其次是 As、Zn，而 Cu、Pb、Cr 较低；旱地土壤各项重金属元素的超标率均高于水田和园地，水田的 Cd、Hg、Cu 超标率高于园地，园地的 As、Pb、Cr、Zn、Ni 超标率高于水田；3 类农田土壤单个样品超标倍数最高的元素是 Cd，其次是 Hg，再次是 Zn，而超标倍数较低的元素是 Pb、Cr、Cu。

（2）广西 3 类农田土壤重金属含量在超标样品中，水田和园地以单项重金属超标为主，旱地以多项重金属复合超标为主；在重金属复合超标样品中，水田和园地存在 2～6 项元素复合超标样品，以 2 项和 3 项复合超标为主，旱地存在2～7项元素超标样品，以2～4项元素超标为主。总体来说，大部分旱地土壤、少部分水田和园地土壤重金属复合超标情况比较严重。

表2-12 各类农田土壤重金属含量超标统计

农田类型	监测样品/个	监测项目	含量范围/（mg/kg）	样品数超标率/%	面积超标率/%	最大超标倍数
水田	1 574	Cd	0.004～9.32	24.71	23.51	30.1
		Hg	0.015～8.12	8.70	7.88	26.1
		As	0.073～77.6	3.68	4.77	2.1
		Pb	3.10～4.57	0.25	0.33	0.8
		Cr	0.099～441	0.25	0.28	0.8
		Cu	2.73～237	1.21	0.82	3.7
		Zn	5.20～806	2.48	1.49	3.0
		Ni	0.258～130	7.31	9.84	2.2
园地	1 433	Cd	0.001～7.66	8.44	7.60	24.5
		Hg	0.004～2.69	8.09	5.91	8.0
		As	0.618～237	5.72	5.40	4.9
		Pb	1.82～496	0.28	0.27	0.9
		Cr	4.81～407	0.98	0.87	1.7
		Cu	0.270～272	0.28	0.36	0.8
		Zn	2.03～3 550	3.70	2.93	16.7
		Ni	2.13～215	19.33	17.71	4.4
旱地	336	Cd	0.014～13.3	44.05	50.96	43.3
		Hg	0.009～12.4	12.20	15.13	11.4
		As	1.36～131	22.92	27.99	3.4
		Pb	4.37～702	0.30	0.28	1.0
		Cr	18.4～328	1.79	2.05	0.6
		Cu	6.88～172	4.46	4.03	0.1
		Zn	3.60～1 565	16.67	19.76	4.2
		Ni	2.57～139	34.23	35.49	2.5

注：数据引自参考文献，凌乃规，广西不同类型农田土壤重金属含量状况分析，2010。

（二）土壤农药残留

姚丽贤等（2011）对广西壮族自治区玉林（容县、兴业、博白、福绵、北流、陆川）、贵港（桂平、平南、港南区、港北区）和钦州（钦北区、钦南区、浦北、灵山）荔枝产区有代表性的生产性果园土壤进行了农药残留现状调查研究，结果是荔枝园土壤农药检出率以多菌灵最高，为 48.1%。其中，玉林荔枝产区为 60.3%，明显高于钦州（42.7%）和贵港产区（30.4%）。广西荔枝产区其他农药检出率均较低，氯氰菊酯检出率次于多菌灵，但仅为 8.1%，甲霜灵和三氟氯氰菊酯均为 3.8%，溴氰菊酯和敌敌畏仅有少量检出。广西荔枝园所有采样土壤均未检出代森锰锌、敌百虫和乐果。

第三章　广西生物*

第一节　植　物

广西地处祖国南疆，西部与云南高原相接，北接南岭西段。南临北部湾，气候跨北热带、南亚热带和中亚热带，地形地貌复杂，水热条件优越，土壤类型多样，为植物的生存和演化提供了有利的自然条件。

广西有野生维管束植物 8 565 种，隶属于 1 819 属、285 科，仅次于云南居全国第二位。其中蕨类植物 56 科、153 属、845 种，种子植物 7 454 种，蕨类植物 900 种。只产于广西的特有植物近 900 种，主产广西的准特有植物 161 种。广西的植物种数，国家保护的植物种数次于云南居第二位。

广西处于云贵高原东南边缘，北回归线横贯中部，自南而北依次为北热带、南亚热带、中亚热带。广西多山，边缘山地都是周围大地貌的组成部分，分布有大面积的喀斯特地形。特殊的地理位置和复杂多样的环境，构成多样性的生态系统。生态系统类型有森林、灌丛、农田、湿地等多种类型，仅森林生态系统中，天然植被就包含有针叶林、阔叶林、竹林、灌丛、草丛 5 个植被型组，其中植被型 14 个，植被亚型 26 个，群系 301 个。

我国生物多样性的关键类群（包括高度濒危亟待保护类群、重大科学价值类群和重要经济价值类群），裸子植物，高度濒危的类群有 15 种，广西有柔毛油杉、元宝山冷杉、银杉三种；重大科学价值的类群，广西有银杉、水松、白豆杉、福建柏、穗花杉、元宝山冷杉、资源冷杉等；重要经济价值类群，广西有杉科、松属某些种、黄杉属、油杉属、柏科某些种、长苞铁杉、三尖杉属、红豆杉属等，两者种类之多，均居全国之首。被子

---

* 本章作者：杨尚东、吴俊（广西大学）

植物，高度濒危的类群我国有 150 种，广西的粗齿梭罗、异形玉叶金花、异裂菊、广西青梅、峨嵋拟单性木兰、猪血木、桂滇桐、瑶山苣苔、龙州蒴苣苔、单性木兰、大果木莲等属此类，重大科学价值和重要经济的类群，广西具有的种类之多，排在全国的前列。

广西的西南部地区有四个地区特有属（异片苣苔属、长檐苣苔属、裂檐苣苔属、圆果苣苔属）和 210 个地区特有种，有特征的植被类型有蚬木林、肥牛树林、擎天树林、东京桐林、假肥牛树（*Cleistanthus petelotii*）林、红皮乌桕（*Sapiun eugeniaefoliccm*）林、广西青梅林等，地区特征种金花茶组植物为群落下层的优势种或常见种。因此，桂西南—滇东南区为我国生物多样性三个特有现象分布中心之一（另两个分别为川东—鄂西和川西—滇西北），桂西南又是我国具有国际意义的陆地生物多样性 14 个关键地区之一。桂东北地区以其具有保存完好的我国特有的亚热带常绿阔叶林类型而同样成为我国具有国际意义的陆地生物多样性关键地区之一。广西的合浦山口沙田半岛海是目前我国大陆红树林保护最好的区域，是我国海岸和海洋生物多样性关键地区。

广西的资源植物按用途分类，可分为材用植物、药用植物、油脂植物、纤维植物、淀粉植物、杂果植物、芳香植物、栲胶植物、保健饮料植物、饲用植物、花卉观赏植物、水土保持植物 12 类。有的植物具有多种用途，可以把它们归入相应类别。

一、材用植物

材用植物，主要是指除可作薪炭之外，可供建筑、桥梁、箱板、家具、桩柱、造纸和其他特种加工工业（包括工艺）等用途的植物。广西材用植物有 1 088 种，占广西植物种类的 15.8%，占木本植物的 29.2%，分别隶属于 102 个科和 325 个属，其中裸子植物 8 科 23 属 48 种；双子叶植物 92 科 294 属 1 016 种；单子叶植物 2 科 8 属 24 种。裸子植物的材用树种比例最大，占广西 90 种裸子植物的 53.33%，而且不少种类为广西重要的材用树种，其中最重要的为松科和杉科的种类，如杉木和马尾松。双子叶植物的材用树种占广西双子叶植物种数的 18.5%，以壳斗科、樟科、茶科、蔷薇科、蝶形花科、含羞草科、桃金娘科、木兰科、椴树科、山榄科、桦木科、金缕梅科等为最重要。单子叶植物的材用树种占广西单子叶植物种数的 2.15%，以竹类最重要，占单子叶植物材用树种 24 种的 91.67%。

广西的材用树种绝大多数为广西原产，但引种的种类也不少，其中松属、桉属、相思属的种类引进较早，尤其是桉树的引种已有百年历史，种类近 300 种。目前，桉树已成为广西十分重要的造林树种，桉树林面积不断扩大。

按材用价值，广西材种分为五个等级，上述介绍的树种有 900 余种列入，其中：① 特类木材 14 种：红花天料木、窄叶坡垒、擎天树、金丝李、蚬木、格木、苏木、铁力木、降香黄檀、小叶红豆、黄杨、紫荆、海南紫荆、银杉；② 一类木材 59 种；银杏、冷杉、柳杉、杉木、柏木、圆柏、短叶罗汉松、百日青、穗花杉、红豆杉、南方红豆杉、白豆杉、樟、闽楠、紫楠、大风子、柞木、挪捻果、广西刺柊（白皮）、华南椎、毛椎、栲树、钩栗、竹叶青冈、美叶青冈、薄叶青冈、碟斗青冈、华南椆、饭甑青冈、雷公椆、多环椆、平脉青冈、秀丽青冈、扁果青冈、显脉青冈、桃叶椆、美叶椆、金毛柯、毛果石栎、贵州石栎、卷叶椆、瘤果椆、鼠刺柯、姜刺柯、姜叶柯、水仙柯、椆木、椰榆、麻楝、非洲桃花心木、香椿、红椿、龙眼、荔枝、海南韶子、柚木；③ 二类木材 151 种，三类木材 251 种，四类木材 177 种，五类木材 156 种。

二、药用植物

广西有药用维管束植物 3 708 种，分属于 264 科 1 374 属。种类较多或较重要的科，蕨类植物有石松科、海金沙科、水龙骨科、鳞毛蕨科；双子叶植物八角科、五味子科、樟科、毛茛科、防己科、小蘖科、木通科、马兜铃科、远志科、蓼科、苋科、瑞香科、葫芦科、使君子科、大戟科、苏木科、蝶形花科、紫金牛科、茜草科、忍冬科、菊科、玄参科、唇形科、蔷薇科、冬青科、伞形科、桔梗科、茄科、爵床科、马鞭草科等；单子叶植物有姜科、百合科、天南星科、兰科、石蒜科、百部科、菝葜科、薯蓣科、禾亚科等。

常用的药用植物和价值较高的药用植物有 300 多种，除传统地道药材，如三七、肉桂、八角、罗汉果、山药、天花粉、葛根、金银花、山豆根、薏苡仁、石斛类、使君子、桔梗、艾粉、郁金、青天葵、钩藤等外，还有 98 种原为民间草药，后作为中成药收载入地方药品标准，其中不少种类每年收购量很大。广西药用植物多为野生，野生变家种已成功并有一定产量的种类有 18 种，如水半夏、广西莪术（含郁金）、灵香草等。此外，引种区外药用植物种类 30 种左右，引种成功的有 20 种，其中 10 种已形成生产基地，如地黄、泽泻、麦冬等。广西地处北热带和亚热带，适宜于南药生长。广西野生南药有安息香、剑叶龙血树（血竭原料）、砂仁、草果、巴戟天、千年健、芦荟等，除野生变家种外，引种区外的南药有槟榔、春砂仁、南肉桂、胡椒等。目前已能满足需要，停止进口的南药有安息香、血竭等。

三、油脂植物

油脂植物包括食用油脂和工业油（树）脂两大类。初步统计，广西栽培和野生的种子（或其他贮油部位）含油率在10%以上、有一定开发价值的油脂植物共380种，分属于77科188属，其中引种的22种。

广西油脂植物以木本植物居多，共有59科151属325种，分别占广西油脂植物科、属、种的76.62%、80.32%、85.53%；此外，还有草本13科26属31种，藤本8科10属24种。种类最多的科为樟科、茶科、大戟科、松科、芸香科、安息香科、蝶形花科、无患子科、十字花科、榆科、漆树科、锦葵科、葫芦科、灰木科，其中，被《中国油脂植物》定为四大富油大科的芸香科、大戟科、茶科、樟科在广西的油脂植物中共121种，占31.8%。

广西植物食用油料以草本油料植物为主，占2/3，如花生、油菜、芝麻均为重要的草本油料植物；木本油料植物只占1/3左右，以油茶最重要。

广西植物工业油脂最重要的为松脂和桐油。在广西，松脂主要为马尾松的产物；桐油为三年桐和千年桐种子的油，均为木本油料植物。

四、纤维植物

广西纤维植物有456种，隶属于62科222属。属、种最多的科是禾亚科，共40属76种；含有30种以上的科有桑科、蝶形花科、锦葵科；含有20～29种的科有荨麻科、梧桐科、胡桃科；含有10～19种的科有莎草科、椴树科、榆科、大戟科、瑞香科。广西纤维植物按其利用部位不同可分为五类：茎（枝）皮类，其茎（枝）皮纤维可作造纸、人造棉、高级布料、麻袋、麻绳等的原料，如麻类、葛藤类、崖豆藤类、木槿类、青檀、杨树等；木材类，其木材可作为造纸的原料，如松类、桉类、泡桐等，竹类，枝竿作造纸及编织的原料；草类，其全株可作造纸、人造丝、人造棉的原料，如龙须草、芒类、芦苇等，甘蔗渣可属此类；叶类，其叶可作纤维之用，如剑麻、凤梨、龙舌兰、虎尾兰等；棕榈类，棕榈科的植物不少种类的叶可编织葵扇、凉帽、凉席、蓑衣，叶柄可编席、制绳索，叶鞘纤维（棕片）可编制蓑衣、渔网、床垫、地毡等，茎可作藤制品。

五、淀粉植物

广西有淀粉植物193种，隶属于44科91属。种类最多或重要的科有禾亚科、壳斗科、山龙眼科、大戟科、菝葜科、薯蓣科、天南星科、百合科、蝶形花科、蓼科、防己科、柿树科等。蕨类植物的不少种类，如马蹄蕨、金毛狗、蕨、毛蕨、狗脊、桫椤、贯众、槲蕨等也富含淀粉。按照利用部位不同，分为六类：①根茎、块茎类。如蕨类植物的马蹄蕨、金毛狗、蕨和芭蕉芋、菝葜、魔芋、莲藕、马蹄等。②鳞茎类。如多种百合和石蒜。③块根类。如木薯、何首乌、葛藤、野葛、桔梗等。④茎髓类。如云南苏铁、鱼尾葵、桄榔等。⑤种子类。如壳斗科的大部分种类、禾亚科、山龙眼、木菠萝、蝴蝶果、白果等。⑥果实类。如柿子、枣子、蕉类等。

六、杂果植物

凡是果实能食用的植物均称杂果植物资源，包括传统果树、乡土果树和引进的果树以及野生的果树。据不完全统计，广西杂果植物有46科97属255种，其除银杏、板栗、核桃及新引种的澳洲坚果等17种为干果外，其余均为水果。在238种水果中，有传统水果34种，如柿、枣、桃、李、梅、柑橙、柚、芭蕉、菠萝等；其中不少种类为名优特水果，如龙眼、荔枝、芒果等；有新兴水果31种，如余甘子、猕猴桃等；有从国外引进试验的热带水果，如人心果、西番莲、油梨、番荔枝等；其余173种为可开发利用的野生杂果，如桃金娘、金樱子及柿属、苹果属、杨梅属、葡萄属、悬钩子属、猕猴桃属、蒲桃属、四照花属等种类。

七、芳香植物

芳香植物是指植物体某一器官能产生香气并能提炼香料的植物，其产物一般为油状或液体浸膏。广西芳香植物350种以上，隶属于60余科150多属。种类较多和含芳香物质较多的科有：裸子植物松科、柏科；双子叶植物木兰科、樟科、桃金娘科、芸香科、八角科、番荔枝科、马兜铃科、胡椒科、金粟兰科、牦牛儿苗科、瑞香科、蔷薇科、楝科、漆树科、伞形科、木犀科、忍冬科、菊科、招春花科、唇形科等；单子叶植物有姜科、天南星科、禾亚科等。其中常用或经济价值较高的有100余种。八角、肉桂和灵香草，是广西的三大传统香料，桂油、茴油分别占世界总产的90%和80%以上；我国是世界唯一生产桂花浸膏和净油的国家，广西生产的桂花浸膏和净油占全国总产的80%左右；此外，广西“镇油”“色油”誉满中外，可以说，广西是我国和世界天然香料生产的重要产地。

广西芳香植物按其芳香物质在植物体内存在的部位或含量较多的部位进行分类，可以大致分为树干（含根、树皮）类、根茎（含块根、块茎）类、枝叶（含全枝）类、花香类、果类和种子类六大类。当然，有的种类的根茎叶花果种子均含有芳香物质，此种分类仅是习惯用哪个部位提取芳香物质而归入哪一类，如果几个部位均用，则相应都归入各类中。这样分类的目的，在于鉴别芳香植物，以便准确取样和采用。据粗略统计，树干类芳香植物常见的约22种；根茎类14种；枝叶类50种；花香类32种；果类19种；种子类12种。

八、栲胶植物

栲胶为商品名称，是从含鞣质植物的皮、根、茎、叶、果及其附属物（如壳斗）加工浸提生产而来，也可称为浸提鞣料，主要成分是单宁。据初步调查，广西植物中的单宁含量在7%以上，有提制利用价值的有53科106属185种，占全国已知种数的61.6%。单宁含量在15%以上有95种，占广西已知种数的51.3%，其中含量在15%～20%的55种；21%～30%的27种；30%以上的13种。种类较多或较重要的科有壳斗科、含羞草科、苏木科、大戟科、漆树科、杨梅科、胡桃科、蔷薇科、红树科等。目前用于生产栲胶的原料主要为余甘子和毛杨梅两种。

九、保健饮料植物

保健饮料植物，就是植物体内某一器官制作成饮料，具有生津解渴、滋补健身甚至治病的作用，有益于人类健康的这类植物都归为保健饮料植物。因此，保健饮料植物不少种类，也同时属于别的植物资源种类，重复性较大。

据初步统计，广西保健饮料植物约有800多种，其中属杂果类的130种；具药用保健作用的590多种；具有滋补作用的80余种。这800多种保健饮料植物隶属150个科，其中蕨类植物17科60种；裸子植物5科10种；双子叶植物99科580种；单子叶植物24科150种。10种以上（含10种）的科有蔷薇科、蝶形花科、桑科、桑寄生科、芸香科、伞形科、紫金牛科、夹竹桃科、萝藦科、茜草科、忍冬科、菊科、玄参科、唇形科、姜科、百合科、兰科、禾亚科18科，计430种。水果类保健饮料植物主要集中在西番莲科、无患子科、漆树科、柿科、芭蕉科等 10 个科，计 90 种。具有滋补作用的主要集中在蝶形花科、桑寄生科、桔梗科、列当科、百合科、薯蓣科、禾亚科、阴地蕨科、水龙骨科等 13 个科，计 64 种。

十、饲用植物

饲用植物是指能偶为家畜放牧采食或人工收获（加工）后用来饲喂家畜的植物资源。根据来源划分，可分为牧草、禾谷科和豆类饲料作物、根茎瓜类、叶菜类作物以及其他饲料。

广西饲用植物的特点是：① 种类多。据广西草地资源调查统计显示，可供饲用的植物有 1 203 种，分属 170 个科，占广西植物区系的 20%以上。其中禾本科 225 种，占 18.7%；蝶形花科 124 种，占 10.3%；菊科 82 种，占 6.8%；莎草科 57 种，占 4.7%；大戟科 37 种，占 3.1%；蔷薇科 30 种，占 2.5%；十字花科 16 种，占 1.3%；蓼科 16 种，占 1.3%；其余数量不多的科共 616 种，占 51.2%。② 新种多。近年新收集到的 17 种饲用植物是《广西植物名录》中没有记载的种和亚种，其中豆科 7 种、禾本科 7 种、其他科 3 种。③ 饲用木本植物种类多、数量大。据调查显示，目前利用率高、分布面积大、适口性好的优良种类主要有 6 种，分别为肥牛树、任豆、构树、榕属的黄毛榕和对叶榕，以及水冬哥科的水冬哥。这些木本植物均可用做牛或猪的优良饲料。④ 高大禾本科分布广。高大禾本科植物主要包括：五节芒、班茅、类芦等，这类牧草幼嫩茎叶是家畜良好的冬、春季饲料，在低山、丘陵地区均有较大面积的分布。⑤ 优良禾本科牧草多，优良豆科牧草少。广西牧草中优良的禾本科牧草占多数，优良豆科种类少。其中，目前利用较多的禾本科牧草有：无芒雀麦、披碱草、老芒麦、冰草、羊草、多年生黑麦草、苇状羊茅、鸭茅、碱茅及玉米、高粱、黍、粟、谷、燕麦等；广西的豆科牧草种类虽不及禾本科牧草多，但因其富含氮素和钙质而在农牧业生产中占据重要地位。目前生产上应用最多的豆科牧草有：紫花苜蓿、杂种苜蓿、白花草木樨、沙打旺、红豆草、白三叶、毛苕子、紫云英、胡枝子和紫穗槐等。⑥ 适口性的牧草多。根据调查显示，适口性优良的饲用植物有近 400 种。其中，高大禾草适口性均中下；中矮旱生禾草如纤毛鸭嘴草、圆果雀稗、铺地黍、柳叶箬、金茅等植物种类青绿时适口性优，但抽穗开花后适口性下降。⑦ 饲用植物按营养价值可分为三类：a. 豆科植物。豆科植物通常含蛋白质较高，是家畜植物蛋白的主要来源。粗蛋白质含量较高的有野大豆、异叶链荚豆、美丽胡枝子、假木豆、大叶胡枝子等。b. 禾本科牧草。其特点是粗蛋白含量较低，但叶量大，幼嫩时适口性优良、品质较好，营养价值属中上水平。c. 饲用木本植物。一般仅利用叶片和嫩枝，通常营养价值高、品质好。目前应用较广的木本饲料，如闻名全国的肥牛树，就是此类的代表。此外香粉叶、任木、青檀、藤构、构树、翅荚香槐、红绒毛羊蹄甲、龙须藤、糙叶树、山黄麻、朴树、华南朴、斜叶榕等也是常见的木本饲用植物。

十一、花卉观赏植物

广西约有花卉观赏植物 1 400 多种，隶属 145 科 425 属，其中蕨类植物 19 科 24 属 121 种；裸子植物 9 科 26 属 83 种；双子叶植物 96 科 269 属 786 种；单子叶植物 21 科 106 属 353 种。广西有蕨类植物 530 种，具有较大观赏价值的有 121 种，是当前极有发展前途的观叶植物。其他观赏植物种类比较集中的科有：山茶科（其中金花茶组 20 多种全为观赏价值较高的种类）、杜鹃花科、木兰科、棕榈科、大戟科、桑科、五加科、天南星科、百合科、爵床科、苦苣苔科等。

花卉观赏植物按传统的划分，可分为乔木、灌木、藤本、草本四类，广西 1 400 多种花卉观赏植物中，乔木 28 科 59 属 453 种；灌木 61 科 140 属 314 种；藤本 21 科 37 属 152 种；草本 96 科 199 属 424 种。此外，花卉观赏植物按观赏的器官不同，可分为观花类、观叶类和观果类。

十二、水土保持植物

能够保持水土，并使已经产生水土流失的地段迅速恢复植被覆盖、调节地表径流、防止土壤进一步被侵蚀的植物，称之为水土保持植物。

初步选出的水土保持植物 204 种，隶属于 54 科。多数属于果树，经济林木和含羞草科、苏木科、蝶形花科、禾本科、猕猴桃科、桃金娘科、松科、大戟科的种类，其中乔木 84 种，灌木 34 种，藤本 36 种，草本 50 种。乔木中的果树和经济林木，如龙眼、荔枝、橄榄、乌榄、扁桃、细叶黄皮（鸡皮果）、黄皮、油梨、澳洲坚果、枣、板栗、柿、梅、梨、柠檬、黎檬等，均可为水土保持植物资源。此外，部分材用纤维树种，如马尾松、湿地松、桉类等和一些先锋速生、耐瘠薄的用材树种，如任豆、顶果木、红椎、荷木、红荷木、枫香等，也可作为水土保持植物。灌木主要为蝶形花科山蚂蝗属、胡枝子属、槐蓝属、槐属、灰叶属等属的种类，有部分药用植物种类如栀子、瑞香、甜叶悬钩子、苏木、茶辣、花椒、密蒙花、枸杞等。藤本主要为蝶形花科葛属、崖豆藤属和猕猴桃科猕猴桃属等属的种类。草本以禾亚科的种类为多，蝶形花科的苜蓿属、草木樨属、决明属、槐蓝属、鸡眼草属、灰叶属等属的种类也不少。

第二节 动 物

广西已知陆栖野生脊椎动物 884 种，占全国的 14%以上。其中哺乳动物 166 种，鸟类 483 种；海洋生物 1 766 种，其中红树植物种数居全国第三位。有鸟类 530 种和亚种，隶属于 19 目、56 科，占全国 1.186 种的 44.7%；兽类 193 种，隶属 10 目、32 种，占全国 450 种的 25.1%；两栖类 74 种，爬行类 157 种。属于国家一级和二级保护动物分别有 25 种和 117 种。现在广西动物多样性研究多集中在软体动物门、节肢动物门和脊索动物门，其中节肢动物门包括昆虫纲的直翅目、半翅目、鞘翅目双翅目和鳞翅目；脊索动物门包括鱼类、两栖纲、鸟纲和哺乳纲。

一、广西动物

（一）陆生动物

广西常见的陆生动物如下述。

1. 灵长类

广西灵长类动物（主要是猴类）相当丰富，全国有 18 种，广西占 10 种，分布遍及全区，主要以桂西南为多。主要品种有白头叶猴、黑叶猴、懒猴、长臂猴、猕猴、熊猴、鼯尾猴、红面猴、四川短尾猴、树鼯等。其中猕猴（恒河猴）又称广西猴，广西数量最多，分布最广；白头叶猴为广西独有。

2. 野生兽类

有 120 多种，广泛分布全区。其中：① 野生食肉目。主要品种有大灵猫、大斑灵猫、缟灵猫、棕猫、椰子猫、红颊蒙、食蟹蒙、黄鼬、青鼬、山灌、水獭、华南虎、金钱豹、黑熊、豺等。② 啮齿目。有巨松鼠、麦氏花鼠、白班鼯鼠、猪尾鼠、拟袋鼠、白腹巨鼠、箭鼠、中华竹鼠、银鼠等。③ 翼手目。有果蝠、蛸尾蝠、黄蝠、狐蝠等。④ 偶蹄目。有野猪、赤鹿、小鹿（黄猄）、鬣羚（苏门羚）、林麝、梅花鹿、青羊等。

3. 鸟类

广西鸟类丰富，分布全区各地，共有 400 多种，约占全国的 34%，常见的鸟类有原鸡、冠班犀鸟、长尾阔嘴鸟、红头咬鹃、棕腹橙鸭、夜蜂虎、棕三趾鸠、金猴拟啄、花鸪、竹鸡、斑鸠、珠项斑鸠等。

4. 两栖类

主要有大鲵、肥螈、细痣庞螈、中国瘰螈、鱼螈、中国树蛙、獭皮蛙、华南西蛙、华南雨蛙、斑腿树蛙、细花狭口蛙、大树蛙、花姬蛙、大头蛙、竹叶蛙、大蟾蜍、宽头大角蟾、小角蟾、隐耳蟾蜍、中华大蟾蜍、淡尾角蟾、黑眶蟾蜍、刺铃蟾等。

5. 爬行类

爬行类主要有胸龟、大头平胸龟、山瑞、鳖、金钱龟、海龟、棱皮龟、玳瑁、丽龟、龟；蛇类，北部湾有青环海蛇、小头海蛇、环纹海蛇、溴灰海蛇、平颜海蛇、海蝰；陆地常见的有大蟒蛇、眼镜王蛇、眼镜蛇、金环蛇、银环蛇、尖易蛇、菜花烙铁蛇、蝰蛇、烙铁头、竹叶青等；蜥蜴类，常见有飞蜥、变化树蜥、丽棘蜥、巨蜥、蛤蚧、瑶山鳄蜥等。其中，蛤蚧是广西有名的药用动物，占全国的 80%。著名的瑶山鳄蜥为广西独有，是我国特产。

（二）重点研究的陆生动物

1. 鱼类

（1）韦日锋等（2009）研究了广西河池地区鱼类资源调查及两支流的鱼类多样性比较发现：在河池地区分布的鱼类共有 185 种，分别隶属于 9 目 21 科 107 属。较 1997 年以前调查，新增种类 21 种，包括 1 新属 19 新种，分别为小眼岭鳅、透明岭鳅、长须云南鳅、后鳍盲副鳅、丽纹云南鳅、黄体高原鳅、天峨高原鳅、短须金线鲃、大眼金线鲃、九圩金线鲃、东兰金线鲃、天峨金线鲃、驯乐金线鲃、长体异华鲮、袍里红水鱼、板么红水鱼、大眼华缨鱼、都安鲇，以及巨修仁鱼央，其中红水鱼属为新属。

（2）在柳江水系分布的鱼类共有 134 种，分别隶属于 8 目 19 科 88 属。其中鲤形目鱼类共有 98 种，占该水系总种类的 73.1%；鲈形目鱼类共有 16 种，占该水系总种类的 11.9%；鲇形目鱼类共有 14 种，占该水系总种类的 10.4%。其他目属鱼类相对较少，分别为：鳗鲡目鱼类共有 2 种，占该水系总种类的 1.5%；鲼形目鱼类共有 1 种，脂鲤目鱼类共有 1 种，鳉形目鱼类共有 1 种，合鳃鱼目鱼类共有 1 种，均占该水系总种类的 0.7%。鱼其中在柳江水系中分布的种类中，白甲鱼属（*Onychostoma*）种类最多，居于首位；其次为小鳔鮈属（*Microphysogobio*），居于第二位；再次为光唇鱼属（*Acrossocheilus*）、鲇属（*Silurus*）和鳜属（*Siniperca*），居于第三位。其他属所属种类较少，均1～3种。在红水河水系分布的鱼类共有157种，分别隶属于8目20科101属。其中，鲤形目鱼类共有119种，占该水系总种类的75.8%；鲇形目鱼类共有16种，占该水系总种类的10.2%；鲈形目鱼类共有15种，占该水系总种类的9.6%。其他目属鱼类种类分别为：鳗鲡目鱼类共有2种，鳉形目鱼类共有2种，均占该水系总种类的1.3%；鲑形目鱼类共有1种，脂鲤目鱼类共有1种，合鳃鱼目鱼类共有1种，均占该水系总种类的0.6%。

2．节肢动物门

据调查，广西南宁地区玉米地捕食性节肢动物共7目35科167种，其中捕食性昆虫亚群落占16科86种，以瓢虫科和隐翅虫科为主体；蜘蛛亚群落19科81种，皿蛛科、肖蛸科、球蛛科及狼蛛科为优势类群。广西南宁市郊的香蕉园的主要节肢动物共有74科152种；优势种包括香蕉冠网蝽、茶袋蛾、香蕉交脉蚜、广西抚蛛、草间钻头蛛、幼豹蛛、立毛蚁和蚊类；总的群落多样性指数是地面群落高于叶片群落，叶片群落是下层叶片多样性指数最高；不同亚群落、不同季节的多样性有明显差异；蜘蛛亚群落多样性指数最高，季节波动小。

3．两栖爬行动物

调查统计了广西境内红水河自然保护区、百东河自然保护区、澄碧河自然保护区、古龙山自然保护区、龙滩自然保护区、猫街自然保护区、猫儿山国家级自然保护区、广西农信自然保护区、达洪江自然保护区、玉林市挂榜山、大明山自然保护区、桂林漓江风景名胜区、花贡自然保护区、昭平县七冲林区和广西北海涠洲岛鸟类自然保护区河流农田等湿地内爬行类动物，以期为广西湿地生物多样性的深入研究及湿地动物资源的保护、管理和合理利用提供参考依据。

结果表明，广西100 hm^2以上的各类湿地总面积有70.62万hm^2，滨海湿地33.63万hm^2，河流湿地23.18万hm^2，沼泽湿地274 hm^2，天然湖泊湿地1 200 hm^2。广西湿地两栖动物和爬行动物区系组成均以华中、华南区种为主，华中区种其次。其中以野外调查、访问调查并结合查阅有关文献资料，整理出广西湿地两栖爬行动物名录。统计结果分析：广西湿地有两栖动物11科32属84种，爬行类动物13科55属94种，两栖动物和爬行动物分别占全国总种数的29.58%和28.75%，多于其他许多省市。物种多样性调查结果表明，广西湿地有两栖动物11科32属84种，爬行类动物13科55属94种，其中，海岛两栖动物4科6属8种、海岛爬行动物5科13属17种。两栖动物和爬行动物分别占全国总种数的29.58%和28.75%，多于其他许多省市。两栖动物中，蛙科的占比最大，有10属33种，分别占总属数、总种数的31.25%和39.29%；其次是树蛙科，有5属12种，分别占总属数、总种数的31.25%和39.29%；鱼螈科、隐鳃鲵科、小鲵科、盘舌蟾科种类较少，均为1属1种，分别占总属数、总种数的3.13%和1.19%。爬行动物中，游蛇科的占比最大，有17属43种，分别占总属数、总种数的36.17%和51.80%；其次是淡水龟科，有9属16种，分别占总属数、总种数的19.15%和19.28%；平胸龟科、陆龟科、鳄蜥科、盲蛇科种类较少，均为1属1种，分别占总属数、总种数的2.13%和1.21%。

以上结果显示：广西湿地两栖爬行动物在很大程度上体现了生物的典型性、多样性、自然性、稀有性。由于水资源日益短缺，基建和城市建设、围垦、污染、水利工程和引排水的负面影响等湿地人为破坏现象日益严重，很大程度上影响了两栖爬行动物的生境。而自然栖息地减少、退化或过度捕捞和采集、非法狩猎，广西两栖动物的自然种群数量不断下降。因此，对广西湿地两栖爬行动物资源的保护已刻不容缓。

4. 蝗虫——与农业生产关系密切的昆虫动物

调查研究以及查阅文献，结果显示了广西蝗总科以东洋成分占有绝对优势的地位，即跨属于55个属，占属总数的77.5%，分别隶属于6科26亚科。其中，以斑腿蝗科的种类为最多，有14亚科34属85种，占广西蝗虫总体组成接近2/3。瘤锥蝗科全部为东洋种。广西蝗虫在种类组成上，以翅发达种类占绝对优势，已知126种，约占总数的90.6%，一般分布在海拔较低地方。

东洋种是指完全分布于东洋区的种类。本书已知90种，占广西蝗总科种数的64.7%。因各自不同的地理渊源和分布范围等差异，主要种类有：黄星蝗、越北橄蝗、纺梭负蝗、长翅大头蝗、芋蝗、山稻蝗、赤胫伪稻蝗、小卵翅蝗、异歧蔗蝗、长翅板胸蝗、中华越北蝗、山蹦蝗、刺胸蝗、东方凸额蝗、斜翅蝗、红褐斑腿蝗、长翅素木蝗、紫胫长夹蝗、黄翅踵蝗、方异距蝗、隆叉小车蝗、青脊竹蝗、黑翅竹蝗、爪哇斜窝蝗、细肩蝗、贵州埃蝗、长角佛蝗、僧帽佛蝗、中华噢忻蝗等。广布种指其分布区跨越了两个或两个以上大动物地理区的种类。本书已知14种，占总数的10.1%。本成分有：短额负蝗、棉蝗、云斑车蝗、东亚飞蝗、花胫绿纹蝗、疵蝗及中华剑角蝗等。古北种系指主要分布于古北区的种类。本成分仅占很少的一部分，已知 3 种，占总数的 2.2%。古北种能在本区生存的原因，这些古北种主要集中分布在桂东北地区。这 3 种是：日本稻蝗、短星翅蝗及黄胫小车蝗等。特有种指仅在本区有分布，在其他省份尚未发现，或者是近年发现的新种、尚无法确定其地理种性者。本书记录了广西蝗虫特有种 32 种，占该区蝗虫总种数的 23.0%。例如：广西梭蝗、大明山板突蝗、二斑野蝗、广西野蝗、拟山稻蝗、竹卵翅蝗、斑边陇根蝗、红翅龙州蝗、叉尾凸越蝗、自斑蛙蝗、广西埃蝗、大明山戛蝗等。广西蝗虫特有种的数目在区系成分中仅次于东洋种，这显示了独特的地方色彩。在动物地理学上，广西属于东洋区（orientalreginn），其蝗虫区系成分中以东洋种占绝对优势，广布种、古北种两者仅占较小一部分，而特有种却占有相当大的比例，充分显示了广西蝗虫区系自身的特色。

在防治蝗灾的时候，即要考虑害虫综合治理的理论和实践，要求人们不能孤立地把蝗虫作为唯一的目标去防治，而应把蝗虫作为生态系统的一个组成部分，以达到控制蝗虫的目的。因此，在制订和实施害虫综合治理规划的同时，必须注重保护生物多样性，提高生态系统的稳定性，充分发挥天敌和其他生物因子的控制作用，避免或减少使用农药，安全、有效、持久地把蝗虫种类和数量控制在造成危害的水平之下。在利用生物多样性控制和治理蝗灾的同时，我们还要关注蝗虫本身的多样性。种类繁多、用途广泛的蝗虫资源值得我们在防治它的同时还要对它加以利用和挖掘，从而变害为利，为人类创造更大的财富。

（三）红树林动物

1．森林动物

广西沿海不连续地分布着红树林。据不完全统计，已知生长的有真红树植物和半红树植物共 14 种。重要的红树林群落类型有 6 类：白骨壤群落、桐花树群落、红海榄群落、秋茄群落、木榄群落和海漆群落。其中红树林总面积达 5 654 hm^2，占全国红树林总面积的 1/3，居全国红树林省区之首。广西红树林具有分布广、面积大、生境多样复杂、生态景观奇特、地理位置特殊等特点。

（1）综合广西沿海红树林区底栖动物，可知共有 262 种，分别隶属于 10 门，16 纲，89 科，168 属。大部分为热带、亚热带种类。节肢动物门有

100种，占总种数的38.17%，是10门中种数第二多的。包括甲壳纲97种，肢口纲3种。甲壳纲常见种为双齿相手蟹、长腕和尚蟹及海栖招潮。中国鲎常见于红树林区滩涂上。

（2）软体动物是广西红树林区最大的底栖动物类群，共有117种，占总种数的44.66%。包括双壳纲61种，腹足纲53种，头足纲3种。双壳纲常见种为团聚牡蛎、文蛤、黑荞麦蛤。腹足纲中珠带拟蟹守螺、黑口滨螺和纵带滩栖螺较常见。阎冰等（2002）以随机扩增多态性DNA（RAPD）研究广西的山口、北海、犀牛角、东兴的文蛤种群的遗传多样性，结果表明：山口、北海、犀牛角、东兴的文蛤种群的遗传多样性指数分别为0.199 5、0.203 9、0.177 3、0.193 6；多态位点比例分别为86.32%、90.63%、81.05%、88.00%；4个种群间的遗传距离在0.050～0.070，相邻种群的遗传差距较小；除犀牛角种群以外，其余3个种群遗传变异水平较高。

（3）软体动物和甲壳动物总共217种，占总种数的82.83%，构成广西红树林区底栖动物群落的主要组成部分。环节动物门19种，占总种数的7.25%，全部为多毛纲动物。常见的是锐足全刺沙蚕和双齿围沙蚕。软体动物的泥螺、红树蚬、文蛤、丽文蛤、青蛤、杂色蛤仔、大竹蛏、缢蛏、尖齿灯塔蛏、牡蛎、异毛蚶、泥蚶、栉江珧、长蛸；甲壳动物的刀额新对虾、长毛对虾、日本对虾、宽沟对虾、斑节对虾、脊尾白虾、锯缘青蟹、三疣梭子蟹、虾蛄；鱼类的乌塘鳢、杂食豆齿鳗、弹涂鱼、大弹涂鱼、青弹涂鱼、虎鱼和蓝海龙。

（4）脊索动物门15种，占总种数的5.73%，全部为硬骨鱼纲动物。常见的是弹涂鱼科和虎鱼科的种类。腔肠动物门3种，纽形动物门1种，线虫动物门1种，星虫动物门2种，腕足动物门1种，棘皮动物门3种。这5门动物种类少，而且除了星虫动物门的光裸星虫和可口革囊虫外，其他种类较为少见。

2. 候鸟

广西沿海红树林水鸟分别隶属于7目。其中斑嘴鹈鹕、卷羽鹈鹕、海鸬鹚、黄嘴白鹭、黑鹳、白琵鹭、黑脸琵鹭、中华秋沙鸭、灰鹤、铜翅水雉11种为国家重点保护动物。长嘴剑、大沙锥、姬鹬、大滨鹬、阔嘴鹬、红嘴巨鸥、粉红燕鸥、大凤头燕鸥等为广西鸟类分布的新记录。由于广西的地理位置，广西沿海地区位于一条重要的候鸟迁徙通道上，那里的红树林区给为数众多的水鸟提供了繁殖、越冬和迁徙中途歇息的场所。据有关资料记载，在红树林区记录到115种水鸟。这些鸟类中，102种是候鸟，包括 13 种夏候鸟、64 种冬候鸟、25 种旅鸟，因此红树林区水鸟类的多样性表现出明显的季节性。迁徙季节水鸟的种类和数量都最多，繁殖季节则最少。在该地区红树林中发现一个越冬种群，有黑脸琵鹭（*Platalea minor*），是世界上最濒危的鸟类之一。

3．红树林区大型底栖动物种类及数量

广西红树林区大型底栖动物种类隶属及数量，如表 3-1 所示。

表 3-1　广西红树林区大型底栖动物种类隶属及数量

门	纲	各纲科数	各纲属数	各纲种数	百分率/%
腔肠动物门（3 种）	珊瑚虫纲	2	3	3	1.15
纽形动物门（1 种）	Ne-纽虫某纲	1	1	1	0.38
线虫动物门（1 种）	Ne-有尾感器纲	1	1	1	0.38
环节动物门（19 种）	An-多毛纲	9	16	19	7.25
星虫动物门（2 种）	革囊星虫纲	1	1	1	0.76
	方格星虫纲	1	1	1	
软体动物门（117 种）	双壳纲	23	49	61	44.66
	腹足纲	18	27	53	
	头足纲	2	2	3	
节肢动物门	肢口纲	1	2	3	38.17
	甲壳纲	19	47	97	
腕足动物门（1 种）	无关节纲	1	1	1	0.38
棘皮动物门（3 种）	海星纲	1	1	1	1.15
	海胆纲	1	1	1	
	蛇尾纲	1	1	1	
脊索动物门（15 种）	硬骨鱼纲	7	14	15	5.73
10 门	16 纲	89 科	168 属 168	262 种 262	100

（四）陆生和淡水动物遗传动物多样性研究

1．鱼类

张德春（2002）运用 40 个随机引物对广西昭平鳙鱼人工繁殖群体进行随机扩增多态性 DNA 标记（RAPD）分析，结果鳙鱼人工繁殖群体内个体间的遗传相似度为 0.98，Shannon（多样性指数）表型多样性指数为 4.95。何斌源等（2002）对广西英罗港红树林潮沟潮水中鱼类多样性进行研究（1999 年），共发现鱼类 54 种，隶属于 29 科 44 属；春、夏、秋、冬各季出

现的鱼类种数分别是：30 种、30 种、26 种、22 种；各季优势种明显，且不同季节最大优势种不同；夏季与秋季共有种最多，达 20 种；多样性指数以秋季最高；和热带红树林区相比，广西英罗港红树林潮沟鱼类群落的多样性低。

2. 两栖纲

查阅文献、资料，调查结果目前已知广西大明山自然保护区共有两栖动物 22 种，隶属 1 目 5 科 9 属；保护区内两栖类多样性系数为 1.21，均匀度指数为 0.58。

3. 鸟纲

广西沿海地区红树林区共有水鸟 115 种，其中有 102 种是候鸟，包括 13 种夏候鸟、64 种冬候鸟、25 种旅鸟；迁徙季节水鸟的种类和数量最多，繁殖季节最少。目前已知广西大明山自然保护区共有鸟类 151 种，隶属 14 目 41 科；保护区内鸟类多样性系数为 3.08，均匀度指数为 0.74。

4. 哺乳纲

据广西大明山以往调查资料和野外采集显示，共有哺乳动物 60 种，隶属 8 目 22 科 47 属；保护区内哺乳动物多样性系数为 2.56。

（五）野生动物（重点保护）

1. 一级保护动物（广西野生动物中属《国家重点保护野生动物名录》）

广西野生动物中属《国家重点保护野生动物名录》中的一级保护动物有白头叶猴（自头乌猿）、黑叶猴（乌猿）、蜂猴（懒猴）、熊猴（青猴）、豚尾猴（平顶猴）、黑长臂猿、梅花鹿、白鹤、黑鹤、中华秋沙鸭、金鹏、白肩鹏、海南山鹤鸽、黄腹角堆（角鸡，寿鸡）、黑颈长尾堆、自颈长尾堆、银鱼、鳄晰（瑶山鳄晰、大睡蛇）、巨蜘（四脚蛇、五爪金龙）、蟒（蟒蛇、大南蛇）、云豹（龟魂豹）、豹（金钱豹）、华南虎（老虎、黄斑虎）、儒艮（海牛、美人鱼）、中华自海豚、中华鲟。

2. 广西重点保护野生动物

华南兔（野兔）、红腹松鼠（赤腹松鼠）、红白瞬鼠（飞虎）、棕姗鼠（飞虎）、橙足姗鼠（飞虎）、白斑姗鼠（一场虎）、豪猪（箭猪）、扫尾豪猪（扫尾箭猪）、中华竹鼠（竹鼠竹榴）、青触（密狗）、黄触（横鼠狼）、猪罐（聋猪）、果子狸（花面狸）、绮灵猫（长领带狸）、椰子猫（棕搁猫）、红颊檬（树以）、食蟹檬（石猫）、豹猫（野猫、抓鸡虎）、赤狐（狐狸）、貉（田螺狗）、赤魔（黄胜）、小斑（魔了）、毛冠鹿、苍鹭（灰鹭）、池鹭（田螺鹭）、绿鹭、大麻鳽、蓝胸鹑（力更鸡）、白额山码鸽（半斤鸡）、灰胸竹鸡（竹鹤鸽、竹鸡）、环颈堆（堆鸡、野鸡）、黄脚三趾鹑（鹤子、三子）、红胸田鸡、苦恶鸟（自而鸡）、董鸡、黑水鸡、骨顶鸡、凤头麦鸡、水难、彩鹬、白腰构鹤、丘鹃（山鹨）、大杜鹅（布谷鸟）、小杜鸿、四声杜鸿、八声杜鸿、乌鹃、绿嘴地鹃、白胸翡翠（鱼狗）、蓝翡翠、夜蜂虎（食蜂鸟）、三宝鸟（海南了）、戴胜（鸡冠鸟）、大拟啄木鸟、蓝喉拟啄木鸟、棕腹啄木鸟、栗啄木鸟、星头啄木鸟、赤红山椒鸟、粉红山椒鸟、红耳鸭、白头鸭（白头鹅）、白喉红臀鸭、绿翅短脚鹤、橙腹叶鸭、红尾伯劳、棕背伯劳、栗背伯劳、黑枕黄鹏（黄莺）、栗色黄鹏、黑卷尾（黑支箭）、灰卷尾、发冠卷尾（卷尾燕）、丝光掠鸟、灰背掠鸟、八哥（牛背鹅）、林八哥、鹤哥（了哥）、灰蓝鹊、灰树鹊、红嘴蓝鹊、喜鹊、自颈鸦、大嘴乌鸦、松鸦、橙头地鹤、乌鹤、黑脸噪鹏（土画眉）、黑喉噪鹏（珊瑚鸟）、白颊噪鹏、棕颈钩嘴鹏、锈脸钩嘴鹏、画眉（金画眉）、银耳相思鸟、红嘴相思鸟（相思鸟）、小蝗莺、大苇莺、黄眉柳莺、黄腰柳莺（黄腰丝）、长尾缝叶莺（裁缝鸟）、鸽翁、纯兰翁、寿带鸟（一枝花）、大山雀（白脸山雀）、凤头鸦、大头平胸龟（英嘴龟）、大头乌龟（大头龟）、乌龟（泥龟、金龟）、黄缘闭壳龟（驼背龟）、黄喉水龟（绿毛龟）、锯缘摄龟娥（方龟、衣龟）、缅甸陆龟（枕头电）、变色树蜥（马鬃蛇）、长狱蜥、白尾双足蜥、盲蛇（铁线蛇）、百花锦蛇（百花蛇）、三索锦蛇（广蛇）、滑鼠蛇（水律蛇）、乌梢蛇（青蛇、乌蛇）、金环蛇（金包铁）、银环蛇（银包铁）、眼镜蛇伍蛇、眼镜土蛇（万蛇）、蝗蛇（园斑蛇）、尖吻蝮（五步蛇）、黑眶蟾蜍、棘腹蛙（山蚂拐）、棘胸蛙（石蛙）、黑斑蛙（田鸡）、沼蛙、泽蛙、大树蛙、斑腿树蛙、姬蛙（三角蚂拐）。

二、广西的海洋动物

广西是全国唯一邻海的少数民族自治区，拥有 1 500 km 的海岸线，海洋资源丰富，广西有海洋生物 5 635 种，占世界物种数 3 191 604 种的 1.76% 和中国种数的 7.9%。北部湾栖息着鱼类 500 多种，虾类 200 多种，头足类近 50 种，蟹类 20 多种。还有众多的贝类、藻类和其他种类，其中的海蛇、海马、条纹斑竹鳖、中国盆等属于重要的药用生物。

（一）常见海产软体动物

在广西沿海潮间带生物的调查中，采集到的底栖生物和潮间带生物标本，经初步分类鉴定，计有掘足纲 1 科，2 种；腹足纲 4 目，37 科，124 种；瓣鳃纲 3 目，32 科，158 种；头足纲 2 目，4 科，14 种。

广西常见海产软体动物名录：① 掘足纲：角贝科；② 腹足纲（单壳纲），原始腹足目：鲍科（石决明利）、帽贝科、马蹄螺科、蝾螺科、蜒螺科、锥螺科、轮螺科、滨螺科、汇螺科、蟹守螺科、平轴螺科、衣笠螺科、凤螺科、帆螺科、玉螺科、宝贝科、梭螺科、冠螺科、嵌线螺科、蛙螺科、爱神螺科、鹑螺科、马掌螺科、骨螺科、蛾螺科、核螺科、盔螺科、织纹螺科、细带螺科、榧螺科、竖琴螺科、笔螺科、衲螺科、芋螺科、笋螺科、塔螺科、耳螺科；③ 瓣鳃纲（双壳纲）：列齿目，蚶科、帽蚶科、蚶蜊科、胡桃蛤科、吻状蛤科、贻贝科、珍珠贝科、钳蛤科、江王兆科、扇贝科、壁蛤科、不等蛤科、海菊蛤科、锉蛤科、牡蛎科、棱蛤科、心蛤科、猿头蛤科、蹄蛤科、满月蛤科、鸟蛤科、帘蛤科、蛤俐科、紫云蛤科、樱蛤科、斧蛤科、绿螂科、竹蛏科、篮蛤科、开腹蛤科、海笋科等。

（二）海洋鱼类

包括：① 海洋鱼类遗传多样性研究有以下几个方面：种质资源及遗传分化研究，在海水鱼类群体内及群体间遗传变异研究方面，已报道的有真鲷（*Pagrus major*）、笛鲷、金枪鱼、军曹鱼（*Rachycentron canadum*）、石斑鱼、黄姑鱼（*Nibeaalbiflora*）、鮸鱼（*Miichthys miiuy*）、太平洋鳕（*Gadus macrocephalus*）、牙鲆（*Paralichthys olivaceus*）、半滑舌鳎（*Cynoglossus semilaevis*）、大菱鲆（*Scophthalmus maximus*）等几十种海水经济鱼种；在良种培育上的应用：已经成功培育出很多国内外知名的优良品种，已经取得了巨大的经济效益，深受海洋鱼类养殖人员的喜爱，更多的科研工作者在其上倾注了心血；在种间及种群间杂交的应用：主要其利用其遗传多样性以及保存种质资源、筛选优良性状的品种纯度等一系列研究；遗传图谱构建，主要是利用种质间的遗传距离来构建遗传图谱，以及其系统进化地位来研究其系统发育树。② 海洋甲壳动物：种植鉴定研究、遗传结构及种群分化研究、系统进化研究、在分子育种上的研究。③ 海洋贝类：扇贝是沿海地区重要经济养殖贝类，主要包括栉孔扇贝（*Chlamys farreri*）、华贵栉孔扇贝（*C. nobilis*）、虾夷扇贝（*Patinopecten yessoensis*）和海湾扇贝（*Argopecten irradians*），海洋珍珠贝隶属于软体动物门、瓣鳃纲、翼形亚纲、珍珠贝目、珍珠贝科，是生产海水珍珠的主要贝种，具有很高的经济价值。属于重点开发的珍珠贝包括马氏珠母贝（又称合浦珠母贝，

Pinctadamartensii）、大珠母贝（*P. maxima*）和企鹅珍珠贝（*Pteria penguin*）等（史兼华等，2006）。皱纹盘鲍（*Haliotis discus hannai*）微卫星、RAPD等遗传标记的广泛应用，大大推动了对皱纹盘鲍家系分析、群体遗传变异、遗传图谱构建等多个领域的研究。近几年来，国内外已先后启动了一系列海洋动物如大西洋鲑、半滑舌鳎、大黄鱼、石斑鱼、牙鲆、中国明对虾、长牡蛎、栉孔扇贝、海胆等全基因组测序计划。随之产生的比较基因组学、蛋白组学等研究成果将更有助于全面了解和掌握我国海洋动物的种质资源状况。还将进一步构建更多物种的遗传连锁图谱，海洋动物基因也将被批量的发掘出来，越来越多的基因及其调控网络也会被解析出来，通过对其中关键主导基因的筛选、鉴定和功能分析，以及与其经济性状连锁分析，获得更多的分子标记，并进行定位，从而建立分子标记辅助育种技术，加快优良种质的创制和培育，促进海水养殖业的健康发展，实现海洋生物资源的保护、合理开发和可持续利用。

三、土壤动物

（一）土壤动物及其分类

土壤动物是指其生活中有一段时间定期在土壤中度过，而且对土壤有一定影响的动物。土壤动物是土壤生态系统中不可分割的组成部分，在土壤有机质分解、改变土壤理化性质、土壤形成与发育、生态系统物质循环与能量流动等方面发挥着重要作用。同时，由于土壤动物数量巨大，种类繁多，到目前为止，发现的土壤动物种类已占到全球生物多样性的 23%；土壤动物被广泛作为土壤质量的指示生物。近年来，随着全球对生物多样性及其保护的关注，土壤动物多样性的研究已成为土壤生态学研究的热点和前沿。

土壤动物按照体宽可分为以下类群：大型土壤动物，体宽在 2 mm 以上，包括等足目、端足目、倍足纲、唇足纲（蜈蚣）、直翅目、蜚蠊目、半齿目、鞘翅目、蚯蚓、线蚓和鳞翅目及其幼虫等；中型土壤动物，体宽 100～200 μm，包括弹尾、螨、线蚓、双翅目幼虫和小型甲虫等；小型土壤动物，体宽在 100 μm 以下，包括原生动物、线虫、轮虫、最小的弹尾和螨等。

（二）土壤动物多样性研究及其影响因子

熊燕（2005）在研究热带、亚热带森林土壤动物的群落组成时，发现其隶属于 4 门、11 纲，其中蜱螨目和弹尾目的数量占整个土壤动物群落的 87.2%，两类群构成土壤动物群落的优势类群；膜翅目、双翅目、鞘翅目、原尾目以及综合纲是常见类群；稀有类群有 25 类（原尾目、拟蝎目、鞘翅目、同翅目、线虫、唇足纲、蚯蚓、鳞翅目、少足纲、倍足纲、蜘蛛目、等足目、线蚓、半翅目、蜚蠊目、双尾目、缨翅目、啮虫目、等翅目、盲蛛目、直翅目），占总数的 3.79%，天童常绿阔叶林获得土壤动物 26 目，隶属于 4 门、8 纲，蜱螨目和弹尾目占总数的 92.17%，常见类群是双翅目、膜翅目和综合纲，其余 21 类为稀有类群，占总数的 2.57%。

胡艳玲等（2002）研究了广西师范大学生物园中大型土壤动物的群落结构，发现后孔目、直翅目和等翅目是 5 种人工农田大型土壤动物的优势类群；土壤动物的垂直分布特点是表层多于底层，表面聚集现象明显；人工橘树林的多样性和均匀性最大，人工小叶女贞田丰富度指数最高；人工菜地的优势度最高；人工果园和人工菜地的相似性最好；人工花苗圃与人工菜地的多样性最差。

刘任涛等（2013）以研究不同程度封育草地为研究样地，通过调查发现不同季节降雨、温度、土壤温度和水分以及土壤动物特征，对土壤动物多样性有很大影响。结果如下：共获得土壤动物 11 目 13 个类群，螨类和鞘翅目幼虫为优势类群，存在于 3 个季节中；常见类群随季节变化发生更替。夏季大型土壤动物个体数多，种类丰富，多样性较高，而春季和秋季均较低。中小型土壤动物密度表现为春季＞夏季＞秋季，Shannon 指数和均匀度指数表现为夏季较高，而春季和秋季均较低。相关分析表明，土壤含水量季节变化是影响大型土壤动物群落个体数季节分布的主要因素，而中小型土壤动物个体数、类群数、Shannon 指数和均匀度指数与土壤含水量和温度间均无显著相关关系（$P>0.05$）。说明夏季雨热同季对大型土壤动物多样性影响较大，而对中小型土壤动物多样性影响相对较小。

李淑梅等（2008）探究不同施肥条件下农田土壤动物群落组成及多样性变化。以设对照（CK）、施氮（N）、施氮磷钾（NPK）、施氮磷钾+秸秆（SNPK）和施氮磷钾+有机肥（MNPK）5 种处理。调查结果发现各类土壤动物共有 4 027 头。从土壤动物类群来看，5 种施肥处理中，MNPK＞SNPK＞CK＞NPK＞N；从土壤动物的数量分布来看，MNPK＞SNPK＞CK＞NPK＞

N；从多样性指数来看，MNPK＞SNPK＞NPK＞CK＞N。各施肥条件下的土壤动物群落表现为中等相似。农田增加有机肥及秸秆还田有利于土壤动物生存和发展，改善土壤结构，增加农作物产量。

另外土壤动物多样性的影响因子很多，其中在不同土地利用方式下，土壤动物多样性及其生态功能作用已引起国内外学者的广泛关注，并展开了一系列相关研究。吴玉红（2010）对不同土地利用方式对土壤动物多样性的影响研究，结果表明不同土地利用方式下，土壤动物群落类群数量和个体数存在明显差异。果园、退耕林地和农田边界的个体数显著高于农田；农田边界的类群数量显著高于农田和退耕林地，果园的类群数量也显著高于农田。

第三节 微生物

一、土壤微生物

土壤是由地球陆地表面矿物质、有机质、水、空气和生物等组成，能生长植物的未固结表层。土壤微生物组成复杂，类群繁多，数量巨大，功能多样。据不完全估算，1 g 土壤中生存着成千上万种多达上十亿（10^9）个的微生物个体（细胞），是人类取之不尽的生物资源库、基因资源库、代谢产物库。然而，这些数量巨大的微生物仅有很少部分（0.1%～1%）是可以分离培养的，绝大部分微生物在现有实验室条件下尚处于不可培养状态。土壤微生物以各种不同的方式改变着土壤的物理、化学和生物学特性，参与土壤有机质的分解与合成、养分的释放与固定、污染物的降解、土壤团聚体的形成等过程，在可持续农业、环境保护、资源开发和全球气候变化等方面发挥着重要作用。由于研究传统与研究手段上的差异，过去有关土壤微生物多样性及功能的实验研究多侧重于描述特定微生物的代谢活性，进而描述微生物的功能；而有关生物的多样性与生态系统功能的实验研究多侧重于考察植物多样性对生态系统功能的影响，很少考虑土壤微生物的多样性。

土壤微生物作为生态系统分解者的事实以及生态系统地上部分与地下部分的紧密联系，研究土壤微生物多样性及生态系统功能显得十分必要。近20多年来分子生物学技术的发展及应用极大地提高了对土壤微生物组成和多样性的认识，但土壤微生物多样性仍然不能完全反映，处于在不断探索之中。土壤微生物多样性的研究对于探索自然生命机制以及生物多样性的应用、开发超常生物资源、应对全球气候变化、治理各类环境污染、维持生态服务功能及促进土壤可持续利用等方面具有重要意义。

1. 土壤微生物多样性研究方法

其总共分为 4 大类：微生物平板记数法；BIOLOG 微平板法；生物标记物法；分子生物学方法。

（1）微生物平板记数法是一种传统的方法，它采用特有的培养基对土壤中可培养的微生物进行培养分离，然后根据微生物的菌落形态和菌落数来测定微生物的类型和数量。由于所用的培养基有一定的针对性，且能够纯培养的土壤微生物的菌株的数量只占微生物总数的 0.1%～1%，因此很难提供有关微生物群落结构的信息。因此要全方位地去反映微生物的多样性，用传统的平板记数法还不够全面、不够系统和具体，没有很强的说服力。但是，微生物平板记数法在操作上容易被掌握运用，并且在平板培养的同时，能进行分离纯化，在得到微生物菌落数量和微生物菌落形态的同时，就知晓了微生物的数量和微生物类型。

（2）BIOLOG 微平板方法。BIOLOG 公司以其专利技术开发的微生物鉴定，BIOLOG 系统是 Garland 和 Miss 于 1991 年建立起来的一套用于研究土壤微生物群落结构和功能多样性的方法。这种方法是根据微生物对单一碳源底物的利用能力的差异，当接种菌悬液时，其中的一些孔中的营养物质被利用，使孔中的氧化反应指示剂四氮唑紫呈现不同程度的紫色，从而构成了该微生物的特定指纹。经过 BIOLOG 系统配套软件分析，并与标准菌种的数据库比较之后，该菌株的分类地位便被确认出来。这种方法成功地运用在区分不同作物的土壤微生物区系方面。作物方面的影响可能与植物根系分泌物有关，分泌物质导致了某些底物利用率能力的差异。利用 BIOLOG 微平板研究农药污染对微生物群落的影响，都能获得较好的预期效果；国外学者研究不同淹水程度的土壤微生物区系的差异，以及通过底物利用方式反映群落的组成变化情况等，这方面的研究报道还较多。

这些都表明通过底物利用方式可以获得群落指纹的变化，但是目前应用 BIOLOG 系统研究土壤微生物群落的结构和功能还存在一定的局限性，因为它所得出的结构和功能方面的信息是基于在 BIOLOG 系统内生长的微生物，主要是革兰阴性菌。另外由于培养环境如湿度、渗透压、pH 值等方面的改变都可能引起微生物对碳底物实际利用能力的改变而造成一定的误差。目前所拥有的标准数据库还不完善，有些种类还不能被准确鉴定。

（3）生物标记物法。由于以往的生物化学方法只是对微生物群落的一些指标进行测量（如腺苷酸含量、呼吸放出的CO_2量、热放出量等），所得数据也无法对微生物群落结构进行分析。学者们研究并确定了另一种可以可靠评估微生物生物量及群落结构的方法——生物标记物法。磷脂类化合物的这些特征和磷脂类化合物与生物的密切关系可以作为土壤微生物群落指纹分析。一般来说，生物细胞膜中所含的磷脂脂肪酸有以下规律：真菌大多含有多个不饱和键，可作为真菌生物量的指标；细菌往往不含有多个不饱和键的脂肪酸，它含有的主要是链长为奇数的、带支链的、主链上含有环丙基或羟基的脂肪酸的含量可作为细菌生物量的指标代表放线菌指标；革兰阳性菌含有较大比例的带支链的脂肪酸；革兰氏阴性菌在其类脂多糖类A中含有较大比例的羟基脂肪酸。

土壤微生物学家利用生物标记物的方法并结合微生物鉴定系统（microbial ID）来对微生物群落进行分析。脂肪酸甲酯法（FAME）方法已成功地用于区分不同区域、不同耕作方式、不同管理制度的土壤微生物区系分析；2001年蔡燕飞、廖宗文利用脂肪酸甲酯法研究生态有机肥对番茄青枯病的抑制及土壤微生物的影响，结果表明能够通过脂肪酸的研究调查微生物群落结构的变化，施用生态有机肥可显著改善连作地微生物群落组成，调整土壤微生物群落组成之间的比例，提高微生物群落结构和组成的丰富度与均匀度。

利用脂肪酸的组成模式当作土壤微生物的指纹在横向上评估土壤微生物的群落结构和多样性是可行的。生物标记物法的优点是既不需要把微生物的细胞从环境样品中分离，又能克服由于对微生物纯培养带来的麻烦。但应用脂肪酸分析方法时首先应尽可能地提取脂肪酸，否则可能失去一些重要的信息。同时在选择提取方法时必须注意避免非目标生物的脂肪酸的释放，避免偏重于那些普遍存在的脂肪酸。为了更加准确地鉴定微生物的种类，进行主成分分析（PCA）是非常必要的。另外值得注意的是因为不同属甚至不同科的微生物的脂肪酸可能重叠，所以以磷脂类组成来鉴定区分关系较远的微生物有一定的困难，所以在将来还需寻求更加可靠的分析方法。

（4）分子生物学方法。现代分子生物技术的发展使生物学的研究更加深入，并逐渐成为揭示生命科学规律的有力手段。利用分子技术分析核酸使人们逐渐认识到微生物多样性的复杂性。分子生物技术方法可以克服传统培养法造成的信息大量丢失的缺点，能够更全面更客观地对样品进行分析，更精确地揭示土壤微生物种类和遗传多样性。目前研究土壤微生物 DNA 及 RNA 的方法较多。不同微生物 rRNA 及 16SrDNA 基因序列在某些位点会以不同的几率发生突变，但同时它们又有高度的保守性，根据它们序列的相似程度可以反映出它们的系统发育的关系。利用 16SrDNA 这一基因序列扩增后，再通过变性梯度凝胶电泳 DGGE 来分析土壤微生物群落也是一种目前应用较为广泛的方法，它根据 PCR 扩增产物中不同的 G+C 含量的 rDNA 组分在电泳胶中的移动位置不同，直接反映 rDNA 多态性，低 G+C 含量的组分在电泳中变性快些，在胶中的移动速度较慢，因此不同的 G+ C 含量在胶中产生不同的带，通过不同的带型组成可以直接观察微生物群落的多样性，也可以对电泳带回收后进行测试，详细了解土壤微生物群落的组成结构。RAPD 分析也是其中的一种研究方法，此法又称为随机引物多聚酶链式反应（AP-PCR），它应用短的任意序列引物在非严格的条件下进行 PCR，结果基因组的许多位点同时得以扩增，一般应用凝胶电泳分析 PCR 产物，并检测基因多个位点的多态性。一些表形上不能反映的遗传物质的细微的变化都可以通过 RAPD 技术显示出来。姚建和杨永华等（1998）采用RAPD技术对农业化学品不同使用环境下的四种土壤微生物群落DNA序列进行分析，结果表明四种土壤微生物群落 DNA 序列在其丰富度、多样性指数及均匀度等方面均存在较大的差异。RFLP 分析也是一种常见的微生物分子生态学分析方法，与 RAPD 不同的 DNA 经过扩增后要用限制性内切酶进行切割，用标记探针杂交，揭示微生物 RFLP 的多样性。对于特定 DNA/限制性内切酶组合，所降解的片段数目和长度是特异的，因此可以作为某一基因组的特有指纹。

2. 土壤微生物多样性的主要影响因子及其效应机制

（1）农田土壤类型与土壤有机质含量。土壤是微生物的生活场所，土壤的通气性、水分状况、养分状况以及有机质含量直接影响着土壤微生物的种类及数量。钟文辉等对近年来国外的研究成果进行了总结和分析，认为微生物多样性与土壤类型特别是土壤有机质含量关系密切，富含有机质的土壤其微生物多样性也较为丰富。孔维栋等应用 BIOLOG 方法研究认为，温室盆栽番茄施用有机物料可显著提高土壤有机质及微生物群落的多样性，且施用不同腐熟程度的牛粪对多样性具有正向或负向的作用。

（2）农业耕作方式。耕作可能影响农业生态系统的可持续性。有较多的报道认为，免耕土壤中的微生物生物量和细菌功能多样性高于传统耕作土壤。钟文辉等对有关研究也进行了综述。一般认为，减少耕作能增加大团聚体，可能增加微生物多样性和微生物生物量。另外，土壤耕作可能造成土壤结构的恶化，降低底物丰度和均匀度，对土壤微生物动力学有负面影响，从而显著降低细菌多样性。从微生物分布看，在免耕农业系统中，细菌活动随土层深度变化很大，接近表土中的细菌活力最强；而在耕作系统中，在耕作层内细菌分布较均匀。另外，免耕土壤主要依赖真菌来分解有机物，而在传统耕作系统中，细菌能够降解大部分的有机物质。Yan 等对耕作和非耕作变性土微生物群落功能多样性的研究也显示，传统耕作土壤的二氧化碳排放量通常高于免耕土壤，而免耕比传统耕作排入大气的二氧化碳少，土壤有机质积累较多，从而有利于增加微生物多样性。

（3）种植制度。轮作可能比采用单一栽培的保护性耕作更有利于维持土壤微生物的多样性及活性，并可抑制在单一栽培系统中易繁衍的有害微生物及提高农作物产量。王淑彬、黄国勤等对稻田水旱轮作的土壤微生物效应进行研究认为，稻田水旱轮作改善了土壤的通气性，有利于氨化细菌、自生固氮菌、硝化细菌、好气性纤维素分解菌、磷细菌等数量的增加。稻田水旱轮作也有利于作物根系生长和对土壤的养分吸收，使轮作田晚稻根系活力增强，叶绿素含量升高。轮作更有利于微生物的生长和繁殖。Jan 等通过 PCR-DGGE 方法对细菌和真菌等微生物的多样性进行评估发现，轮作与连作玉米的非根际土壤细菌群落结构与草地明显不同，轮作与连作玉米间也有显著差异。PCR-DGGE 检测发现，草地土壤细菌和真菌等微生物的扩增条带数为 37 条，远远高于耕地土壤（轮作土壤 28 条、玉米连作土壤 29 条）的条带数，其多样性 Shannon-Wiener 指数也较高，草地、轮作土壤和连作土壤依次分别为 5 186、4 163 和 4 193。

（4）农业植被类型。农田植被类型也是影响微生物多样性的一大因素。植被通过影响土壤环境，从而影响到土壤微生物群落的结构和多样性，使土壤中的微生物种类更丰富、群落多样性更高。植被通过影响土壤含水量、温度、通气性、pH 值及有机碳和氮的水平而影响土壤生物区系。更有研究认为，植被的类型、数量和化学组成可能是土壤生物多样性变化的主要推进力量。陈灏等还对不同农业植被的土壤微生物多样性效应进行了分子生态学上的研究，直接从土壤中抽提总 DNA，运用变性梯度凝胶电泳法对未耕种土壤、小麦田、蔬菜田、玉米田、棉田、毛豆田等农田土壤的微生物种类分布进行了初步调查，发现不同的农田土壤存在明显的微生物种群分布差异，从所得 DGGE 图谱来看，地域对农田土壤微生物种群构成有一定的影响，地域比较一致的土壤存在一定的共性，均含有相同的条带。但在同组的不同土样之间也存在着明显的差异性，表现出某些条带的差异。这些差异性反映了土地利用方式对农田土壤微生物种群所造成的影响。

3. 土壤微生物多样性的应用前景

（1）土壤微生物对有机物的分解作用。微生物是生态系统中重要的分解者。它们分解生物圈内动植物和微生物的残体，还有各种复杂的有机物质，能够吸收某些分解产物，最终将有机物分解成简单的无机物，这些无机物又可以被初级生产者利用，再次参与物质循环。特别是腐殖质和蜡质只有微生物才能分解。

（2）土壤微生物在物质循环中的作用。生命物质的主要组成元素（C、N、P、S）的循环主要涉及两个生物过程：光合生物对无机营养物的同化和有机物的生物矿化。基本所有生物都参与生物地球化学循环，但在有机物的矿化中微生物起着决定性的作用，大多数有机物的矿化均是由微生物完成的。

（3）土壤微生物的生态安全调控机能。土壤微生物多样性对生态安全也起着重要的作用。它有利于保持土壤肥力，防控土传病害，促进农业增产、保障农产品质量。在修复污染环境方面土壤微生物也起着重要的作用，尤其在土壤修复、水体治理、固废处理等方面表现突出。利用微生物分解有毒有害物质的生物修复技术是一种有价值的方法，在治理大面积污染区域中的作用效果显著，已被公众认可。

4. 土壤微生物多样性与植物多样性的关系

植物与土壤微生物之间通过植物的凋落物和植物根系分泌物建立起密切的联系。植物的多样性可以通过其凋落物和根系的分泌物导致植物和微生物之间的协同进化，促进土壤微生物的多样性。因此，土壤微生物与植物的相互作用主要表现在与植物根系和凋落物的相互作用。

（1）土壤微生物多样性对植物多样性的影响。植物根系给土壤微生物提供了一个特殊的生态环境，某些土壤微生物可以通过与植物之间的种间关系影响植物发育、群落结构和演替。植物根际土壤微生物对植物的作用多数是有益的，可以归纳为：提供有机养料和生长素类物质；提高土壤矿质养料的有效性；消除 H_2S 对植物的毒害作用等。微生物还可以与植物形成特殊的共生关系，如菌根真菌与植物共生形成的菌根（分为内生菌根和外生菌根）、弗兰克氏放线菌与非豆科树木形成的根瘤以及根瘤菌和豆科植物形成的根瘤等，它们都表现出特殊的形态和生理功能。

（2）植物多样性对土壤微生物多样性的影响。地上部分丰富的物种多样性可以引起作为地下生物资源的凋落物质量和类型的多样性，而资源的异质性则可以引起分解者（土壤微生物）的多样性。植物群落的结构和组成的变化会导致植物物种组成的差异，并对分解者产生重大影响。植物物种的丧失能够引起土壤中分解者群落的变化，以及有机物质降解的变化。这种影响主要是基于凋落物及根系分泌物的特性，尤其是化学组成特性。也有证据表明，长期协同进化导致植物可以选择那些有利于自身凋落物快速分解的分解者，即植物和分解者之间存在协同作用。

5. 基于土壤微生物多样性-土壤微生物生态学

土壤微生物多样性的研究现在比较热门的就是土壤微生物生态学，也是今后的土壤微生物的研究方向之一，结合我国可持续农业发展、资源环境保护和全球变化研究的重大需求以及广西生态可持续发展战略，重点开展以下几方面的研究：

（1）需要利用我国土壤资源丰富的优势，广泛收集我国不同典型生态系统的土壤样品，建立土坡微生物基因组样品资源库，为长期时空尺度上监测土壤微生物对环境条件变化的响应特征和适应机制提供可能。

（2）需要重点考察土坡微生物的遗传多样性和功能多样性的空间分布特征，探讨土壤微生物的地理分布格局及其形成机制，探讨宏观生态学理论，如生态位理论、中性理论和生态代谢理论，在微生物生态学领域的适用性，为微生物生态学理论框架的建立提供依据。

（3）鉴于土壤微生物在调控生物地球化学过程和维持生态系统功能方面的重要作用，要加强对其区系和空间分异规律、空间分布格局及形成机制的认识，对这些机制的认识将帮助人们更好地预测微生物群落结构和多样性对各种环境变化（如全球气候变化、土地利用方式改变和各种人为扰动等）的可能响应，进而制定更有效的管理措施和对策。

（4）借助于高通量 DNA 测序技术的快速发展，未培养微生物的遗传组成和生命活动得到了很大程度的认识，宏基因组学和宏转录组学仍将是未来土壤微生物生态学领域一个极为重要的学科“生长点”，这些技术结合稳定性同位素探针技术和纳米级二级离子质谱分析技术的应用，为揭示土壤微生物多样性与功能提供了有力手段，它们的应用需要紧紧围绕对土壤这样一个高度异质非均相复杂系统生物地球化学过程与机理的阐释，特别是重要生命元素碳、氮、铁、硫等元素循环转化机理及其耦合过程的认识，为土壤相关宏观过程调节和宏观管理措施制定提供依据。

（5）全球气候变化背景下土壤微生物的响应与反馈机制。人类活动的扰动已加剧了全球气候变化，这不仅影响了地上植物的生长和群落组成，还直接或间接地影响了土壤微生物活性，特别是微生物介导的生物地球化学循环过程。尽管我们对气候变化与土壤微生物的影响及相应的反馈机制已有一定的认识，但对土壤微生物介导的温室气体产生机理，如何通过调控微生物功能特性而增加土壤碳储量、减缓土壤温室气体排放等一系列问题亟待解决。

二、海洋微生物

（一）海洋微生物资源

目前海洋环境中，据有关文献资料记载，已经描述的原核微生物物种大致分布在海水（2%）、沉积物（23%）、藻类（10%）、鱼类（9%）、无脊椎动物如海绵（33%）、软体动物（5%）、被囊动物（5%）、腔肠动物（2%）、甲壳类动物（2%），其他如蠕虫等占 9%。在表层海水或近岸沉积环境，海洋微生物的数量达 10^6～10^9 个/mL，而在大于 1 000 m 水深的深海环境，微生物数量约为 10^3 个/mL。广西海洋微生物资源多样性，经查阅文献大约有 1 500 种海洋真菌，包括 800 多株海绵相关的真菌，但这些真菌仅有 321 个属级类群的 551 种获得有效描述。并且认为小单孢类（*Micromonospora*）、红球菌类（*Rhodococcus*）和链霉菌类（*Streptomyces*）3 个类群，表明它们是海洋环境中放线菌的优势类群。在海洋环境中发现的放线菌共有 50 个属，包括 12 个新属。

海洋微生物的研究内容，目前主要是天然药物提取，海洋动植物病害，污染物清理等。由于该项基础研究的薄弱，我们对海洋微生物的了解远远落后于陆地微生物。因此海洋微生物中生物活性代谢产物的研究尽管兴起不久才刚刚起步，但增长迅速，已成为海洋生物技术开发的主要内容。海洋微生物多样性等基础性研究是资源开发的前提。种类繁多、生境复杂的微生物是生物多样性的重要组成。海洋微生物相对于陆地微生物而言，能够耐受海洋特有的如高盐、高压、低养、低光照等极端条件。生活环境的特异性导致海洋微生物在物种、基因组成和生态功能上的多样性。由于缺乏适当的培养方法，目前对于海洋微生物多样性的了解较少。采用 PCR 和 16 sRNA 序列同源性比较等方法在不经培养的条件下研究海洋微生物多样性已取得较好进展。如 Takami 等（1997）从 1 万多米深海底的一块淤泥中分离的数千株微生物中竟包括了各种极端细菌，如嗜碱、嗜热、嗜冷等，并有大量非极端细菌、放线菌、真菌等；16 sDNA 序列比较表明这些微生物广泛的分类范围。许多微生物在营养要求上是多能的，如有些化能异养菌也能利用光能作为辅助能源（光能异养）；而一些化能自养菌可利用有机底物。

（二）海洋微生物多样性研究技术进展

海洋微生物多样性是指所有海洋微生物在内的种类、遗传信息及其生存环境的总称，包括物种多样性、生长繁殖速度多样性、营养和代谢类型多样性、生活方式多样性、生存环境多样性、基因多样性和微生物资源开发利用多样性。

1. 可培养海洋微生物多样性分析技术

建立在获得大量纯化菌株的基础上进行，而为获得更多的海洋微生物纯培养菌株，研究人员对其代谢途径以及基础生物学、生理学进行更全面的了解，并致力于开发海洋微生物的培养新技术。

（1）稀释培养技术。稀释培养技术（dilution culture）是指将样品稀释到已知数量的细胞浓度后，接入灭菌海水中进行培养的一种方法。Schut 等应用稀释培养法研究阿拉斯加复活湾和荷兰北海海域的海洋细菌多样性，实验表明中海水细胞浓度约为 1.1×10^5/mL 和 1.07×10^6/mL，用该方法分离出 37 株兼性寡营养菌和 15 株专性寡营养细菌。

（2）高通量培养技术。为了提高分离效率，Connon 等在稀释培养法的基础上提出高通量培养技术（high throughput culturing，HTC）。该方法是将样品浓度稀释至 10^3/mL 后，采用 48 孔细胞培养板分离培养微生物。通过高通量培养技术可将样品中 14% 的微生物纯培养出来，远高于传统分离技术所培养的微生物数量，并发现了 4 种独特的未培养海洋变形菌门（Proteobacteria）进化枝，即 SAR11、OM43、SAR92 和 OM60/OM241 进化枝。Cho 和 Giovannoni 采用该技术从太平洋近岸和深海中培养出γ-变形菌纲（γ-proteobacteria）中的 44 种新菌株。

（3）扩散盒培养技术。为了能够让海洋微生物在原位条件下进行富集生长，最终得到纯培养的微生物，Kaeberlein 等设计开发了扩散盒（diffusion chamber）培养技术，该扩散盒由一个环状的不锈钢垫圈和两侧胶连的 0.1 μm 滤膜组成，将含有海洋微生物的样品加至封闭的扩散盒中，在模拟采样点环境的玻璃缸中进行培养。这种方法的优点是最大程度上模拟微生物所处的自然环境，环境中化学物质可以自由交换、微生物群落之间可以相互联系，保证微生物生存环境的原位性，从而提高微生物的可培养性。Bollmann 等（2007）利用扩散盒培养法和平板分离法分离出许多常规方法很难分离的δ-变形菌、疣微菌（Verrucomicrobia）、螺旋体（Spirochaetes）和酸杆菌（Acidobacteria）。

（4）微囊包埋技术。微囊包埋技术（microencapsulation）是另一种高效、高通量的海洋微生物分离技术。Zengler 等将海水和土壤样品中的微生物进行稀释后制成包埋单个微生物细胞的琼脂糖微囊，然后将微囊装入凝胶柱内流态培养，结合流式细胞仪进行检测，获得大量纯培养微生物，同时发现了一些新的细菌 16SrRNA 基因分支。通过进一步研究表明，微囊包埋技术可以用于超过 10 000 个环境样本中的细菌和真菌的分离。

2. 未培养海洋微生物多样性分析技术

（1）PCR 技术在多样性研究方面的应用。微生物多样性研究中，基于 PCR 的多样性分析技术目前得到广泛的应用。在此基础上开发的新技术主要包括末端限制性片段长度多态性（terminal restriction fragment length polymorphism，T-RFLP）、扩增片段长度多态性（amplified fragment length polymorphism，AFLP）、单链构象多态性技术（singlestrand conformation polymorphism，SSCP）、随机引物扩增多态性（random amplified polymorphic DNA，RAPD）、扩增 rDNA 限制性分析（amplified ribosomal DNA restriction analysis，ARDRA）等。宋志刚等利用 ARDRA 多态性分析技术，将 542 株纯培养菌株划分为 16 个 OUT，结果表明东海海域有丰富的微生物种群多样性。陈明娜（2007）采用 T-RFLP 和 16S rRNA 基因文库结合的分析方法，发现东太平洋 E272 站位沉积物样品的细菌多样性程度较高，包含变形菌门（Proteobacteria）、绿弯菌门（Chloro-flexi）、浮霉菌门（Planctomycetes）、酸杆菌门（Acido-bacteria）、放线菌门、拟杆菌门（Bacteroidetes）、硝化螺旋菌门（Nitrospira）、OP8 和 TM6 9 个主要的门类。硝化螺旋菌门（Nitrospira）、OP8 和 TM69 个主要的门类。

（2）DGGE/TGGE 在微生物生态学中的应用。变形梯度凝胶电泳（DGGE）技术是利用不同序列的 DNA 片段在具有变性剂梯度或温度梯度的凝胶上迁移率不同的原理，达到片段分离的目的，是微生物群落遗传多样性和动态分析的有力工具。Muyzer 等首次将该技术用于研究微生物菌苔和生物膜系统的群落多样性分析。Rasmussen 等利用 PCR-DGGE 分析技术研究海洋沉积物中微生物的群落结构和多样性。Diez 等应用 DGGE 技术研究了地中海东南海域不同位点和深度的海洋微型真核生物（picoeukaryotic）群落多样性，其结果与克隆文库和 RFLP 技术分析相同样品所得结果基本一致。

（3）gyrB 基因在多样性分析中的应用。gyrB 基因作为促旋酶（gyrase）的 B 亚单位基因，普遍存在于各种细菌中，其序列具有较高的保守性和变异性，不显现频繁的水平转移，在以核苷酸序列为基础的细菌分类及鉴别研究中，可作为靶分子，特别适用于菌株的区别和鉴定。gyrB 基因能对假单胞菌、芽胞杆菌、弧菌、肠杆菌、分枝杆菌、气单胞菌、乳酸菌等不同属或科内的近缘种进行区分鉴定，还可通过设计种特异性引物进行定量 PCR 或限制性片段分析，同时也能结合变性梯度凝胶电泳技术（DGGE）追踪微生物的动态。

（4）环境基因组学技术在海洋微生物中的应用。自 1991 年 Pace 首次提出环境基因组学（metagenomics）概念以来，其相关研究就受到广泛关注。近年来各种 DNA（cDNA）微阵列、DNA 芯片、基因表达序列分析（SAGE）、差异显示反转录 PCR（DDRT-PCR）、实时定量 PCR 等基因组学研究新技术和方法不断涌现，并在海洋微生物多样性研究中得到广泛应用。Venter 等利用构建宏基因组文库，发现了马尾藻海表层海水样本中的 1 800 多种海洋微生物新种及 120 万个新基因，极大地丰富了人们对海洋微生物遗传多样性的认识。

3．质谱在多样性分析中的应用

质谱分析法是通过对被测样品离子质荷比的测定来进行分析的一种方法，已广泛应用于化学、能源、环境、医学、生命科学、材料科学等各个领域。由于质谱技术可以对微生物的多种成分（包括蛋白质、多肽、脂类、脂多糖和 DNA）进行分析，因此在微生物鉴定中也得到应用。同时通过海洋微生物的相关研究，也发展了新的多重同位素显像质谱（MIMS）技术。Yang（2011）等利用显像质谱技术，发现了海洋细菌（Promicromono sporaceae）分泌的一种氨基酸，通过含铁细胞的响应，能改变枯草杆菌的运动能力，这为研究微生物群落中复杂的代谢作用提供了新的研究方法。

（三）海洋微生物多样性的应用

海洋微生物多样性是指所有海洋微生物种类、种内遗传变异和它们的生存环境的总称。海洋微生物与海洋环境有着密切的关系，影响着其他海洋生物的生长，参与能力循环和物质转换，并且参与海洋生态循环，对海洋生态系统的稳定有着重要作用。

1. 海洋微生物的生态功能

海洋微生物种类丰富、数量庞大，并且赋有复杂而重要的生态功能。微生物无时不在参与着海洋碳、氮、磷、硫等的生物地球化学过程。Dyhrman等研究认为海洋微生物群落能在磷浓度不断变化的海水中很好的生存，微生物对磷的代谢利用及磷的循环有促进作用；Hutchins 等研究表明微生物群落能在含高浓度 CO_2 的海水中生存，并参与了营养循环。海洋微生物对于海洋其他生物的生存代谢有重要的作用。Schirmer 等研究在微生物中找到与海绵相关的聚酮合酶基因簇。这些功能基因的发现是在微生物多样性探索的基础上实现的。微生物群落对海洋生态环境的稳定有调控作用，不同微生物群落结构有所差异，其所起的作用也不尽相同。海洋微生物对于海洋环境的保护和污染物的治理有重要的作用。Lu 等在深海石油富集区域发现具有降解石油的功能微生物，并证实海洋微生物群落能高效降解石油等污染物。此外，研究表明微生物对有害赤潮藻有重要的调控作用。显然对于海洋微生物物种多样性、基因多样性和生态功能的深化研究有利于海洋资源的开发，是众多研究学者感兴趣的方向所在。

2. 海洋微生物多样性与宏基因组技术的应用

宏基因组（metagenome）的概念，泛指某一自然环境中全部微生物的基因组群（the genomes of the total microbiota found in nature）。其研究策略克服了绝大多数环境微生物难于通过一般实验室分离培养的现实。目前，相关研究主要集中在探索微生物的基因序列，着重通过 16S rRNA 基因序列的系统进化研究，使环境微生物的多样性分析趋于完整客观。而我们这里所提出的宏基因组海洋药物开发平台，通过结合宏基因组工程与海洋生物学，形成一项旨在揭示海洋环境中微生物宏基因组特点并用于发现新药物的研究计划。

随着培养技术的不断突破，以及不依赖人工培养的相关技术（比如宏基因组克隆表达技术）的发展，如同人们在陆生土壤微生物多样性研究中一样，人类将逐步了解到海洋自然环境中微生物多样性的核心秘密。通过对海洋微生物多样性的不断探索无疑会为制药工业提供结构全新的化合物，并产生高质量的生物活性先导化合物，用于药物的研发。

第四节　生物多样性

一、广西生物多样性资源

（一）广西生物多样性的成就

广西生物多样性政策法规体系的初步建立，先后履行了生物多样性保护政策和法律、法规，同时还制定了《广西壮族自治区环境保护条例》《广西壮族自治区森林和野生动物类型自然保护区管理办法》《广西壮族自治区陆生野生动物经营利用许可证管理办法》等法律、法规。同时颁布了野生动物保护名录，使广西生物多样性保护工作有法可依。广西是最早建立自然保护区和面积最大的省份之一，截至 2003 年广西已经建立了 65 处自然保护区，面积达到 1.6 万 km^2，占广西陆地面积的 6.74%，其中分布在石灰岩地区的自然保护区有 17 个，占保护区总面积的 1/4。已经初步形成了较为完善的保护区网络，有效地保护了广西的自然生态系统和野生动物总群以及高等植物。使广西野生动植物特别是 150 多种国家重点保护野生动物和类群、147 种广西重点保护野生动物会类群以及 122 种国家珍稀保护野生植物物种得到了较好的保护。对保护我国滇黔、桂和中越边境的生物物种及主要栖息地起到了重要作用，并为国内外所重视。广西林业局在 2001 年部署建立了新型林业经营管理体制和发展模式，实施森林分类经营，在全省范围内划定的 685.7 万 km^2 的生态公益林，占广西森林分类区划总面积的 46%。通过对生态公益林采取严加保护的措施，有效地保护了自然区的原始生物和结构，使广西生物多样性网络得到了进一步的完善。

（二）广西生物多样性的特点

广西生物多样性与地形地貌关系——广西山地丘陵面积占全区土地总面积的 75%，同时，边缘山地都是周围大地貌的组成部分：西北部山地是云贵高原的组成部分；天平山、八十里大南山、越城岭、海洋山、都庞岭、萌渚岭是南岭山地的组成部分，南岭地区是我国 16 个生物多样性热点地区之一；九万山、元宝山是苗岭山地的组成部分；西南部喀斯特山地是中越边境高原的组成部分，这些地区与外界有着广泛的联系，使本来在复杂的环境中已经很复杂的广西生物多样性更为复杂。独特的石灰岩生物多样性——广西是著名的岩溶地区，岩溶地区约占广西面积的 40%。石灰岩地貌的双层结构形成了独特的地下石灰岩生态系统，包含独特的生物类型，如栖居洞穴中的蝙蝠类动物，地下水体中生存的多种鱼类等，多为广西地方特有物种，具有重要的科学研究意义和遗传资源保护价值。

（1）生态系统丰富多样，过渡性特点明显。广西处于云贵高原东南边缘，是中国大地貌第二阶梯向第三阶梯的过渡地带，北回归线横贯广西中部，自南而北依次出现有北热带、南亚热带、中亚热带三个生物气候带。特殊、复杂、优越的自然环境条件，孕育了极其丰富的生物物种及繁复多彩的生态组合。

（2）物种资源丰富，珍稀动植物繁多。复杂的自然环境使广西成为中国野生动植物分布最多的省区之一。广西已知维管束植物 8 354 种，隶属 288 科，1 717 属，仅次于云南省和原四川省，居我国第三位。境内有国家一级保护野生植物 18 种（类），二级保护植物 61 种（类）。还有其他珍稀濒危植物，有国家一级保护种 32 种，二级保护种 134 种。其中德保苏铁（*Cycas debaoensis*）、元宝山冷杉（*Abies yuan bao shan ensis*）、狭叶坡垒（*Hopea chinensis*）等仅分布于广西，其他如单性木兰（*Magnolia kwangsiensis*）、望天树（*Parashorea chinensis*）、合柱金莲木（*Sinia rhvdoliuca*）等分布范围也非常狭窄。还有其他珍稀濒危植物，如观光木（*Tsoongidemdrom odorum Chun*）、金丝李（*Garcinia paucinervis*）和金花茶组植物等近百种。此外，还有兰科植物 300 多种，其中属特别珍贵的兜兰属植物有 12 种，占全国的 50%，占全球的 18%。据统计，广西的濒危保护植物种类共有 113 种，在全国所有省份中位居第 2；特有值（Ev = 666）排在全国第 1 位；特有率（Er）为 5.9，排在第 9 位。

（3）生物物种特有成分高，保护价值高。特殊的地理位置和复杂多样的环境，既孕育了物种的多样性，也构成多样性的生态系统，同时包含着许多特有的成分。广西桂西南石灰岩地区地处我国三大植物特有现象中心之一的桂西南－滇东南地区，有 4 个植物特有属，210 个植物特有种。广西的濒危保护植物种类共有 113 种，在全国所有省份中位居第二；特有值排在全国第一位。

（4）特殊的地理位置和复杂多样的环境，构成多样性的生态系统。广西生态系统类型有森林、灌丛、农田、湿地等多种类型，且每种类型又包括多种气候型和土壤型。例如，在广西森林生态系统中，天然植被就包含有针叶林、阔叶林、竹林、灌丛、草丛 5 个植被型组，14 个植被型，26 个植被亚型，301 个群系。

（5）广西已知陆栖野生脊椎动物 884 种，占全国的 14%以上。有国家一级保护种 26 种，二级保护种 116 种。我国十大毒蛇广西分布有 9 种。广西特有的代表物种有白头叶猴（*Presbytis leucocelhalus*）和鳄蜥（*Shinisaurus crocodilurus*）。根据统计，广西哺乳动物共有 166 种，Ev 值为 283，在国内各省区中排在第 6 位；Er 值为 1.7，排在全国第 7 位。共有 483 种保护鸟类，Ev 值和 Er 值分别为 517 和 1.1，分别排在第 3 位和第 7 位。

（6）广西共有海洋生物 1 766 种。其中，红树植物种数居全国各省区的第三位。此外，在喀斯特地貌中，石灰岩的双层结构形成独特的地下石灰岩生态系统，包含了独特的生物类型，如栖居洞穴中的象棕果蝠（*Rousettus leschenaulti*）、鞘尾蝠（*Taphozousmelanopogon*）、大蹄蝠（*Hipposideros armiger*）、三叶蹄蝠（*Aselliscus wheeleri*）、须鼠耳蝠（*Myotis mystacinus*）、中华鼠耳蝠（*Myotis chinensis*）、小菊头蝠（*Rhinolophus blythi*）等蝙蝠。地下水体中生存的多种鱼类，如：凌云和乐业溶洞的鸭嘴金线鲃（*Sinocyclocheius anatiyostyis*）、天峨洞穴的叉背金线鲃（*Sinocyclocheiusfuycodoysalis*）、乐业溶洞的白斑金线鲃（*Sinocyclocheius albeoguttatus*）、田林县红星村英雄洞的田林金线鲃（*Sinocyclo cheius tianlinensis*）、武鸣县起凤山太极洞的无眼平秋（*Oreonectes anophthalmus*）、都安县下坳乡地下溶洞的无眼原花鳅（*Protocobitis typhlops yang*）等洞穴盲鱼，以及凌云县逻楼镇沙洞的小眼金线鲃（*Sinocyclocheilusmicrophthalmus*）等为广西地方特有物种。这些物种均具有重大的科学意义和遗传资源价值，具有全球性意义。

二、广西生物多样性保护现状

（一）广西生物多样性保护面临的问题

目前，广西生物多样性面临的主要威胁是人类对自然生态系统的干扰，包括农业耕种、城市规模的扩大、道路和水利等基础工程建设、野生动植物资源不合理利用等，以及相关法律法规尚不健全或执法不力等，致使自然生态系统受到严重破坏，原生植被面积不断减少，许多物种及其生存环境遭到损害，陷入受威胁乃至灭绝境地。根据 1998—2001 年广西林业局组织对 89 种广西重点保护野生植物（尚未包括苏铁植物和兰科植物）资源调查结果显示，在 1 650 处已知分布地中，只有 257 处被保护区所覆盖，尚有 84%的分布地还处于保护区保护范围之外，珍稀植物受破坏的潜在威胁大。在被调查的 89 种物种中，有 42 种分布范围及数量在萎缩，甚至可能已经灭绝，明显处于受威胁状态，其中：很可能在广西已经消亡或濒于灭绝的植物有猪血木（*Euryodendron excelsum*）、异型玉叶金花（*Mussaenda anomala*）、千果榄仁（*Terminaliamyriocarpa*）、水松（*Glyptostrobus pensilis*）、广西火桐（*Erythropsis kwangsiensis*）、合柱金莲木等 24 种；分布范围显著缩小、种群数量下降的受威胁的植物物种有狭叶坡垒、望天树、四药门花（*Terathyrium subcordatum*）等 18 种。部分苏铁植物如德保苏铁、叉叶苏铁、石山苏铁以及兰科植物野生种群受到的威胁也十分严重。在野生动物方面，根据 1997—2001 年进行的广西 120 种重点保护野生动物资源调查，结果表明有 22 种受到不同程度的威胁，其中：在广西灭绝或可能灭绝的动物有华南虎（*Panthera tigris*）、黑长臂猿（*Hylobates concolor*）、蜂猴（*Nycticebus coucang*）等 9 种；种群数量下降比较严重的有黑颈长尾雉（*Syrmaticus humiae*）、黑叶猴（*Presbytis pancoisi*）、熊猴（*macaca assamensis*）等 13 种。另一方面，自然保护区作为生物多样性就地保护的主要载体，也存在诸多问题。诸如经费投入不足，基础设施落后、人才缺乏、社区共管工作薄弱等，这些因素多年来一直束缚着自然保护区的发展，严重影响了生物多样性保护的成效。

（二）广西生物多样性保护现状

广西是全国较早建立自然保护区和保护区面积较大的省份之一。到 2003 年年底，广西已建立自然保护区 65 处，总面积达 1.6 万 km^2，占广西陆地面积的 6.74%。其中，分布在石灰岩地区的自然保护区 17 个，其面积约占保护区总面积的 1/4。特别是广西境内的 150 种国家重点保护野生动物和类群，147 种广西重点保护野生动物和类群以及 122 种国家珍稀保护野生植物种中绝大多数得到了较好的保护，对保护我国滇、黔、桂和中越边的生物区系的主要物种及其栖息地起着重要作用，并作为世界热带、亚热带地区生物多样性保护工作的一部分而备受国内外生物界和保育界重视。

1. 生物多样性的保护

① 制定生物多样性保护的法律、法规，为保护生物多样性提供法律保证；因此，国家在进行经济活动的同时，为保证生物资源利用的可持续发展，先后制定了一系列与生物多样性保护的有关政策、法规，如《森林法》

《野生动植物保护法》《环境保护法》等，在一定程度上保护了生态环境和生物生存环境。② 生物多样性的就地保护和迁地；保护首先要保护生物赖以生存的生态环境和动植物类群的组合，主要的办法是建立自然保护区。广西对生物多样性的保护也根据自身的地理环境和条件以及生物生存的环境特点，已建立各种不同类型的自然保护区，共 59 处，总面积 143.7 万 hm^2，占广西国土总面积的 6.09%。其中国家级 10 处，面积 16.9 万 hm^2；自治区级 29 处，面积 89.5 万 hm^2；地、市、县级 20 处，面积 37.3 hm^2。还计划新增建 6 处国家级自然保护区，拟建野生动物禁猎区 1 处、地市级野生动物救护繁殖中心 6 个、珍稀野生植物培植基地 1 个、野生动植物监测中心 3 处、动物检测中心 1 个、野生动物研究中心 1 个、濒危物种种后基因库 1 个，有效地保护某些珍稀和濒危物种的生存条件和环境，如启动了白头叶猴和瑶山鳄蜥的保护工程等。③ 深入开展生物多样性保护的基础研究；保护生物多样性领域的研究，需要生物科学与社会科学的紧密联系，是涉及遗传学、生物地理学、生态和恢复生态学、保护生物学的综合性学科。生物多样性的研究，必须了解生物多样性系统功能，对其进行长期动态检测，建立物种生态系统、遗传资源系统、信息系统和培育工程的数据库。依据岛屿地理学、恢复生态学和保护生物学，研究人类活动对生物多样性的影响。研究个体、种群、生物生存系统对人类的干扰方式、强度和频度的反应，人类和其他环境变化对生物物种进化的影响，全球气候变化对生物多样性的影响。研究生物多样性生态系统功能，在系统环境下物种间的相互关系，生物遗传和培育工程，珍稀和濒危物种的繁衍与自然环境的关系，生态系统抵御不利环境的能力，在恶劣环境中是否正冗余等。④ 控制人口，加速城市化发展。人类的不合理活动和自然界遭到的严重破坏，不仅导致生态系统多样性的丧失，在物种水平上，也使种群的数量或品种减少，丧失遗传多样性和导致物种的濒危或灭绝。要有效地保护生物多样性，就必须加速现代城市化的发展步伐。由于我国经济比较落后，尤其是广西，农业人口比重大，村村相通，几乎每个山区旮旯都有人居住，到处开垦、采挖和猎杀，严重破坏野生动物的栖息地和野生植物的合理配置。因此，在提高综合经济发展的同时，应使更多的农业人口向某种主产业转化，建立新的农业发展区，使人口相对集中。广西的做法是启动“移民工程”和“扶贫工程”，有效保护局部区域的“原生态”。

2. 全面规划、科学管理，公平合理地分享和可持续地利用生物多样性资源

制订严格的宏观控制机制，包括国民经济发展规划、总体规划、林业、农业、旅游等专项规划、技术准则等，对规划、各类资源开发利用项目、建设项目开展环境影响评价，充分考虑开发建设活动对生物多样性造成的不利影响和破坏，并制定相应的影响减免措施。如针对广西当前声势浩大的速生丰产林的商业造林活动，广西林业部门制定了合理的规划，到“十一五”期末，广西速生丰产林种植面积目标为200万hm^2，占广西现有林业用地总面积的13%。在项目实施过程中，严格执行环境影响评价制度，严禁破坏具有保护价值的森林，防止以“改造荒山”“扶贫济困”等名誉实施毁林造林，以及由于经营不善造成森林大面积衰退，导致生态环境恶化，人类赖以生存的空间受到严重威胁，确实保护生物多样性和维护生态平衡。

保护与利用的协调发展是保护生物多样性的基础策略。具体来说：① 加强建设和管理，严格保护和可持续利用自然保护区资源；② 加强科学研究，积极开展人工繁育和合理利用野生动植物资源；③ 全面规划、科学管理，公平合理地分享和可持续地利用生物多样性资源；④ 采取就地保护和迁地保护相结合的途径抢救和保护生物多样性资源。

3. 广西自然保护区建设现状

（1）植物资源和分布。到1992年年底，确认广西有维管束植物288科1 717属8 354种，有具开发价值的野生水果120多种、野生药用植物2 426种、野生淀粉植物109种、野生化工原料植物210种、野生纤维植物400多种、野生芳香植物156种、栽培的果树约700种。该区有国家一级重点保护植物37种，二级重点保护植物61种，银杉被称为“活化石”，是一种具有重大科学研究价值的珍贵树种，仅存于广西花坪林区、大瑶山林区和重庆金佛山。

（2）动物资源和分布。广西共发现陆栖脊椎野生动物929种（含亚种），约占全国总数的43.3%，海洋及淡水鱼类700多种，国家重点保护的珍稀物种150个，其中属国家一级保护的26种，二级保护的124种。此外，属广西重点保护的动物82种，其中广西特有的动物18种。兽类资源中属国家一级保护的10种，二级保护的16种。鸟类中属国家一级保护的9种，二级保护的78种。爬行、两栖类动物属国家一级保护的4种，属二级保护的14种。野生鱼类属国家一级保护的3种，二级保护的16种。此外，在宽阔

的滩涂和浅海地带还生长着大量浮游生物、潮间带生物和底栖生物。

三、广西生物多样性的利用与可持续发展

（一）广西生物多样性的利用急需解决的生态问题

1．水土流失比较严重、石漠化土地面积大

根据遥感调查，广西水土流失以水蚀为主，全广西水土流失面积为10 373.30 km^2，占广西土地总面积的4.37%。土地石漠化是指石灰岩山地自然植被遭到破坏，造成土壤严重侵蚀，基岩大面积裸露，使土地生产力下降甚至丧失，出现以石质坡地为标志的严重土地退化。石漠化土地的水源枯竭，植被稀少，土壤少，裸岩多，许多土地未能利用，环境质量严重下降，人民生活贫困。根据遥感调查结果，广西石漠化土地面积230×10^4 hm^2，占广西土地总面积的9.7%。石漠化土地主要分布在河池地区、百色地区、南宁地区和柳州地区，这四个地区的石漠化土地面积占广西石漠化土地面积的80%。

2．耕地减少、质量变化

根据土地详细资料，2000年全区耕地总面积438.48万hm^2，比1996年减少2.31万hm^2，年均减少0.58万hm^2。广西人均耕地1996年为0.096 hm^2，2000年为0.092 hm^2；人均耕地2000年比1996年减少0.004 hm^2。从总体来说，广西耕地质量呈下降趋势。长期以来，耕地利用中普遍存在重用轻养，或只种不养，绿肥面积少，地力消耗过度，大量使用农药化肥，造成局部地区土壤板结，酸度增加，耕作层变薄，加之水土流失，土壤肥力明显不足。据全自治区第二次土壤普查，水田有机质在2.5%以上的仅占20.2%，缺磷的（速效磷低于50×10^{-6}）占58.7%，缺钾的（速效钾低于50×10^{-6}）占63%；旱地肥力不足的比例更大。现有耕地面积中，中低产田占73.6%，中低产旱地高达98%。与此同时，随着工业企业和矿山企业排放的大量污染物进入环境，导致局部地区农田土壤被污染，污染耕地面积已达1.21万hm^2，其中部分耕地因污染严重而撂荒。

3．森林质量下降，生态功能减弱

由于森林过度采伐和不合理的经营方式，原始森林和天然林面积锐减，1985年广西原始森林和天然林的成熟林面积为119.52万hm^2，蓄积量为9 876万hm^2，到1995年分别只有91.27万hm^2和8 248.76万hm^2。

4. 生物多样性受到严重威胁

由于天然阔叶林面积减少及林分质量下降，野生动植物生存空间日益缩小。同时对野生动植物进行不合理的开发利用，致使野生动植物种群数量明显下降，不少受国家保护的珍稀动植物濒临灭绝。广西属珍稀濒危的生物物种很多。在国家公布的重点保护的第一批珍稀濒危植物中，广西就有 123 种，占全国保护总种数的 31.6%，属于国家一级保护的有 4 种，属二级保护的有 52 种，属三级保护的 67 种。在珍稀濒危植物中，属广西特有种的 19 种，广西列入《国家重点保护野生动物名录》（国务院 1998 年公布）的陆栖脊椎动物共有 142 种，包括一级保护的 22 种，二级保护的 117 种；在水生野生动物方面，属国家一级保护的水生野生动物有 7 种，二级保护的 28 种。

5. 沿海红树林大量减少、矿山生态环境恶化

广西曾有红树林 12 237 hm^2，由于经济效益的驱使以及一些社会发展的需要，比如围海造田、围海造地、围海养殖，现在的红树林面积只有 5 654 hm^2。广西目前已发现的矿种有 115 种，已有探明储量的 89 种，其中已开发利用的矿种 74 种，矿产资源开发在广西国民经济和社会中发挥了重大作用，但是矿山的开采也产生了严重的生态环境问题：一是占用土地，污染环境，1999 年广西矿业固体废物占用土地面积达 7 579 hm^2，被矿山产生的污染物污染的农田达 14 060 hm^2；二是引发地质灾害；三是破坏地表植被，加剧水土流失，全自治区矿产开发造成生态破坏土地面积约有 60 万 hm^2；四是造成地下水污染这些问题严重地影响了社会经济的可持续发展。

6. 工业污染还比较严重

与发达省区比较，广西工业发展仍处于相对落后的状态。长期以来，由于广西工业发展主要是靠高消耗、高排废的粗放型发展模式，工业企业普遍存在生产技术和工艺水平落后，资源能源利用效率低，污染治理能力弱，管理水平低等问题，因此，尽管近年工业“三废”治理率不断提高，但排污量仍然很大，万元工业产值的污染物排放量明显超过发达地区，工业“三废”对环境污染依然严重。1999 年，全自治区工业废水排放总量为 87 542 万 t，工业废气排放总量为 4 396.63×10^8 m^3，工业污染对生态环境的影响主要表现在对水体、农田及森林植被生态的影响。根据近年监测结果，全自治区 24 条江河中，有 70%左右的河流河段及部分水库湖泊、局部近海海域不同程度地受到工业废水污染。

7. 农村生态环境污染严重

近年来，广西农用化学物质使用量呈逐年上升的趋势。化肥施用量（纯量，下同）由 20 世纪 80 年代的年均 55.28 万 t，增加到 90 年代的年均 117.96 万 t，增长 113.39%。1999 年，全自治区化肥施用量达 153.75 万 t，平均每公顷耕地施用量达 584 kg。农药使用量（实物量，下同）由 1990 年的 24 064 t 增加到 1998 年的 4 2357 t，年均增长 8.45%，平均每公顷耕地使用量由 9.27 kg 增加到 15.96 kg，年均增长 8.02%，超过了专家推荐的 15 kg/hm^2 的安全用量。改革开放以来，广西畜牧业进入了高速发展的时期。但是，在畜牧业高速发展的同时，大量畜禽粪便污染物的排放产生了新的环境问题。

8. 干旱、洪涝灾害频繁

广西降水虽然丰富，但由于降水的不均匀性，一年内形成明显的雨季和旱季，同时降水的年际变化也很大，其变化幅度一般最大年降水量为最小年降水量的 1.5～2.5 倍，因此，洪涝成为广西的主要自然灾害之一。广西多数地区平均每年有 1～2 次洪涝发生，多发洪涝年份发生 3～4 次洪涝。广西洪涝灾害具有发生频率高、受灾范围大、灾情严重的特点。由于人类活动以及经济的高速发展促使生态环境不断恶化，森林植被保水能力下降，近年来广西出现大洪灾的次数明显增加，且洪灾的危害程度仍很严重。1998 年 6 月西江大洪水，漓江、浔江、柳江、西江等河流出现罕见高水位，桂北、桂中、桂东地区损失惨重，直接经济损失 109 亿元。干旱在广西是影响区域最广，且一年四季都会发生的自然灾害。降雨量的时空分布不均，加之广西岩溶地区面积大，渗透强，保水性能差，这是造成干旱的主要原因。据 1950—1999 年资料统计，几乎每年都出现不同程度的旱情。全自治区多年平均受旱面积 56.8 万 hm^2，约占全自治区多年平均耕种面积的 24%。如：1998 年 7 月至 1999 年 4 月出现的夏秋春连旱导致全自治区受旱面积共达 141.36 万 hm^2，166 万人因旱饮水困难。

（二）广西生物多样性可持续发展的对策

1. 依照国家有关政策，提高全民环保意识

在经济快速发展的今天，人们的生态观发生变化，环保意识不断提高，从吃、用等方面力推绿色环保。人们认识到对生物多样性的破坏将承担社会和历史责任。但是，有的发展中国家和不发达国家仍以破坏原始森林，消耗生物多样性为代价增加国家收入。这并未阻止发展中国家向发达国家

的资本转移，还必然造成本国和全球生物多样性区域的减少，生物多样性仍然遭到严重破坏。广西颁布了《广西陆生野生动物保护管理规定》和《广西重点保护野生动物名录》等法规，从而制约人们滥吃、滥用、滥采、滥挖国家珍稀和濒危野生动植物行为，使生物多样性有了法律保障。

2. 正确处理野生动植物保护与利用的辩证关系

提高对生物多样性的保护，需要投入大量的人力、物力和财力。合理利用动植物资源是市场经济的体现。正确处理动植物资源保护、发展和合理利用的辩证关系，遵守野生动植物的生态特点，在保护中开发，在开发中保护，利用“资源消耗量小于资源增长量”的原则，推行野生动植物的商业性经营。加强科学研究，大力发展野生动植物的源种繁殖，提高野生动植物在中医药、保健品、高科技高附加值产品和观赏等方面的利用，保障野生动植物源种培育及利用相衔接的政策和激励机制，建立“谁投资、谁拥有、谁受益”的原则，完善野生动植物保护管理措施，实现生物资源的可持续利用和经济的可持续发展。总之，对生物多样性的保护和利用，关系到人们的生产生活、社会经济的发展、人类的未来。因此社会发展，科学进步，一定要坚持人与自然共存，人与自然共享，才能在可持续发展思想指导下，实现资源、生态环境、社会经济的协调发展，为人们的生产、生活等活动提供良好的生态环境。广西建立自然资源保护区是最直接、有效的就地保护生物多样性资源的方式，取得了一系列比较珍贵的成果、第一手科研数据资料，探索出了一条适合广西保护生物多样性资源的路子。

第四章 广西生态系统*

第一节 生态系统总体结构

根据广西具体实际，从红壤地区生态系统结构和岩溶地区生态系统结构两种类型进行阐述。

一、红壤地区生态系统结构

红壤地区生态系统的结构有如下特征：

1. 成土母质（岩）

土壤母（质）岩有花岗岩、砂页岩、石灰岩、硅质岩、第四纪红土及冰水沉积物等多种类型；加上人为活动等的影响，土体中元素的迁移方式和富集程度有明显差别，分布的土壤类型多种多样。桂北中亚热带红壤、黄壤地带；桂南南亚热带赤红壤；桂南滨海北热带砖红壤。

土壤中黏粒矿物源于母质或在成土过程中所形成，它的类型、分布一方面受母质、母岩矿物组成的影响，另一方面又与土壤形成条件密切相关。广西位于我国南方，土壤中淋溶作用强烈，盐基离子很少，所形成的黏粒矿物主要为高岭石类矿物（表 4-1、表 4-2）。同时由于温度高，风化彻底，也有不少铁、铝氧化物矿物形成，故基本属于以高岭石与三氧化物为主的地带。

* 本章作者：谭宏伟（广西农业科学院）

表 4-1　主要土壤的黏粒矿物组成（1）

土壤类型	地点	主要成分			次要成分						
		三水铝石	氧化铁	高岭石	蛭石	蒙脱石	高岭石	三水铝石	氧化铁	石英	水云母
砖红壤	防城那校		√	√						√	
	合浦包家			√	√			√		√	
	钦州那丽		√	√				√			√
赤红壤	宾阳思陇			√				√	√		√
	扶　绥			√					√		√
	凭　祥			√					√		√
	桂平西山			√				√		√	
红壤	罗城黄金			√		√					
	凭祥和基山			√					√		
	鹿寨龙江			√		√				√	√
	兴安苗儿山 480 m			√				√		√	
黄红壤	兴安苗儿山 890 m	√					√			√	
黄壤	兴安苗儿山 890 m	√					√			√	√
	兴安苗儿山 890 m	√					√			√	
	龙州大青山			√	√						√

表 4-2　主要土壤的黏粒矿物组成（2）

土壤类型	地　点	主要成分								次要成分							
		伊利石	蛭石	蒙脱石	高岭石	三铝水石	氧化铁	石英	水云母	伊利石	蛭石	蒙脱石	高岭石	三铝水石	氧化铁	石英	水云母
黄棕壤	苗儿山 1 700 m					√							√			√	
山地草甸土	苗儿山 2 110 m							√					√				
潮土	桂平寻旺	√		√								√				√	
紫色土	邕宁刘圩				√										√	√	
黑色石灰土	桂林雁山	√			√						√	√					√

土壤类型	地点	主要成分								次要成分							
		伊利石	蛭石	蒙脱石	高岭石	三铝水石	氧化铁	石英	水云母	伊利石	蛭石	蒙脱石	高岭石	三铝水石	氧化铁	石英	水云母
棕色石灰土	来宾蒙村			√	√									√		√	
	都安下坳		√			√							√			√	√
	德　保		√		√												
黄色石灰土	都安保安		√		√									√		√	√
红色石灰土	马山加芳				√						√			√			√
	桂　林		√		√							√					√
硅质白粉土	马山乔利				√						√						√
	宾阳新宾				√						√						
	靖西新靖				√			√			√		√				
	都安下坳							√					√				
	都安那仁			√				√					√				
石灰性紫泥田	邕宁蒲庙			√						√			√		√	√	

母质是形成土壤的基础物质。母质的特性往往会直接影响土壤的性状和肥力的高低。广西常见的几种主要成土母质分布情况及其形成土壤的特性如表 4-3 所示。

表 4-3　广西主要成土母质的分布及其对土壤形成的影响

母质种类	主要分布地区	形成土壤的主要特性
石灰岩风化物	南丹—环江，靖西—大新，都安—凤山（峰丛洼地）；桂林—阳朔，柳州—来宾，平果—隆安，龙州—崇左（峰林槽谷）；武宣、黎塘、武鸣、扶绥、钟山、贺县（残峰平原或孤峰溶蚀平原）	土层厚薄不一，质地较黏，透水性较差，凝聚力强，土壤反应中性至微碱性，养分含量不高
花岗岩风化物	桂东南一带，岑溪、苍梧、博白、灵山、武鸣、宾阳、南丹、巴马、平乐、都安、上林、桂东华山、姑婆山、恭城栗木；越城岭苗儿山一带；钟山、桂平、大容山、十万大山、六万大山、云开大山、海洋山、罗城宝坑；融水三防一带，容县、北流、浦北、龙州、凭祥、桂北吉羊山、元宝山	土层深厚，含砂较多，土壤呈酸性反应，含钾较多，其他养分含量较少，土壤疏松，通透性好

母质种类	主要分布地区	形成土壤的主要特性
砂岩及页岩风化物	桂东北、桂南、桂东南、武鸣、南宁盆地、来宾、宾阳、宁明、桂西南、桂东、桂中、大明山、青龙山、六韶山、隆林、西林	土层较厚，砂岩形成的土壤土质疏松，养分含量较少，页岩形成的土壤土质较黏，养分丰富，土壤多呈酸性
紫色砂页岩及紫色碎屑岩风化物	桂东南、桂东北、桂南横县以西、南宁—凭祥一线以南向西延伸至国界、向南延伸至国界、向南延伸至灵山、钦州构成十万大山主干、钦州—梧州地区、桂东、桂中零星分布	土层厚薄不一，表土层较薄，土中含半风化岩石碎片多，易受冲刷，土壤反应呈微酸至微碱性，部分有石灰反应，含磷、钾、钙较丰富
河流冲积物及湖相沉积物	大小河流沿岸及湖相、海相平原	湖相沉积层土层厚，质地较黏重，养分含量较丰富，反应呈微酸性、中性至微碱性。河流冲积物，土壤层次厚度变化不大，土壤质地近河床处粗，远离河床者黏重，养分一般含量缺少
第四纪红色黏土	低山丘陵地带，岩溶凹地，滨海沿岸地带，右江、融江、柳江、邕江、郁江、浔江两岸	土层较深厚，质地黏重，酸性强，铁、铝含量多，透水通气差，养分含量缺乏
变质岩风化物	桂北九万大山、元宝山、全州一带、载城岭、都庞岭、海洋山、镇龙山、大瑶山、大明山、大南山、天平山、大苗山、融水西部、罗城北部、融安东部、永福、临桂北部、龙胜	土层一般不厚，土中常夹有关风化物，质地随变质岩种类而异，千枚岩风化物质地黏重，而石英岩、石英砂岩、片麻岩等风化物质地粗松，透水性好，养分一般含量不高
滨海沉积物或河流出口三角洲淤积物	防城、钦州、合浦等地滨海地区	土层厚薄不一，表土黏重，底土偏砂或砂黏相间，稍有结构，含有一定盐分和硫化物，偏酸，有返盐返酸现象，土壤有机质、全氮全磷养分含量较丰富，有效养分不高

2. 地貌

广西境内山岭绵延，丘陵起伏，石山林立，风景秀丽，素有“八山一水一分田”之称。广西地形，总体看，它是我国东南丘陵的一部分，大体是西北高，东南低，周围多为山脉环绕。东北部有五岭山脉，海拔一般为1 100～1 300 m，西北及西部，在自然地势上原属云贵高原的一部分，但因长期侵蚀，地面被切割而支离破碎，海拔多在 800 m 以上，南及西南部属十万大山山系，海拔一般为 800 m。东南有云开大山、大容山等，海拔也多在 800 m 左右。全区境内山也多，其中以大明山脉、大瑶山脉为著名。大明山脉由东兰、都安、马山、武鸣县南下，转向东与经荔浦、蒙山、桂平、贵县南下而西折的大瑶山脉相会于宾阳南部的昆仑关，呈一弧形构造，将广西自然地区分为桂西、桂中、桂东、桂南、桂北等部。上述各山脉多由砂岩、页石构成。

在桂东及桂东南地区多属丘陵地，其中有较大面积的以花岗岩为主的岩浆岩分布。自南宁以南至钦州一带有较多的紫色岩层（紫色砂、页岩）组成的丘陵或低山。因山脉的间隔和河流的冲刷沉积，全区境内有不少山间盆地、小平原和河流下游的广阔谷地，如南宁、玉林、河池、柳州、贺县等平原盆地和左右江、郁江、柳江、漓江等河流的广谷等。这些平原、盆地、广谷、丘陵地区均属广西主要农业区。

地形对径流量和侵蚀量在很大程度上起决定作用，它同时决定灌溉方法、排水和其他为保持水土所需的管理措施。土地的坡度越陡，越需要加强管理，因而增加了劳力和设备费用。在达到一定的坡度时，土壤便不宜于中耕作物的生产。表层土壤的易蚀性和土壤坡度是土壤潜在生产力的决定因素。表 4-4 是根据土壤坡度和易蚀性对土壤生产力的分级。

表 4-4 土壤坡度与土壤侵蚀关系

土壤坡度	相对生产力*/%	
	不易侵蚀的土壤	易侵蚀的土壤
0～1	100	95
1～3	90	75
3～5	80	50
5～8	60	30

注：* 少耕法有利于降低坡度的不利影响。

3. 土壤

1957 年 Thomas 认为：土壤中有三个特别能够说明问题的 pH 范围，一是 pH 小于 4.0 的强酸性土壤；二是 pH 在 4.0～5.5 的酸性土壤；三是 pH 在 7.8～8.2 的石灰性土壤。这三种情况在广西都有一定的分布。

土壤 pH 小于 4.0，表示土壤中存在着游离酸，它一般来自硫化物的氧化，这类土壤如钦州地区沿海的咸酸田，属低产水稻土壤，在渍水时，pH 为 5.5～7.0，但在排干水后则达到 pH 则达到 2.0～3.0，故也称反酸田。这种土壤的变酸，主要是由于红树林残体中的硫化物被氧化成硫酸所致，常散出刺激的硫化氢气味，土干时有黄色粉末状物析出。

pH 在 4.0～5.5 的土壤，说明土壤中可能存在着交换性铝，这在广西大面积地带性土壤都表现这一特征。酸性土壤，特别是包括铁铝土纲的一系列土类，在湿热气候条件下，由于岩石分解彻底，土壤中所含的硅酸及盐基离子遭到严重淋失，氢离子取代盐基离子而为土壤所吸附，高岭石黏粒和铁、铝氧化物相对聚集，在酸性条件下，铝氧层受到一定瓦解，铝离子进入胶体表面，被交换、水解也使土壤具酸性反应。如砖红壤、赤红壤、红壤及黄壤的水浸 pH 都在 4.8～5.0；盐浸 pH 为 3.8～4.2；交换酸为 3.3～8.5 me/100 g 土；盐基饱和度都在 30%以下。黄棕壤及山地草甸土也由于受潮湿多雨气候条件的影响，土壤中的盐基离子受到淋溶，同样表现出酸性。几种地带性土壤的酸度情况统计如表 4-5 所示。

表 4-5　酸性土表层各种酸度统计

项目		pH				Al^{3+}占交换酸的百分数/%	水解酸/（me/100 g 土）	盐基饱和度/%
		H_2O	KCl	H^+	Al^{3+}			
砖红壤	变幅	4.80～5.2	4.05～4.36	0.21～0.21	1.67～5.06	89～96	6.62～10.22	12.3～33.3
	平均值	5.08	4.19	0.21	3.08	92.30	8.06	24.90
赤红壤	变幅	4.05～5.51	3.10～4.00	0.17～1.16	0.78～10.88	77.5～95.4	5.29～23.02	11.3～49.2
	平均值	4.79	3.87	0.37	4.43	90.80	10.71	26.90
红壤	变幅	4.35～5.44	3.52～4.15	0.09～9.86	2.78～23.89	70.8～97.5	5.21～11.63	22.6～41.9
	平均值	4.79	3.84	1.70	6.85	89.50	9.96	30.30
黄红壤	变幅	4.13～5.30	3.00～4.30	0.82～1.20	2.71～10.29	86.6～95.4	8.69～16.89	8.2～37.1
	平均值	4.75	3.71	0.51	4.89	91.90	13.00	23.40
黄棕壤	变幅							
	平均值	5.02	4.19	0.18	1.99	91.70	3.12	33.60
山地草甸土	变幅	4.10～5.00	3.20～4.20	0.51～1.32	1.83～5.06	63.5～85.3	6.86～27.06	21.4～42.4
	平均值	4.46	3.60	0.89	3.41	78.10	15.21	27.80

不同地形部位的赤红壤，尽管林种和母岩相同，高度相差不过 50 m 左右，但 pH 值竟相差约 0.5 个单位（表 4-6）。

表 4-6 地形对土壤 pH 值的影响

地形部位＼地点	银林五林班	长客四林班	平甫六林班
丘脊	4.26	4.12	4.01
坡中	4.40	4.30	4.55
坡麓	4.68	4.50	4.51

成土母质岩性的影响也十分明显，同是赤红壤，寒武系砂页岩发育的比花岗岩发育的酸性强，前者 pH＜4.5，后者在 4.5～5.0，这可能与花岗岩富云母类含钾矿物有关。据测定，前者缓效钾只有 10～30 mg/100 g 土，而花岗岩母质的则在 50 mg/100 g 土左右。

不同林种植被下土壤 pH 有一定的差异，如同是人工林下的砂页岩母质赤红壤，针叶林下土壤酸性较强，其中又以马尾松林下 pH 最低（表 4-7）。此外，pH 和交换性铝在剖面中的变化呈负相关，说明土壤酸度主要是交换性氢、铝，特别是铝引起的，而且几乎一致都随着深度增加，pH 增高而交换性铝降低，这是土壤淋溶作用强烈的表现。

表 4-7 不同林木下赤红壤 pH 值的比较

林型	土壤样本深度/cm	pH			交换性 Al^{3+}/（me/100 g 土）		
		样本数	x	S	样本数	x	S
马尾松	表土	25	4.21	0.22	9	10.91	1.12
	50	14	4.65	0.25	5	9.73	1.29
	100	12	4.84	0.27	5	6.44	1.51
杉木	表土	26	4.35	0.21	17	9.03	2.32
	50	16	4.73	0.14	13	7.38	2.05
	100	10	5.02	0.17	7	6.19	0.88
阔叶树	表土	17	4.45	0.35	11	8.85	3.17
	50	11	4.84	0.33	8	7.65	2.56
	100	11	4.96	0.34	9	6.71	1.52

耕作土壤的pH值除了受自然成土因素的影响之外，受人为耕作、施肥等的影响更为显著。如广西各地广泛分布的石灰性水稻土，虽然它们的成土母质不少为酸性砂页岩和第四纪红土以及花岗岩等风化物，但由于长年大量施用石灰或受钙质水灌溉的影响，不断有Ca、Mg等物质补充，使土壤反应从酸性逐步向中性、碱性发展，交换性盐基离子以Ca、Mg为主，土壤的盐基饱和度高，甚至有游离碳酸钙存在，呈强石灰反应，形成一种次生石灰性土壤。据桂林地区调查，8个县94个石灰性水稻土典型剖面统计，由石灰岩母质发育的只有16个，占17.0%，多数是人为施用石灰和引用钙质水灌溉而形成的。灌溉水源不同，水质不同，对土壤的影响也不同，石灰岩地区的岩洞水含钙、镁多，pH＞7.0，长期引用，造成土壤理化性状恶化，属碱性，有石灰反应（表4-8）；而引用水库水灌溉的，则无石灰反应，特别是部分地区，农民长期大量施用石灰，更是造成土壤石灰性的主要原因。如灵川县在土壤普查之前，平均每亩稻田每年施用石灰约150 kg；兴安县白石乡竹村全年亩用石灰达300～400 kg，群众有“一担石灰一担谷”的说法。石灰物质在表耕层逐年积累，故石灰含量及pH值也是耕作层、犁底层高于母质层（表4-9）。这种情况和石灰岩土如黑色石灰土、棕色石灰土从上至下增加的情况不一样。

表4-8　石灰岩溶洞水与雨水的化学成分对比　　单位：mg/L

样品名	样品数	pH	N	P_2O_5	K	Na	Ca	Mg	SO_4^{2-}	SiO_2
雨　水	32	5.79	1.22	0.018	0.183	0.26	3.18	0.07	1 008	0.26
岩洞水	17	7.33	1.36	0.015	0.270	0.89	59.8	3.78	4.47	6.65

表4-9　石灰性水稻土各层pH值及碳酸钙含量统计

层次	pH		$CaCO_3$/%		*n*
	变　幅	*x*	变　幅	*x*	
A	7.50～9.00	8.00	0.56～66.90	16.58	176
P	7.50～9.00	8.04	0.61～68.73	14.99	162
W	7.20～8.80	7.85	0.24～49.80	9.23	95
C	7.00～8.66	7.75	0.10～69.64	5.51	146

此外，水稻土在淹水条件下，pH值普遍有趋中性的变化。据观测表明，无论碱性石灰性稻田或酸性黄泥田在淹水后pH值均有趋中性的变化。

4. 植被

桂北为中亚热带红壤区，植被属亚热带典型常绿阔叶林。其南界自贺县南部信都、昭平、蒙山、金秀、柳城、罗城、环江、天峨、凤山、凌云，再经田林至德保。主要植被土山以壳斗科、茶科、金缕梅科和樟科占优势。人工次生森林有马尾松、杉、毛竹、油茶、油桐等。

桂北中亚热带红壤区以南，为广西中南部南亚热带赤红壤区。主要植被土山区有厚桂属、琼南属、木贞属、栲属中的喜暖树种，如红椎。人工植被有油茶、千年桐、马尾松、玉桂、茴香。广西西部是玉桂和栓皮栎的主要产区，还有云南松。

南部北热带季雨润叶林指桂南边缘地带，为北热带砖红壤地区，常年不见霜冻，气温高、湿度大，原始季雨林多已被破坏，天然植被为板根、茎花现象明显的植物。土山区以大戟科、无患子科、桑科、橄榄科（乌榄）、豆科（凤凰树）、苏木科（格木、苏木、铁刀木）等。

滨海红树林灌丛沙荒植被。广西滨海狭长地带沙滩上风大，夏干热，冬暖，地面湿度变化很大，白天沙土上湿度很高，蒸发量常大于降雨量，为松散的沙土或沙壤土，分布着滨海有刺灌丛及沙荒植被。这些旱生型植被根系发达，多为肉汁、有刺或硬叶型植物。

滨海泥滩及河流出口处的冲积土上，生长着热带海洋特殊植被红树林，这些地区多为滨海盐渍化沼泽土，含盐分高，适宜红树生长。由于这种植物残体中含硫很高，故久之可使土壤成为强硫酸盐盐土，垦作水稻田后称咸酸田。

中生性灌丛草坡及草地植被。这是极复杂的植被类型，面积很广，丘陵、山地、平原都有分布，若土壤水热条件较好，生长结果使土壤有机质丰富。草本植物可高 50～100 cm，属多年生宿根性种类，有芒箕、五节芒、乌毛蕨、纤毛鸭嘴草、金茅、野古草等。灌丛有桃金娘、岗松、野牡丹。

此外，旱生性灌丛草坡，在温度较高气候干热、降雨丰富而集中，干湿季节明显，土壤干燥、土层薄的地带，植被较矮小，草本植物一般只有 10～50 cm 高，生长稀疏，如龙须草、扭黄茅、一包针、鸡骨草、山芝麻、鹧鸪草、野香茅、画眉草，灌丛有桃金娘。因此，可根据草本植物的类型判断土壤性状，如土层厚，较肥沃，湿度大的土壤生长着蔓生的莠竹、五节芒、乌毛蕨、金茅、鸭嘴草等。而野古草较适应于在较干旱的粗骨性土壤上生长。

广西不同类型植被对成土过程影响极为显著。据测定，常绿阔叶林每年凋落物可达 33.33 kg/hm^2 以上，针阔林的凋落物每年可达 30 kg/hm^2 以上。而热带季雨阔叶林每年凋落物可达 40 kg/hm^2 以上，对增加土壤有机质和富集物质作用大。目前，除了广西部分山地自然植被保存较好外，大多数丘陵低山平地自然植被已被破坏。土壤有机质含量除自然植被保存较好的土壤含量稍高外，其余土壤如红壤、赤红壤、砖红壤、紫色土有机质含量均较低。同时，亚热带、热带植物含铝量较高，灰分含量较低，对土壤的淋溶作用促进性大，形成红、黄壤地带性土壤。不同风化壳所发育的土壤，植被类型不同，灰分的积蓄量也各不相同。一般阔叶林灰分含量较高，养分较多，故造林时应尽可能提倡针、阔叶林混交种植，以改善生态环境，提高土壤肥力。

二、岩溶地区生态系统结构

1. 成土母质（岩）

石灰岩，是一种致密坚硬的岩石，矿物成分是方解石，有白、灰、黄、红等色，与盐酸反应强烈。这是在野外鉴定石灰岩的有效方法。

化学沉积岩是被溶解的物质流运到湖、海后，沉淀而成的。如岩盐、石膏、石灰岩等，就是由溶液中氯化钠、硫酸钙、碳酸钙分别沉淀的结果（表 4-10）。

表 4-10　主要岩石的组成、风化特性和分解产物

岩石名称	矿物成分	岩石类别	风化特性和分解产物
页岩	由泥土胶结而成，胶结剂同砂岩	沉积岩	易风化，生成土壤母质多含黏粒
石灰岩	由碳酸钙沉积胶结而成	沉积岩	易风化，碳酸钙易溶解流失，生成土壤母质决定于所含杂质
大理岩	以方解石（$CaCO_3$）为主	变质岩	易风化，碳酸钙易溶解流失

岩石矿物的种类对土壤的化学组成、物理性质关系密切。首先对土壤质地影响很大，如石灰岩地区，岩石富含碳酸钙，土壤偏碱性。

2. 地貌

在桂东北、桂中、桂西、桂西南有大面积的石灰岩山地，由于长期的溶蚀，形成具有石峰、山林、岩洞、伏流等特殊现象的岩溶地貌（也称喀斯特地形）。特别是桂林附近，奇丽的山峰与曲折清澈的漓江相配合，山秀、水清、石美、洞奇、素有“桂林山水甲天下”的美誉。

3. 土壤

石灰岩土是发育于碳酸盐岩（主要是石灰岩）风化物，或受碳酸盐岩风化物加成的土壤，面积为 81.9 万 hm^2，占全区土壤总面积的 5.07%，其中的棕色石灰土占该土类面积的 89.09%。主要分布于桂西南、桂西北、桂东北和桂中地区；受碳酸盐母岩的强烈影响，是石灰岩土的基本特点，土壤呈中性到微碱反应，盐基饱和，土壤中黏土矿物以 2∶1 型的蒙脱石、伊利石或蛭石为主。土壤矿质养分与该石灰岩形成时期有关，如宜州市的石灰岩土含有较高的锰，凤山县的石灰岩土含有较高的磷，而都安县的石灰土含有较高的石英。植被状况与生物气候及人类活动有密切相关。

土壤 pH 在 7.8～8.2，指土壤中存在着碳酸钙。广西有大面积的石灰岩土及石灰性土的 pH 均达到 7.8～8.2。桂北、桂中、桂西及桂西北均有大面积的岩溶地区，虽然也处在较高的湿热气候条件下，土壤有强度淋溶，但由于成土母岩含有较丰富的钙、镁等盐基物质，同时受岩深钙质水的影响，使土壤 pH 值以中性为主，有的还含有碳酸钙。此外还有部分石灰性紫色砂页岩形成的土壤和石灰性河流冲积物土壤，其 pH 值也近 8.0 左右，均与母质性质有关（表 4-11）。

表 4-11 石灰岩土及石灰性土 pH 值及碳酸钙含量统计

土壤类型 \ 项目 \ 层次	A		B		C	
	pH	$CaCO_3$ 平均值/%	pH	$CaCO_3$ 平均值/%	pH	$CaCO_3$ 平均值/%
黑色石灰土	7.49～8.00	4.51			7.96～8.20	3.06
棕色石灰土	6.50～7.49	1.70	6.68～7.12	0.83	6.63～7.72	0.52
黄色石灰土	7.66～7.91	0.50	7.73～7.75	0.71	7.60～7.90	0.10
红色石灰土	6.34～6.56	痕	6.19～6.34	痕	6.42～7.10	0.07
石灰性紫色土	7.66～8.23	5.56	7.82～8.24	6.50	8.00～8.53	9.42
石灰性潮土	7.92～8.12	2.72	7.97～8.13	2.60	8.02～8.11	1.89

4. 植被

桂北中亚热带石山区原生植被为常绿阔叶林与落叶阔叶混交林，树种以青岗栎、朴树、小奕树、化香、黄连木、圆叶乌柏占优势。

桂北中亚热带区以南石山区有青岗栎、台湾栲、华南皂荚、麻轧木、砚木、肥牛树；果树有荔枝、龙眼、木瓜、芭蕉、香蕉、番石榴等。

南部北热带季雨阔叶林指桂南边缘地带石山区有椴树科的砚木、金丝李、擎天树等；果树有木菠萝、杧果、槟榔、大王椰子、油棕等。

第二节　农业生态系统结构

一、农业生态系统概况

广西农业生态系统中土地资源及作（植）物的主要组成有耕地、园地、草地、水域、未利用土地、主要作物和主要林木等。

（一）耕地

耕地总面积为 261.42 万 hm^2，占广西土地总面积的 11.04%。其中，水田为 154.03 万 hm^2（保水田为 108.47 万 hm^2），占 58.9%；旱地 107.39 万 hm^2（水浇地 5.76 万 hm^2），占 41.1%。广西耕地的地区性分布差异较大，70%耕地分布在桂东、桂东南的平原、山地及丘陵区中，且以水田为主，水田面积占当地耕地面积的 75%以上；而桂西及桂西北山区，尤其是岩溶山区，耕地则零星分布于山间谷中，且多以旱地为主。水田以种植水稻为主，除少数高寒山区外，基本实现双季稻生产；旱地则以种植玉米、甘蔗、花生、薯类等作物为主，主要分布在桂中、桂南的低山、丘陵和台地。

（二）园地

园地面积为 68.15 万 hm^2，主要包括果园、茶园、桑园等，其中以果园为主。1995 年果园面积达 63.7 万 hm^2，是全国亚热带、热带水果主要产区之一。

（三）草地

全区共有各类草地面积 869.9 万 hm^2，占全区土地总面积的 36.8%。主要分布于桂西北、桂北、桂西南中低山地及丘陵区，台地及平原相对较少。除桂西北人口稀少、交通闭塞的山区仍保留有连片、大面积的草地外，多为零星分散，呈农地、林地和牧地交错分布状况。但几乎都是天然草地，草的质量较差，载畜量低。主要分布于隆林、西林、田林、那坡、环江、南丹、罗城、富川、钟山、龙胜等县，开发利用潜力大。

（四）水域

广西全区水域面积为 47.3 万 hm^2，其中可养殖面积 16 万 hm^2。广西水域面积为 47.3 万 hm^2，约占全区总面积的 2%，以河流、水库、湖泊、塘、泉为主。其中，集雨面积在 50 km^2 以上的河流有 937 条，有大中小水库 4 439 座，塘坝 7.4 万座，是广西渔业养殖、农业灌溉、水力发电、水上交通的主要区域，经济效益较为显著。另外，广西还拥有沿海滩涂面积 1.005 km^2；浅海（0～5 m）水面 1 438 km^2；5～10 m 水深面积 1 159 km^2；10～15 m 水深面积 1 206 km^2；15～20 m 水深面积 2 685 km^2。目前仅滩涂及 0～5 m 浅海得到一定的开发，进一步开发潜力大。

（五）未利用土地

包括宜农荒地及难利用土地。目前广西宜农荒地仅有 21 万 hm^2；难利用土地面积有 159.2 万 hm^2，占全区土地总面积的 6.73%，以岩溶山地为主，为裸岩石砾地，主要分布在桂西、桂中及桂东北。

（六）主要作物

粮食作物以水稻、玉米、大豆等为主。

植物食用油料以草本油料植物为主，占 2/3，如花生、油菜、芝麻均为重要的草本油料植物；木本油料植物只占 1/3 左右，以油茶最重要。

纤维植物按其利用部位不同可分为五类：茎（枝）皮类，其茎（枝）皮纤维可作造纸、人造棉、高级布料、麻袋、麻绳等的原料，如麻类、葛藤类、崖豆藤类、木槿类、青檀、杨树等；木材类，其木材可作为造纸的原料，如松类、桉类、泡桐等；竹类，枝干作造纸及编织的原料；草类，其全株可作造纸、人造丝、人造棉的原料，如龙须草、芒类、芦苇等，甘蔗渣可属此类；叶类，其叶可作纤维之用，如剑麻、凤梨、龙舌兰、虎尾兰等；棕榈类，棕榈科的植物不少种类的叶可编织葵扇、凉帽、凉席、蓑衣，叶柄可编席、制绳索，叶鞘纤维（棕片）可编制蓑衣、渔网、床垫、地毡等，茎可作藤制品。

淀粉植物按照利用部位不同，分为六类：① 根茎、块茎类。如蕨类植物的马蹄蕨、金毛狗、蕨和芭蕉芋、菝葜、魔芋、莲藕、马蹄等。② 鳞茎类。如多种百合和石蒜。③ 块根类。如木薯、何首乌、葛藤、野葛、桔梗等。④ 茎髓类。如云南苏铁、鱼尾葵、槟榔等。⑤ 种子类。如壳斗科的大部分种类、禾亚科、山龙眼、木菠萝、蝴蝶果、白果等。⑥ 果实类。如柿子、枣子、蕉类等。

（七）农业生态系统类型

广西农业生态系统分为红壤地区农业生态系统及岩溶地区农业生态系统两种类型。耕地的地区性分布差异较大。红壤地区，70%耕地分布在桂东、桂东南的平原、山地及丘陵区中，且以水田为主，水田面积占当地耕地面积的 75%以上；而桂西及桂西北山区，水田以种植水稻为主，除少数高寒山区外，基本实现双季稻生产；旱地则以种植玉米、甘蔗、花生、薯类等作物为主，主要分布在桂中、桂南的低山、丘陵和台地中。

岩溶地区，耕地则零星分布于山间谷中，且多以旱地为主，以种植玉米、甘蔗、花生、大豆、薯类等作物为主。

20 世纪 70 年代末期至 80 年代中期，由于乱砍滥伐严重，加上森林火灾、虫害，森林资源遇到比较严重的破坏。据 1980 年的连续清查，全区有郁闭森林面积 522.7 万 hm^2，比 1974 年减少 28.4 万 hm^2，森林覆盖率为 22.1%，比 1974 年的 23.2%略有减少。

由于各地的地质、地貌、土壤和植被都明显不同，为此，红壤地区和岩溶地区的生态系统的结构是有差异的。

二、红壤地区农业生态系统结构

广西红壤分布区南北跨六个纬度，地势北高南低，北接大陆，南滨海洋。因此，水热条件差异十分明显，有不同的气候带，植被也相应地有一定的地带性分布。

1. 中亚热带典型常绿阔叶林

桂北为中亚热带红壤区，植被属亚热带典型常绿阔叶林。其南界自贺县南部信都、昭平、蒙山、金秀、柳城、罗城、环江、天峨、凤山、凌云，再经田林至德保。主要植被土山以壳斗科、茶科、金缕梅科和樟科占优势。人工次生森林有马尾松、杉、毛竹、油茶、油桐等。

2. 南亚热带混生常绿阔叶林

桂北中亚热带红壤区以南，为广西中南部南亚热带赤红壤区。主要植被土山区有厚桂属、琼南属、木贞属、栲属中的喜暖树种如红椎，人工植被有油茶、千年桐、马尾松、玉桂、荫香。广西西部是玉桂和栓皮栎的主要产区，还有云南松。果树有荔枝、龙眼、木瓜、芭蕉、香蕉、番石榴等。

3. 南部北热带季雨润叶林

桂南边缘地带，为北热带砖红壤地区，常年不见霜冻，气温高、湿度大，原始季雨林多已被破坏，天然植被为板根、茎花现象明显的植物。土山区以大戟科、无患子科、桑科、橄榄科（乌榄）、豆科（凤凰树）、苏木科（格木、苏木、铁刀木）等。果树有木菠萝、杧果、槟榔、大王椰子、油棕等。

4. 滨海红树林灌丛沙荒植被

广西滨海狭长地带沙滩上风大，夏干热，冬暖，地面湿度变化很大，白天沙土上湿度很高，蒸发量常大于降雨量，为松散的沙土或沙壤土，分布着滨海有刺灌丛及沙荒植被。这些旱生型植被根系发达，多为肉汁、有刺或硬叶型植物。

滨海泥滩及河流出口处的冲积土上，生长着热带海洋特殊植被红树林，这些地区多为滨海盐渍化沼泽土，含盐分高，适宜红树生长。由于这种植物残体中含硫很高，故久之可使土壤成为强硫酸盐盐土，垦作水稻田后称咸酸田。

5. 中生性灌丛草坡及草地植被

这是极复杂的植被类型，面积很广，丘陵、山地、平原都有分布，若土壤水热条件较好，生长结果使土壤有机质丰富。草本植物可高达 50～100 cm，属多年生宿根性种类，有芒箕、五节芒、乌毛蕨、纤毛鸭嘴草、金茅、野古草等。灌丛有桃金娘、岗松、野牡丹。

此外，旱生性灌丛草坡，在温度较高气候干热、降雨丰富而集中，干湿季节明显，土壤干燥、土层薄的地带、植被较矮小，草本植物一般只有 10～50 cm 高，生长稀疏，如龙须草、扭黄茅、一包针、鸡骨草、山芝麻、鹧鸪草、野香茅、画眉草，灌丛有桃金娘。因此，可根据草本植物的类型判断土壤性状，如土层厚，较肥沃，湿度大的土壤生长着蔓生的莠竹、五节芒、乌毛蕨、金茅、鸭嘴草等。而野古草较适应于在较干旱的粗骨性土壤上生长。

广西不同类型植被对成土过程影响极为显著。据测定，常绿阔叶林每年凋落物可达 7 500 kg/hm^2 以上，针阔林的凋落物每年可达 6 750 kg/hm^2 以上。而热带季雨阔叶林每年凋落物可达 9 000 kg/hm^2 以上，对增加土壤有机质和富集物质作用大。目前除了广西部分山地自然植被保存较好外，大多数丘陵低山平地自然植被已被破坏。土壤有机质含量除自然植被保存较好的土壤含量稍高外，其余土壤如红壤、赤红壤、砖红壤有机质含量均较低。

同时，亚热带、热带植物含铝量较高，灰分含量较低，对土壤的淋溶作用促进性大，形成红、黄壤地带性土壤。不同风化壳所发育的土壤，植被类型大同，灰分的积蓄量也各不相同。一般阔叶林灰分含量较高，养分较多，故造林时应尽可能提倡针、阔叶林混交种植，以改善生态环境，提高土壤肥力。

广西红壤地区农业生态系统的主要特征是红壤地区生物圈系统的调节生产障碍，表现为大多数丘陵低山平地自然植被已被破坏、部分地区水土流失严重，农业生产布局不合理，生产效率不高等。概括起来红壤地区生态问题的主要特点是：由于原生植被已被破坏，红壤地区土壤生态环境具有酸、黏、瘦的特征，农林生产对红壤利用布局不合理，其后果与将来会更严重的特征；红壤地区生态问题的解决需要系统的研究对策。红壤区面积 1 201.68 万 hm^2，占全广西土壤总面积的 74.45%。

三、岩溶地区农业生态系统结构

当今广西岩溶地区农业生态系统的主要特征是岩溶地区生物圈系统的调节生产障碍，表现植被覆盖低、水土流失严重，农业生产效率低，贫困人口，并影响周边地区，希望得到政府实施改善，岩溶（石山）地区生态直接影响人们生存环境及日常生活。概括起来岩溶地区生态问题的主要特点是：岩溶地区生态发生范围总是具有跨省、跨民族和跨文化的特征；并有持续时间长时性，开始与过去、危害与现在、后果与将来会更严重的特征；岩溶地区生态问题的解决有对政府依赖性，需要大量物力、人力；同时，还有负面影响的系统性。广西是我国岩溶面积最集中的大片的岩溶区之一。石灰岩山区面积 8.95 km^2，占全广西总面积的 37.89%。

岩溶（石山）地区生态问题是客观性的事实依据，可见岩溶地区生态问题这一社会问题具有客观意义。生产条件差、水土流失严重、贫困人口比重大已成为该地区经济发展和提高人民生活水平的沉重负担这一客观事实。岩溶地区生态问题影响相当数量人的公共麻烦，这问题的扩展将威胁或触犯了社会中相当一部分人的利益，为此，社会上大多数人或相当多的人对这种社会现象持否定态度，并认为这种现象有问题，社会必须加以关注和改变这些问题。岩溶地区生态问题的出现违背社会的主导价值原则和社会规范，这正好反映出大家的价值观念和认识的标准，随着社会的不断进步，人类文明程度的不断提高，对人的生存空间、生活环境条件的日益重视，这个问题才成为社会问题。岩溶地区生态问题的产生与人的道德抉择有关，人们在现实岩溶地生活中，行为具有社会目的性，行为是由主观意志支配的，如超量开荒种植和放牧等。同时，也应看到岩溶地区生态问题具有可改变性，这与社会成员的主观能动性有关，岩溶地区生态问题的发生不是由个人或少数人应当负责的，它所造成的后果是社会性的，涉及整个社会生活；它的消除和解决也不是个别人或少数人的努力可以改变的，对岩溶地区生态问题只有通过社会力量的交汇合作才能改善和解决。岩溶生态问题的指标，包括三项内容：一是生态指标，该地区植被覆盖率低，只有 6%～9%；淡水分布不均匀，雨季水量充足，秋冬季严重干旱，并影响到人畜饮水，饮水达 3～4 个月，人畜牧饮水需从 10 km 外运入；物种多样性水平降低，现存种植物比 50 年前降低 30%。二是环境指标，空气洁净率；水资源有害物质。三是资源指标，人均资源占有量低。可见，岩溶地区生态问题表现为生态的危机，如耕地、坡地“石漠化”、物种的多样性消失；环境污染如：化学污染，这主要是化肥、农药使用引起；资源问题表现为人口激增，能源短缺和资源浪费。

第三节　农田生态系统

一、红壤地区农田生态系统

（一）种植结构

水田复种方式：稻—稻—冬闲；稻—稻—蔬菜（冬马铃薯）；稻—稻—绿肥等；旱地复种方式：以甘蔗、木薯、玉米、桑叶或甘蔗、木薯、玉米等间套种大豆、花生、西瓜等；园地主要种植有葡萄、西瓜、果树和蔬菜等。

（二）土壤特征

代表土壤类型及理化特征：

红壤地区农田红壤养分状况，分析结果（表 4-12）表明（n=51），红壤 pH 4.21～5.85，平均 5.03；有机质 10.07～31.27 g/kg，平均 20.14 g/kg；全氮 0.83～2.94 g/kg，平均 1.41 g/kg；全磷 0.43～0.91 g/kg，平均 0.49 g/kg；全钾 3.11～13.54 g/kg，平均 7.93 g/kg；速效磷 4.3～19.1 mg/kg，平均 7.7 mg/kg；缓效钾 43～101 mg/kg，平均 60.4 mg/kg；速效钾 35～97 mg/kg，

平均 50.4 mg/kg。

表 4-12 典型红壤地区农田土壤养分状况

采样地点	pH	有机质/（g/kg）	氮/（g/kg）	磷/（g/kg）	钾/（g/kg）	速效磷/（mg/kg）	缓效钾/（mg/kg）	速效钾/（mg/kg）
北海市高德镇	4.27	14.29	0.97	0.44	4.34	5.7	45	37
南宁市武鸣	4.56	20.31	1.83	0.55	10.01	9.1	69	47
桂林市龙胜	5.82	25.43	1.92	0.63	13.22	10.3	71	65

（三）投入与产出效益

水田稻—稻—冬闲；稻—稻—蔬菜（冬马铃薯）；稻—稻—绿肥等种植结构中，种子、肥料和农药投入 5 700～7 800 元/（hm^2·a）（未包含人工劳动投入），产出 10 500～13 500 元/（hm^2·a）（冬蔬菜和马铃薯，产出较高）。可见，农田的生态系统的产出效益较低。

旱地甘蔗、木薯、玉米、桑叶或甘蔗、木薯、玉米等间套种大豆、花生、西瓜等，种子、肥料和农药投入 2 700～13 500 元/（hm^2·a）（未包含人工劳动投入），其中，甘蔗投入较高达 13 500 元/（hm^2·a）；产出 10 800～45 000 元/（hm^2·a）（甘蔗的产出较高）。可见，农田的生态系统的旱地产出效益较水田高。

园地以葡萄、西瓜、果树和蔬菜等，种子、肥料和农药投入 280～520 元/（亩·年）（未包含人工劳动投入），产出 45 000～150 000 元/（hm^2·a）（葡萄、西瓜和蔬菜的产出较高）。可见，农田的生态系统的园地产出效益较高。

（四）问题及解决措施

造成红壤地区农田的生态系统的土壤肥力下降及土壤酸化原因是：长期以来，重视耕地利用，不注意土壤肥力培肥，施肥养分不平衡及土壤酸化等。

广西农田酸化土壤与其所处的地理位置有关，广西碳酸盐岩类面积大，在湿热气候条件下，岩石分解彻底，土壤中所含的盐基离子遭到严重淋失，表现出酸性。广西农田红壤的成土母质主要有砂页岩、花岗岩和第四纪红土，三种母质其有机质和交换性盐基离子含量都较低，阳离子交换量较小，缓冲能力弱，易受外界环境影响而发生酸化。

生物气候方面，广西温度高，雨量大，湿热同季，生物活跃，有机质矿化快，水土流失严重，盐基淋失或流失多，而铝则大量富集，造成土壤酸化。

施肥与管理水平是广西农田土壤酸化的主要原因。广西 2008 年化肥、氮肥施用总量（折纯量）分别为 223 万 t、67.9 万 t，比 1980 年的 39.72 万 t、25.09 万 t，分别增加 183 万 t、42.9 万 t，增幅分别为 460%、171%。每公顷的氮肥施用量呈上升趋势，2008 年氮肥的施用量（折纯量）由 1980 年的 51.44 kg/hm^2 增加到 119.29 kg/hm^2，是 1980 年的 2 倍多。而有机肥施用量逐年减少，20 世纪 90 年代中期，农民种植水稻一般每公顷施用 7 500～11 250 kg 的土杂肥作底肥，2009 年 9 月本所开展的农户施肥状况调查中，被调查的 192 户农民有 78 户种植水稻不再施用任何有机肥作底肥，平均每公顷的有机肥施用量不足 6 750 kg，加上管理粗放，水土流失严重，因而土壤酸化有逐步加快的趋势。

酸雨沉降也是农田土壤酸化的原因之一，设在广西中部的降雨观测点的雨水分析结果表明，每公顷农田降雨带来的硫达到 47.55 kg（表 4-13）。近几年来的观测值也说明了土壤变酸的趋势。

表 4-13 酸雨观测

季度	1	2	3	4	合计
雨量/mm	286.6	562.2	401.7	129.2	1 379.7
含硫量/(kg/hm^2)	5.40	21.75	18.30	2.10	47.55

综合防治土壤酸化技术措施：① 施用石灰改土；② 增施有机肥；③ 合理轮作；④ 平衡施肥；⑤ 作物秸秆还田。

二、岩溶地区农田生态系统

（一）种植结构

由水田以稻—稻—冬闲、稻—稻—绿肥等演变为稻—稻—蔬菜（冬马铃薯）等；旱地以甘蔗、木薯、玉米、桑叶为主演变为甘蔗、木薯、玉米等间套种大豆、花生、西瓜等；园地以葡萄、西瓜、果树和蔬菜等演变为葡萄、西瓜、果树和蔬菜等套种香菇等经济作物。

岩溶地区农田生态系统中传统方式对土壤及生态系统的影响。水田以稻—稻—冬闲，稻—稻—蔬菜（冬马铃薯），稻—稻—绿肥等为主的耕作方式，由于灌溉水中富含钙，土体中有明显的钙积层，土壤 pH 6.48～7.90。旱地以甘蔗、木薯、玉米、桑叶或甘蔗、木薯、玉米等间套种大豆、花生、西瓜等及园地以葡萄、西瓜、果树和蔬菜等为主，土壤发育受岩溶的影响，土壤 pH 6.5～8.5。

（二）土壤特征

石灰性水稻土养分状况，分析结果（表 4-14）表明（n=200），石灰性水稻土 pH 6.48～7.90，平均 7.21；有机质 16.30～35.10 g/kg，平均 23.25 g/kg；全氮 0.71～2.54 g/kg，平均 1.90 g/kg；全磷 0.43～0.91 g/kg，平均 0.52 g/kg；全钾 1.39～5.75 g/kg，平均 3.93 g/kg；速效磷 3.6～9.7 mg/kg，平均 7.1 mg/kg；缓效钾 33～108 mg/kg，平均 57.0 mg/kg；速效钾 31～106 mg/kg，平均 53.0 mg/kg。

表 4-14　典型石灰性水稻土壤养分状况

采样地点	pH	有机质/（g/kg）	氮/（g/kg）	磷/（g/kg）	钾/（g/kg）	速效磷/（mg/kg）	缓效钾/（mg/kg）	速效钾/（mg/kg）
临桂	7.21	25.33	1.70	0.46	5.11	8.1	62	59
柳江	7.10	26.34	1.61	0.53	4.51	6.5	53	62
靖西	7.12	22.67	1.54	0.49	3.22	4.7	67	73

棕色石灰土养分状况，分析结果（表 4-15）表明（n=109），棕色石灰土 pH 6.50～8.50，平均 7.05；有机质 13.70～37.70 g/kg，平均 31.57 g/kg；全氮 0.8～3.40 g/kg，平均 2.20 g/kg；全磷 0.49～1.09 g/kg，平均 0.79 g/kg；全钾 0.139～10.7 g/kg，平均 0.534 g/kg；速效磷 1.6～14.3 mg/kg，平均 6.5 mg/kg；缓效钾 41～338 mg/kg，平均 57.6 mg/kg；速效钾 31～126 mg/kg，平均 47.1 mg/kg。

表 4-15　典型棕色石灰土壤养分状况

采样地点	pH	有机质/（g/kg）	氮/（g/kg）	磷/（g/kg）	钾/（g/kg）	速效磷/（mg/kg）	缓效钾/（mg/kg）	速效钾/（mg/kg）
来宾	7.50	33.50	1.56	2.43	4.90	7.0	75	72
马山	7.48	26.81	1.68	0.82	6.49	1.9	42	109
大化	6.96	34.40	2.19	2.01	10.35	4.9	108	64

（三）投入与产出效益

稻田的投入与产出效益：一般双季稻的种子、肥料及农药投入是2 700～3 600 元/hm^2（180～240 元/亩）；产出是 15 000～18 000 元/hm^2（1 000～1 200元/亩），如果减去水费及劳动用工，可见稻田生产粮食的效益是较低的。冬种蔬菜（冬马铃薯）的种子、肥料及农药投入是 4 500～6 000 元/hm^2（300～400 元/亩）；产出是 13 500～16 500 元/hm^2（900～1 100 元/亩）。

旱地的投入与产出效益：以甘蔗为例，一般种子、肥料及农药投入是9 000～12 000 元/hm^2（600～800 元/亩）；产出是 45 000～49 500 元/hm^2（3 000～3 300 元/亩），但是，甘蔗收获需要用工量大。

（四）问题及解决措施

岩溶地区农田的生态系统的问题主要表现为成土母质的影响，土层较薄，广西岩溶地区有耕地面积约 73.33 万 hm^2。岩溶地区岩溶裂隙发育，断裂分布广，溶洞漏斗多，土层薄，降雨后地表水容易渗漏补给地下水，造成地表河网稀疏，加上地形崎岖，水利工程施工难度大；地下水埋藏往往很深，一般深达 50～70 m，旱季水位更深，地下水开发难度大，易造成地表干旱；本地区降水量也充沛，在 1 000～1 350 mm，但全年降水的 60%～80%集中在 4—9 月，其余月份降雨极少，干湿季节分明，春旱、秋旱频繁发生，甚至人畜饮水困难，形成季节性缺水，形成特有的岩溶地区缺水并导致土壤肥力下降，出现耕地质量障碍；注重耕地使用，不关心土壤培肥，土壤肥力下降，施肥的肥料利用率低；广西岩溶地区的农业生产落后，农民收入低，经济发展缓慢，耕地质量障碍因素是制约农业生产发展的主要自然因素之一。党中央国务院十分重视西部农业大开发，广西岩溶地区耕地质量障碍因素还没有被大家了解和理解。广西岩溶地区是我国典型的贫困地区之一，其中石山生态因素问题是制约本地区农业生产和经济发展的根本问题以及农民贫困落后的重要原因之一，解决好该地区的石山生态障碍因素问题是本地区甚至广西农业生产和经济发展中的一个重大问题。

第四节　天然林生态系统

广西地处亚热带南部地带，从南到北随着纬度的升高，温度下降，植被出现类型更替。南部属北热带季节性雨林，如十万大山林区、龙州弄岗自然保护区等为这一植被的典型分布区，以大无患子科等热带种原为代表；中部为南亚热带，以木兰科植物为主的常绿阔叶林；北部为中亚热带，以壳斗科植物为代表的常绿叶林，以花坪林区为代表。因此，天然林以常绿阔叶林为主，其他尚有亚热带落叶阔叶林、亚热带针叶阔叶混交林、亚热带针叶林等。其中，亚热带针叶阔叶混交林仅分布于百色地区。天然阔叶林较集中连片的有九万大山、大瑶山、海洋山、西大明山、猫儿山、富川西岭、大明山、花坪林区、姑婆山等。

天然植被有 14 个植被型，301 个群系，其中针叶林 20 个，阔叶林 188 个，竹林 27 个，灌丛 37 个，草丛 29 个。

一、红壤地区天然林生态系统

（一）主体结构

广西红壤地区的天然林以壳斗科、茶科、金缕梅科和樟科占优势，同时分布有厚桂属、琼南属、木贞属、栲属中的喜暖树种如红椎，大戟科、无患子科、桑科、橄榄科（乌榄）、豆科（凤凰树）、苏木科（格木、苏木、铁刀木）等。

草本植物属多年生宿根性种类，有芒箕、五节芒、鸟毛蕨、纤毛鸭嘴草、金茅、野古草、龙须草、扭黄茅、一包针、鸡骨草、山芝麻、鹧鸪草、野香茅、画眉草等。灌丛有桃金娘、岗松、野牡丹。由此，可根据草本植物的类型判断土壤性状，如土层厚，较肥沃，湿度大的土壤生长着蔓生的莠竹、五节芒、乌毛蕨、金茅、鸭嘴草等。而野古草较适应于在较干旱的粗骨性土壤上生长。

（二）土壤特征

红壤养分状况，分析结果（表 4-16、表 4-17）表明（n=18），红壤 pH 4.25～5.94，平均 5.11；有机质 20.02～47.70 g/kg，平均 31.11 g/kg；全氮 1.13～3.91 g/kg，平均 2.23 g/kg；全磷 0.45～0.94 g/kg，平均 0.51 g/kg；全钾 3.12～11.51 g/kg，平均 8.33 g/kg；速效磷 3.6～17.5 mg/kg，平均 6.4 mg/kg；缓效钾 43～127 mg/kg，平均 61.1 mg/kg；速效钾 41～118 mg/kg，平均 57.1 mg/kg；盐基饱和度 21.40%～26.70%，阳离子交换量 4.18～9.82 me/100 g 土。

表 4-16　主要红壤表层交换性盐基组成及盐基饱和度

土壤类型	阳离子交换量/（me/100 g 土）	pH	交换性盐基/（me/10 g 土）						盐基饱和度/%	游离 $CaCO_3$/%	*n*
			K^+	Na^+	Ca^{2+}	Mg^{2+}	H^+	Al^{3+}			
砖红壤	4.18	4.23	0.20	0.21	0.33	0.22	0.21	3.11	22.90		3
赤红壤	6.86	4.86	0.25	0.39	0.70	0.37	0.36	4.78	24.90		10
红　壤	7.76	5.52	0.26	0.61	1.03	0.17	0.50	5.18	26.70		5
黄　壤	9.82	5.85	0.31	0.21	1.03	0.55	0.56	7.12	21.40		2

表 4-17　典型天然林红壤土壤养分状况

采样地点	pH	有机质/（g/kg）	氮/（g/kg）	磷/（g/kg）	钾/（g/kg）	速效磷/（mg/kg）	缓效钾/（mg/kg）	速效钾/（mg/kg）
北海市高德镇	4.31	20.02	1.67	0.45	4.51	4.1	53	41
南宁市武鸣	4.70	31.34	1.99	0.62	9.13	6.7	74	62
桂林市龙胜	5.90	46.71	3.23	0.73	11.05	9.4	87	77

（三）生态问题及解决措施

红壤地区天然林资源的保护也是重大问题，尤其是水源林，涉及珠江流域的生态安全，红壤地区天然林资源的大面积开垦或被人为地破坏将导致水土流失，由于大面积开垦利用，天然林种植恢复已极端困难。建议有计划开垦红壤资源，加强对水源林进行封山育林，促进森林群落进展演替。

二、岩溶地区天然林生态系统

（一）主要特征

广西岩溶地区地处亚热带南部地带，从南到北随着纬度的升高，温度下降，植被出现类型更替。南部属北热带季节性雨林，如十万大山林区、龙州弄岗自然保护区等为这一植被的典型分布区，以大无患子科等热带种原为代表；中部为南亚热带，以木兰科植物为主的常绿阔叶林；北部为中亚热带，以壳斗科植物为代表的常绿叶林，以花坪林区为代表。因此，天然林以常绿阔叶林为主，其他尚有亚热带落叶阔叶林、亚热带针叶阔叶混交林、亚热带针叶林等。其中，亚热带针叶阔叶混交林仅分布于百色地区。天然阔叶林较集中连片的有九万大山、大瑶山、海洋山、西大明山、猫儿山、富川西岭、大明山、花坪林区、姑婆山等。

岩溶地区天然林资源有天然植被有14个植被型，301个群系，其中针叶林20个，阔叶林188个，竹林27个，灌丛37个，草丛29个。

（二）主体结构

广西岩溶地区的材用树种绝大多数为广西原产，但引种的种类也不少，其中松属、相思属的种类引进较早，尤其是桉树的引种已有百年历史，种类近300种。

按材用价值，广西材种分为五个等级，其中：① 特类木材14种：红花天料木、窄叶坡垒、擎天树、金丝李、蚬木、格木、苏木、铁力木、降香黄檀、小叶红豆、黄杨、紫荆、海南紫荆、银杉；② 一类木材59种；银杏、冷杉、柳杉、杉木、柏木、圆柏、短叶罗汉松、百日青、穗花杉、白豆杉、樟、闽楠、紫楠、大风子、柞木、挪捻果、广西刺柊（白皮）、华南椎、毛椎、栲树、钩栗、竹叶青冈、美叶青冈、薄叶青冈、碟斗青冈、华南椆、饭甑青冈、雷公椆、多环椆、平脉青冈、秀丽青冈、扁果青冈、显脉青冈、桃叶椆、美叶椆、金毛柯、毛果石栎、贵州石栎、卷叶椆、瘤果椆、鼠刺柯、姜刺柯、姜叶柯、水仙柯、椆木、榔榆、麻楝、非洲桃花心木、香椿、红椿、龙眼、荔枝、海南韶子、柚木；③ 二类木材151种，三类木材251种，四类木材177种，五类木材156种。

（三）土壤特征

棕色石灰土养分状况，分析结果（表4-18）表明（n=11），棕色石灰土pH 6.50～8.10，平均7.20；有机质36.77～37.70 g/kg，平均41.33 g/kg；全氮2.13～4.61 g/kg，平均3.11 g/kg；全磷0.59～1.09 g/kg，平均0.77 g/kg；全钾 0.92～11.51 g/kg，平均 7.59 g/kg；速效磷 5.6～15.1 mg/kg，平均7.5 mg/kg；缓效钾40～112 mg/kg，平均53.2 mg/kg；速效钾41～101 mg/kg，平均54.3 mg/kg。

表4-18 典型天然林棕色石灰土壤养分状况

采样地点	pH	有机质/（g/kg）	氮/（g/kg）	磷/（g/kg）	钾/（g/kg）	速效磷/（mg/kg）	缓效钾/（mg/kg）	速效钾/（mg/kg）
龙州弄岗	7.20	41.22	2.17	0.67	8.91	8.3	63	77
环江花坪	7.50	56.11	3.43	0.85	9.15	9.2	47	69

（四）生态问题及解决措施

岩溶地区天然林生态系统的资源保护是个重大问题。由于岩溶地区天然林资源的大面积开垦或被人为的破坏将导致水土流失，天然林种植恢复极端困难并出现石漠化。如弄石屯位于大化瑶族自治县七百弄乡弄合村，是个瑶族同胞居住的石山弄场，全屯 21 户 94 人，常耕地人均 0.035 hm^2。这里不仅农业生产条件十分恶劣，而且生态破坏严重，石漠化问题突出且具有典型性。对大化县七百弄岩溶地区天然林资源的大面积开垦后，通过对弄石屯内 4 个样地的连续观测，测算出弄石屯现有蓄积量为 4 281.895 m^3，年均增长量为 360.3 m^3；样木及样方生物量测定，测算出弄石屯森林在可利用部分树干（带皮）鲜重年增长量约为 5 130 kg/hm^2，年生长量为 7 252 kg；现存林分以小径、矮林为主，建议加强进行封山育林，促进森林群落进展演替。

第五节 人工林生态系统

一、概述

广西的人工林以松、杉、桉等用材林和油桐、油茶、八角、肉桂、栲胶等经济林为主。① 杉木。杉木林主要分布在北部、西部土山区，其优良品种主要有融水苗族自治县的自糠杉、四荣油杉等。② 松树。广西松树分为马尾松、云南松两种。马尾松是强阳性树种，宜在海拔 1 000 m 以下的砂页岩丘陵山地生长，广泛分布在东部砂页岩、花岗岩山地；云南松树耐干旱环境，广泛分布在西部云贵高原边缘的乐业、天峨、西林、隆林等县。主要优良树种有忻城县古蓬松和宁明县桐棉松，以及引进国外湿地松等。③ 桉树。广西桉树品种很多，主要树种有大叶桉、窿缘桉、柠檬桉、细叶桉、柳桉、尾叶桉等。④ 竹子。广西竹子主要分鞭生竹、丛生竹两大类。鞭生竹以毛竹为主，主要分布在桂北。从生竹喜欢湿热的环境，主要分布在南亚热带桂东南及桂西石山地区。⑤ 经济林。经济林面积约 99 万 hm^2。其中：油料林面积 58 万 hm^2，占 58.76%；特种经济林面积 16.8 万 hm^2，占 16.9%；果树林面积 20.16 万 hm^2，占 20.4%；其他经济林面积 3.8 万 hm^2，占 3.9%，主要有油茶、油桐、八角、肉桂。

二、红壤地区人工林生态系统

据1990年第五次森林资源连续清查复查及近年的复查结果，全区森林资源现状如下：林业用地面积为1 319.57万hm^2，占广西土地总面积的55.54%。其中：有林地面积813万hm^2，占林业用地面积的61.6%；灌木林地面积157万hm^2，占11.9%；未成林的林地面积162万hm^2，占12.3%；宜林地面积187万hm^2，占14.2%。按林种分，用材林面积376.87万hm^2，占森林面积79.06%；防护林面积85.96万hm^2，占17.94%；薪炭林面积12.96万hm^2，占2.7%；特用林1.44万hm^2，占0.30%。森林覆盖率达38.2%，占林业用地的87%。活立木总蓄积量为25 524万m^3。

广西的人工林以松、杉、桉等用材林和油桐、油茶、八角、肉桂、栲胶等经济林为主。

（一）杉木

杉木林主要分布在北部、西部土山区，其优良品种主要有融水苗族自治县的自糠杉、四荣油杉等。主体种植结构：杉木。

1. 代表土壤类型及理化特征

红壤养分状况，分析结果（表4-19）表明（n=8），红壤pH 4.55～5.95，平均5.34；有机质30.23～50.11 g/kg，平均38.24 g/kg；全氮2.83～4.07 g/kg，平均3.14 g/kg；全磷0.48～0.97 g/kg，平均0.53 g/kg；全钾11.41～15.42 g/kg，平均12.35 g/kg；速效磷5.4～13.1 mg/kg，平均7.3 mg/kg；缓效钾53～143 mg/kg，平均76.2 mg/kg；速效钾51～131 mg/kg，平均69.4 mg/kg。

表4-19 典型人工林红壤土壤养分状况

采样地点	pH	有机质/（g/kg）	氮/（g/kg）	磷/（g/kg）	钾/（g/kg）	速效磷/（mg/kg）	缓效钾/（mg/kg）	速效钾/（mg/kg）
柳州市融水	5.84	39.55	3.11	0.65	12.34	7.3	82	71
桂林市龙胜	5.91	47.20	3.32	0.74	12.01	9.1	91	87

2. 投入与产出效益

杉木人工林的种植投入15 000元/hm^2，种植密度1 665株/hm^2，主伐年龄15～20年，木材收获量150～180 m^3/hm^2，薪材收获量15～30 m^3/hm^2；木材产品销售单价550～600元/m^3，薪材产品销售单价180～200元/m^3，合计产出 85 200～114 000 元/hm^2，投资利润率 40.8%（15 年平均）。

3. 问题及解决措施

杉木人工林的连作，地力衰退严重，如土壤容重增加，有效氮、磷、钾养分含量下降，为此，建议更换树种，可用松、阔叶树及其他针叶树、毛竹轮作或混交造林。杉木人工林的施肥，应采用平衡施肥技术，避免偏施肥料造成的养分不平衡。采用林下间套种中草药及经济作物，增加效益。注意保持林下植被覆盖，减少水土流失。

（二）松树

广西松树分为马尾松、云南松两种。马尾松是强阳性树种，宜在海拔 1 000 m 以下的砂页岩丘陵山地生长，广泛分布在东部砂页岩、花岗岩山地；云南松树耐干旱环境，广泛分布在西部云贵高原边缘的乐业、天峨、西林、隆林等县。主要优良树种有忻城县古蓬松和宁明县桐棉松，以及引进国外湿地松等。主体种植结构：马尾松、云南松。

1. 代表土壤类型及理化特征

红壤养分状况，分析结果（表 4-20）表明（n=6），红壤 pH 4.25～4.91，平均 4.51；有机质 22.31～42.12 g/kg，平均 29.17 g/kg；全氮 1.53～3.75 g/kg，平均 2.18 g/kg；全磷 0.43～0.87 g/kg，平均 0.52 g/kg；全钾 9.14～17.23 g/kg，平均 12.44 g/kg；速效磷 5.1～13.1 mg/kg，平均 6.7 mg/kg；缓效钾 47～115 mg/kg，平均 57.3 mg/kg；速效钾 42～104 mg/kg，平均 59.2 mg/kg。

表 4-20　典型人工林红壤土壤养分状况

采样地点	pH	有机质/（g/kg）	氮/（g/kg）	磷/（g/kg）	钾/（g/kg）	速效磷/（mg/kg）	缓效钾/（mg/kg）	速效钾/（mg/kg）
玉林市容县	4.51	26.21	1.77	0.47	15.22	7.4	57	51
百色市田林	4.74	33.24	2.07	0.64	13.14	6.3	64	67

2. 投入与产出效益

松树人工林的种植投入 15 000 元/hm^2，种植密度 1 665 株/hm^2，主伐年龄 15～20 年，木材收获量 150～180 m^3/hm^2，薪材收获量 15～30 m^3/hm^2；木材产品销售单价 550～600 元/m^3，薪材产品销售单价 180～200 元/m^3，合计产出 85 200～114 000 元/hm^2，投资利润率 40.8%（15 年平均）。

3．问题及解决措施

松树人工林的连作，地力衰退严重，如土壤容重增加，有效氮、磷、钾养分含量下降，为此，建议更换树种，可用杉、阔叶树及其他针叶树、毛竹轮作或混交造林。松树人工林的施肥，应采用平衡施肥技术，避免偏施肥料造成的养分不平衡。采用林下间套种中草药及经济作物，增加效益。注意保持林下植被覆盖，减少水土流失。

（三）桉树

广西桉树品种很多，主要树种有大叶桉、窿缘桉、柠檬桉、细叶桉、柳桉、尾叶桉等。主体种植结构：桉树。

1．代表土壤类型及理化特征

红壤养分状况，分析结果（表 4-21）表明（n＝28），红壤 pH 4.21～6.75，平均 5.73；有机质 12.02～31.50 g/kg，平均 24.17 g/kg；全氮 1.10～2.97 g/kg，平均 2.01 g/kg；全磷 0.41～0.97 g/kg，平均 0.46 g/kg；全钾 6.77～13.41 g/kg，平均 8.77 g/kg；速效磷 3.5～14.2 mg/kg，平均 6.7 mg/kg；缓效钾 47～102 mg/kg，平均 64.7 mg/kg；速效钾 30～104 mg/kg，平均 51.3 mg/kg。

表 4-21　典型人工林红壤土壤养分状况

采样地点	pH	有机质/（g/kg）	氮/（g/kg）	磷/（g/kg）	钾/（g/kg）	速效磷/（mg/kg）	缓效钾/（mg/kg）	速效钾/（mg/kg）
北海市高德镇	4.36	15.52	1.72	0.45	7.43	5.4	57	31
南宁市武鸣	4.50	21.52	1.87	0.62	9.19	7.1	79	52
桂林市永福	6.90	26.71	2.21	0.53	12.24	8.7	69	61

2．桉树种植区的土壤养分状况及土壤肥力养分特征

（1）桉树产区的土壤养分状况

桉树种植区主要分布在南亚热带地区的代表性土壤的区域。主要成土母质有：花岗岩、砂页岩及第四纪红土，分布地区的气候特点是高热性及常湿润的特点。赤红壤的风化淋溶程度低于砖红壤，土壤矿物风化较强烈，次生矿物以高岭石及三水铝石为主，土壤呈酸性至强酸性，交换性阳离子以氢、铝为主，其中：交换性铝占交换酸的 77%～95%，盐基高度不饱和，一般在 40%以下。土壤有机质及全氮含量偏低，磷、钾养分含量也不丰富，有效硼的含量也不高，土壤肥力状况与植被及水土保持工作密切相关。

在桉树种植区中，土壤 pH 在 5.5～7.5 的约占 65%，这种酸碱度的土壤适宜桉树生长。pH 在 4.5～5.4 的酸性及强酸性的占 24%；pH 在 7.5 以上的碱性土壤占 11%；总的来说，大多数耕作土壤都在桉树适宜生长的范围，不需调节土壤 pH。

桉树种植区土壤酸碱性的基本特点，地处高温多湿的亚热带气候区，因此，不仅呈酸性及强酸性的土壤面积大，同时也分布有石灰岩土及石灰性土壤。微酸性至中性的土壤面积小于 65%。

pH 4.5～5.5 的土壤，说明土壤中存在着部分交换性铝，这在大面积地带性土壤都表现出这一特征。酸性土壤，特别是包括铁铝土纲的一系列土类，在湿热气候条件下，由于岩石分解彻底，土壤中所含的硅酸及盐基离子遭到严重淋失，氢离子取代盐基离子而为土壤所吸附，高岭石黏粒和铁、铝氧化物相对聚集，在酸性条件下，铝氧层受到一定瓦解，铝离子进入胶体表面，被交换、水解也使土壤具酸性反应。如砖红壤、赤红壤、红壤及黄壤的水浸 pH 都在 4.6～5.0；盐浸 pH 为 3.8～4.2；交换酸为 3.3～8.5 me/100 g 土；盐基饱和度都在 30%以下。

桉树种植区主要土壤类型的交换性阳离子组成及盐基饱和度，地带性土壤如砖红壤、赤红壤等，其 pH 值多在 4.5～5.0，阳离子交换量多在 10 me/100 g 土以下，交换性阳离子以氢、铝为主，占阳离子总量的 60%甚至 70%以上，特别是交换性铝，占交换性酸的绝大部分，所吸附 K^+、Ca^{2+}、Mg^{2+}等盐基离子少，盐基饱和度低，一般在 30%以下；盐基离子组成 K^+、Na^+各占 10%～20%，Ca^{2+}、Mg^{2+}占 50%～70%。中性及石灰性土壤 pH 都在 6.5 以上，盐基交换量在 15 me/100 g 土以上，吸附的阳离子中氢、铝很少，盐基离子则以 Ca^{2+}、Mg^{2+}为主，石灰岩土的 Ca^{2+}、Mg^{2+}占 90%以上，盐基饱和度高，甚至达到 100%，有的土壤还有游离碳酸钙出现。总之，土壤的交换性盐基组成是长期受成土条件和人为耕作施肥等的影响，能够在一定程度上反映土壤类型及其特性。

（2）桉树产区的土壤肥力养分特征

据桉树种植区 743 个土壤分析结果的统计，土壤肥力养分状况有如下特征。

桉树种植区土壤有机质含量大于 4%的占 7.5%，3%～4%的占 10.2%，2%～3%的占 30.4%，1%～2%的占 42.0%，小于 1%的占 9.9%，即约 70%的土壤有机质含量都在 2%以下；总的来说，有机质含量偏低。

土壤全磷含量，桉树种植区土壤全磷含量均普遍较低，含量在 0.06%

以下的面积占 85%，其中不足 0.04%的占 54.35%，是全国土壤磷素特别贫瘠的地区之一。桉树种植区土壤的供磷能力普遍很低，土壤速效磷小于 5 mg/kg 土壤，占 70.1%，为此，大部分土壤施用磷肥均获得较好的效果。

土壤全钾含量与成土母岩类型及成土过程的风化淋溶有关，大多数土壤含钾量在 9～15 g/kg，其中含量较高的地区有玉林等市桉树种植区，含量较低的地区是钦州、北海、防城港、南宁等。桉树种植区土壤的供钾能力普遍很低，土壤速效钾小于 50 mg/kg 土壤，占 52.3%，为此，大部分土壤施用钾肥均获得较好的效果。

土壤的供钾能力与土壤母质及人类耕作管理密切相关，花岗岩发育的土壤供钾能力高，硅质岩、石灰岩、第四纪红土发育的土壤供钾能力低，土壤熟化程度高，土壤有机质含量高的土壤供钾能力也高。

土壤微量元素营养。研究调查的结果是：桉树种植区土壤普遍缺硼，锌缺乏面积达 30%以上，而铜、铁基本不缺乏。

3．桉树对矿质营养吸收规律

（1）桉树各部位养分含量

桉树含氮量以枝梢最高 16.89～17.78 g/kg，叶片为 4.42～4.80 g/kg，主茎树皮 3.66～4.17 g/kg，根部 2.63～4.81 g/kg，主茎木质部 2.19～2.88 g/kg；磷含量枝梢＞叶片＞主茎树＞根部＞主茎木质部；钾的含量枝梢＞主茎树皮＞叶片＞根部＞主茎木质部。

桉树含硫量主茎木质部 0.18～0.23 g/kg，主茎树皮 0.23～0.31 g/kg，叶片 0.29～0.33 g/kg，枝梢 0.68～0.88 g/kg，根部 0.32～0.36 g/kg。

桉树含镁枝梢是 2.82～3.72 g/kg，主茎木质部 0.20～0.38 g/kg，主茎树皮 1.53～2.65 g/kg，叶片 1.03～1.54 g/kg，根部 0.13～0.27 g/kg。

桉树含钙量，主茎木质部 1.08～1.43 g/kg，主茎树皮（韧皮部）8.17～12.93 g/kg，叶片 5.22～5.46 g/kg，枝梢 7.58～12.37 g/kg，根部 3.26～7.53 g/kg。

桉树含硼和锌均以枝梢为最高，分别为 8.98～18.58 mg/kg 和 17.0～19.8 mg/kg。

（2）桉树生长量和对养分吸收量

根据三个定点试验结果，桉树在生长过程中每个月要从土壤中吸收氮 2 941.50～2 968.11 mg，平均值 2 956.92 mg；吸收磷 148.90～318.46 mg，平均值 253.77 mg；吸收钾 1 391.11～2 145.96 mg，平均值 1 704.45 mg；

吸收硫 180.23～203.70 mg，平均值 191.50 mg；吸收镁 469.59～782.27 mg，平均值 600.97 mg；吸收钙 2 089.91～3 173.48 mg，平均值 2 555.48 mg，吸收硼 2.81～4.06 mg，平均值 3.30 mg；吸收锌 6.52～8.44 mg，平均值 7.54 mg。

可见，桉对养分吸收量以氮最大，对其他养分吸收量依次为 Ca>K>Mg>P>S>Zn>B。

由于广西气候、土壤条件适宜桉树生长，生长量大，主茎平均每月生长增高 24.2～35.3 cm，胸茎增加 0.253～0.285 cm，每个月生长量干物质积累增加 578.35～666.40 g。

（3）桉树需量及土壤有效硼临界值

桉树是热带、亚热带树种之一，是多年生常绿木本植物；桉树从幼苗定植到砍伐前主要为营养生长阶段，从花芽分化至果实成熟为生殖生长阶段。4～5 年的桉树轮伐期每公顷桉树木材产量 80～150 m^3，桉树的吸硼量 222.6～321.6 g。

据林地试验、盆栽试验及林地调查结果统计，桉树产量与吸硼量也有显著相关，$r=0.725^*$，桉树木材产量（y）与吸硼量（x）的函数关系式为：$y=66.4+21.1x$。

土壤速效硼的临界值应为 0.14 mg/kg。

（4）桉树平衡施肥种植试验的主要结果

经四年的桉树施肥种植试验的结果指出，施用根据测土设计桉树专用复合肥 12-5-8 含硼的处理平均桉树木材量 116.0 m^3/hm^2，比施用 NPK 复合肥（15-15-15）的处理平均桉树木材量 88.5 m^3/hm^2，增产桉树木材 27.5 m^3/hm^2，增产 31.1%；比施用 NPK 肥的处理平均桉树木材量 78.0 m^3/hm^2，增产桉树木材 38.0 m^3/hm^2，增产 48.7%；不施肥（CK）处理，由于土壤矿质释放的氧分不能满足桉树生长的需要，桉树未成林；各施肥处理间差异达显著水平。

4．桉树平衡施肥种植示范林

在示范区 3 个地点的验收，分别选择高、中、低的生产类型，验收示范区桉树种植地进行实地测产，面积共 3 hm^2，实收桉树 346.5 m^3，折每公顷产 115.5 m^3，桉树平衡施肥示范区比非示范区（施用复合肥 15-15-15）每公顷产 89.3 m^3，增产 26.2 m^3，增加 29.3%。砍伐验收结果表明，桉树种植采用平衡施肥技术获得良好的经济效益。

（1）生态效益

按每生产 1 m^3 蓄积的森林净吸收二氧化碳（CO_2）0.953 55 t，释放氧气（O_2）0.702 t。

（2）社会效益

桉树平衡施肥，节约肥料投入，林地养分收支平衡；避免因施肥对农田环境及水体的污染。

5．投入与产出效益

桉树人工林的种植投入 13 500 元/hm^2，种植密度 1 665 株/hm^2，主伐年龄 5～6 年，木材收获量 75～105 m^3/hm^2，薪材收获量 7.5～15 m^3/hm^2；木材产品销售单价 450～500 元/m^3，薪材产品销售单价 150～200 元/m^3，合计产出 36 000～55 500 元/hm^2，投资利润率 43.4%（5 年平均）。

6．问题及解决措施

原生桉树属植物分布在澳大利亚，当地低氮低磷贫瘠土壤上桉树可以生长，但生长十分缓慢，然而被引种到肥力好、水分供给增加的环境后，桉树则成为速生树种。目前桉树是世界上热带和亚热带广大地区的主要造林树种，全球已有 100 多个国家引种，其面积已达 3 000 万 hm^2，主要分布在亚洲、南美洲、非洲、欧洲和大洋洲，约占热带地区每年造林面积的 40%～50%。我国桉树人工林发展迅速，目前桉树人工林面积约 350 万 hm^2，居世界第三位，已成为我国华南地区最重要的速生用材林树种。我国桉树人工林的平均产量由 20 世纪 80 年代的 8 m^3/（hm^2 • a），提高 2010 年的 20 m^3/（hm^2 •a），个别经营管理比较好的企业平均产量已经达到 25 m^3/（hm^2 •a），其中广西东门林场试验林的产量高达 70 m^3/（hm^2 •a），接近世界先进水平。

桉树的大规模种植，推动了林产工业的发展，给当地农民带来了诸多好处，但随着大面积营造桉树人工林，其社会效益、生态效益等问题日益受到人们关注，也引起了比较尖锐的争论。大面积单一树种的集约化经营过程中，全垦开荒、毁坏次生植被、毁林种树（桉树）等措施直接导致乡土植物物种的丧失，进而对生物多样性产生显著影响；桉树人工林结构单一、功能多样性退化、生产力一代不如一代、长期生产力不能持续等问题也比较突出，到目前为止，尚没有有效的途径防治地力退化、恢复地力和保持桉树人工林的长期生产力。这不仅影响南方速生丰产林的可持续经营和生产力的提高，而且造成生态系统结构功能多样性退化和生态环境恶化，已引起社会的广泛关注和担忧；国内外很多种植区周围的农民抱怨种植桉树使得他们农田水质恶化、作物生长不良以及地下水位下降。学术界对桉树问题也有很多的争论。Shive 和 Bandyopadhyay 研究了印度 Karnataka 地区的桉树人工林后认为，桉树在该地区的种植，并没有带来良好的社会效益，对该地区的生态也有不良影响，但另一些研究结果却持相反的观点，如 Davidson 和 White（1985）研究结论是桉树种植后所导致的生态问题并不如我们想像的那么坏。此争议导致农民种植桉树的积极性大为减弱，并且受到全球其他国家的关注。1993 年联合国粮农组织在泰国曼谷召开国际桉树专家研讨会，总结了桉树林的利弊，指出其缺点主要有：消耗养分、水分量大；比其他植物的竞争力强；有引起土壤流失、荒漠化的危险；枯枝落叶分解差；生物多样性不良。一些研究也表明，桉树除具有较强的水、肥竞争力外，它还会释放具有较强化感活性的代谢产物，抑制林内其他植物的生长，从而导致林内群落结构简单，林下灌木和草本植物稀少，进而引起较为严重的水土流失。例如：Chander 等研究发现，桉树叶子的降解速度较慢，源于桉树叶分泌某些化感物质影响土壤微生物活力，当土壤微生物活力减弱，意味着植物凋落物降解这一环节受阻，从而影响整个生态系统的平衡（Chander K et al.，Biology and Fertility of Soils，1995，19：357）。此外，Myers 等学者的研究表明，高密度桉树种植的地区（印度、澳大利亚等地）最高日蒸腾量可达到 7.7～8.0 mm/d；但 Morris 和张宁南等（2004）研究雷州半岛较稀疏桉树林得到的结论是：桉树蒸腾量极少。在澳大利亚，在桉树种植区，雨季约有 25 mm 水分向下流动补充给地下水，而旱季则因为蒸腾作用从地下吸收水分 82 mm，这种不平衡的水分运动，造成了地下水的严重下降，土壤水分过程也随之改变（Myers BJ et al.，Tree Physiology，1996），这种地下水格局的改变可能也会导致林下物种分布的格局的变化。Stone（2009）在近期的《Science》发表文章中指出，中国南部单一物种人工林对生态系统的影响已经敲响警钟，单一物种林对病虫害比较敏感，并导致土壤退化甚至整个生态系统的不稳定。

我们应该看到，大的环境问题，特别是景观破坏的问题很容易受到广泛的注意，而较大空间尺度人为活动引起的潜在的隐性生态问题多不为人所知晓。因此，本项目提出的科学问题应该在国家的区域开发战略中得到相应的关注，以便在更深层次上揭示生态问题的潜在风险，也可从科学的高度认识和揭示大面积桉树人工林的环境生态效应，加深对桉树大规模单一人工林生态规律的科学认识，指导构建稳定高效、分布合理的桉树速丰林，运用科学管理方法和营林技术最大限度地降低或消除人工林经营活动对区域生态的不利影响，平衡经济活动与生态环境保护之间的关系，这对于实现经济、社会和生态环境的协调可持续发展，实施西部大开发战略、提高我国南部经济区发展的质量和效益都有巨大的意义，是国家的重大和基础性科技需求。

对土壤水影响方面，多数研究普遍认为，桉树林种植后地带性植被和灌草丛相比土壤水分有明显的改变。一般认为土壤的渗透性能（如钟继洪等，2002）、土壤的持水性能（Zhou et al.，1995）会发生负向变化。桉树种植是否会引起地下水位下降有两种截然不同的观点，即地下水位不会下降，如徐大平等（2006）通过水量平衡研究推断，雷州半岛桉树种植对地下水可能不会发生负面影响。但另外一些学者研究后得出不同的结果，如 Myers et al.（1996）对澳大利亚桉树种植区研究认为，雨季约有 25 mm 水分向下流动补充给地下水，而旱季则因为蒸腾作用从地下吸收水分 82 mm，这种不平衡的水分运动，造成了地下水的严重下降，土壤水分过程也随之改变，其他学者如余作岳等（1985）、Calder（1997）、White（2002）、Jobbágy（2007）等也认为桉树种植对地下水会产生一定的影响。

桉树与其他人工林一样都存在着地力衰退的问题。对桉树人工林的养分消耗问题有着许多报道。桉树人工林养分循环出现紊乱的主要原因是经营和收获措施所致。Andrac 和 Krapfenbaver（1979）在巴西对一株树龄为 4 年的柳叶桉林分的生物量和养分做了一项研究，对象为 12 株有代表性的树干直径为 4～14 cm 标准木，结果在采伐的过程中，只拿走木材，林分正常的养分循环得以保持，那么是不会出现地力衰退的。补充给林地的养分远比拿走的要多。如果实施全树利用，则由此而带走的大量元素，比每年由枯枝落叶返回的要多，从而破坏了林分正常的养分循环，会导致地力衰退。惠好公司对 53 年花期松研究为例，采伐地养分的损失量随生物量收获量的增加而增加，建议仅收获木材树干，保留树叶和林地表土。短轮伐期和高强度的利用及没有养分补充可能造成养分循环紊乱。对刚果桉树人工林生态系统养分的地球化学循环和生物小循环研究结果表明，每公顷每年通过地表径流和地下渗漏从生态系统输出的养分质量以 K 最多，达 21.25 kg/（hm^2·a）；其次为 N，达 17.21 kg/（hm^2·a）桉树人工林生态系统养分流通质量的净变化值 Δf（K）、Δf（Ca）为负值，Δf（N）、Δf（P）、Δf（Mg）为正值；桉树人工林生态系统养分的生物小循环研究表明，在一个轮伐期内，每公顷桉树吸收养分的质量，依次为 Ca 429.03 kg/hm^2，其次为 N 277.01 kg/hm^2 和 K 208.12 kg/hm^2，而在一个轮伐期中归还的养分质量，Ca 只有 99.78 kg/hm^2，K 为 113.04 kg/hm^2。在养分循环率方面，与热带半落叶季雨林比较，桉树人工林生态系统的养分循环串要小得多，说明桉树人工林土壤养分趋向于减少。研究表明桉树人工林生态系统养分不平衡的主要原因是桉树凋落物和采伐剩余物不能回归土壤，以及严重的水土流失造成的。

同样，桉树人工林的连作，地力衰退严重，如土壤容重增加，有效氮、磷、钾养分含量下降，为此，建议更换树种，可用松、杉、阔叶树及其他针叶树、毛竹轮作或混交造林。桉树人工林的施肥，应采用平衡施肥技术，避免偏施肥料造成的养分不平衡。采用林下间套种中草药及经济作物，增加效益。注意保持林下植被覆盖，减少水土流失。

（四）竹子

广西竹子主要分鞭生竹、丛生竹两大类。鞭生竹以毛竹为主，主要分布在桂北。丛生竹喜欢湿热的环境，主要分布在南亚热带桂东南及桂西石山地区。主体种植结构：竹子。

1. 代表土壤类型及理化特征

红壤养分状况，分析结果表明（n=9），红壤 pH 4.33～6.35，平均 5.22；有机质 18.32～30.43 g/kg，平均 22.73 g/kg；全氮 1.13～3.91 g/kg，平均 2.23 g/kg；全磷 0.45～0.94 g/kg，平均 0.51 g/kg；全钾 7.21～14.11 g/kg，平均 9.13 g/kg；速效磷 4.6～15.4 mg/kg，平均 6.7 mg/kg；缓效钾 43～131 mg/kg，平均 62.4 mg/kg；速效钾 32～113 mg/kg，平均 57.0 mg/kg。

表 4-22 典型人工林红壤土壤养分状况

采样地点	pH	有机质/（g/kg）	氮/（g/kg）	磷/（g/kg）	钾/（g/kg）	速效磷/（mg/kg）	缓效钾/（mg/kg）	速效钾/（mg/kg）
百色市田林	4.37	23.22	1.89	0.47	9.81	6.1	44	45
柳州市融水	5.98	26.74	2.21	0.63	13.01	7.2	63	57

2. 投入与产出效益

竹子人工林的种植投入 3 000 元/hm^2，种植密度 615～825 株/hm^2，即株行距 4 m×4 m 或 4 m×3 m；主伐年龄 2～3 年，竹材收获量 5～7 元/条，产出 3 075～4 305 元/hm^2。

3. 问题及解决措施

竹子人工林的连作，地力衰退严重，如土壤容重增加，有效氮、磷、钾养分含量下降，为此，建议更换树种，可用杉、阔叶树及其他针叶树、毛竹轮作或混交造林。竹子人工林的施肥，应采用平衡施肥技术，避免偏施肥料造成的养分不平衡。采用竹林下间套种中草药及经济作物，增加效益。注意保持竹林下植被覆盖，减少水土流失。

（五）经济林

经济林面积约 99 万 hm^2。其中：油料林面积 58 万 hm^2，占 58.76%；特种经济林面积 16.8 万 hm^2，占 16.9%；果树林面积 20.16 万 hm^2，占 20.4%；其他经济林面积 3.8 万 hm^2，占 3.9%。主要有油茶、油桐、八角、肉桂。主体种植结构：油茶、油桐、八角、肉桂。

广西是我国油茶重点产区之一，全区现有油茶林面积约 36.7 万 hm^2，占全国油茶总面积 366.7 万 hm^2 的 10%，常年年产茶籽油约 3.5 万 t，占全国茶油年总产量 20 万 t 的 16.9%，最高年产量达 4.3 万 t（表 4-23）。广西的油茶种植面积和总产量列全国第三位、科技研发成果列全国第二位、平均单产列全国第一位。全区有油茶分布的县（区）61 个，以柳州、桂林、百色、河池、贺州五市为主，其中种植面积 0.67 万 hm^2 以上的重点产区县有：三江、融水、融安、鹿寨、龙胜、平乐、恭城、巴马、凤山、右江、田林、田阳、凌云、隆林、那坡、八步、昭平、富川和平桂管理区等 19 个县（区）。三江县油茶林面积达到 4.93 万 hm^2，为全区油茶种植面积最大的县，被国家林业局命名为“中国油茶之乡”。同时，三江县和巴马县被国家林业局命名为“全国经济林（油茶）产业建设示范县”。

表 4-23　全国油茶大省油茶情况比较

省区	年产量/t	面积/万 hm^2	公顷产量/kg
广西	43 200	36.7	117.75
湖南	100 000	118.5	84.30
江西	48 000	74.7	64.35
全国平均	15 960	304	52.50

1. 代表土壤类型及理化特征

红壤养分状况，分析结果（表 4-24）表明（$n=12$），红壤 pH 4.35～6.35，平均 5.07；有机质 20.02～35.60 g/kg，平均 27.71 g/kg；全氮 1.23～2.98 g/kg，平均 2.43 g/kg；全磷 0.43～0.85 g/kg，平均 0.50 g/kg；全钾 6.41～15.32 g/kg，平均 10.73 g/kg；速效磷 4.1～11.54 mg/kg，平均 6.3 mg/kg；缓效钾 41～

131 mg/kg，平均 67.4 mg/kg；速效钾 43～112 mg/kg，平均 59.3 mg/kg。

表 4-24　典型人工林红壤土壤养分状况

采样地点	pH	有机质/(g/kg)	氮/(g/kg)	磷/(g/kg)	钾/(g/kg)	速效磷/(mg/kg)	缓效钾/(mg/kg)	速效钾/(mg/kg)
防城市上思	4.61	23.01	1.74	0.49	8.19	5.3	57	43
百色市右江区	4.91	24.14	2.03	0.52	11.31	7.7	62	55
柳州市三江	5.95	31.41	2.51	0.64	13.41	5.4	74	71

2. 投入与产出效益

栽植密度，平地采用 2 m×3 m 或 3 m×3 m 的株行距，每公顷密度为 1 125～1 665 株；坡地采用 2 m×3 m 的株行距，每公顷密度为 1 665 株。种植投入 7 500～1 2000 元/hm^2。

经营比较效益的潜力。种植油茶新品种良种，与广西其他经济作物相比较，在比较效益方面具有很大的潜力。选择目前广西林农普遍种植面积比较大的几个树种和经济作物进行比较情况如表 4-25。

表 4-25　几个树种和经济作物比较

作物类型	产品	年均公顷产	市场单价/元	年均公顷产值/元
油茶	茶油	750 kg	50	37 500
八角	八角	9 000 kg	3	27 000
甘蔗	甘蔗	75 000 kg	0.3	22 500
木薯	木薯	52 500 kg	0.4	21 000
茶叶	青茶叶	11 250 kg	5	56 250
桉树	木材	22.5 m^3	600	13 500

由表 4-25 可见，油茶的年均亩产值高于八角、甘蔗、木薯，也远远高于目前广西快速发展的桉树速丰林，但比精耕细作栽培技术较高的茶叶低。

3. 问题及解决措施

油茶、油桐、八角、肉桂人工林的连作，易地力衰退，如土壤有效氮、磷、钾养分含量下降，为此，建议更换树种，可用杉、阔叶树及其他针叶树、毛竹轮作或混交造林。油茶、油桐、八角、肉桂人工林的施肥，应采用平衡施肥技术，避免偏施肥料造成的养分不平衡。采用油茶、油桐、八角、肉桂等经济林下间套种中草药及其他经济作物，增加效益。

注意保持油茶、油桐、八角、肉桂等经济林下植被覆盖，减少水土流失。

三、岩溶地区人工林生态系统

广西的人工林以松、杉、桉等用材林和油桐、油茶、八角、肉桂、栲胶等经济林为主。经济林面积约 99 万 hm^2。其中：中草药及野生葡萄，油料林面积 58 万 hm^2，占 58.76%；特种经济林面积 16.8 万 hm^2，占 16.9%；果树林面积 20.16 万 hm^2，占 20.4%；其他经济林面积 3.8 万 hm^2，占 3.9%。主要有油茶、油桐、八角、肉桂。

（一）竹子

广西竹子主要分鞭生竹、丛生竹两大类。鞭生竹以毛竹为主，主要分布在桂北。丛生竹喜欢湿热的环境；主要分布在南亚热带桂东南及桂西石山地区。

1. 竹子栽培现状

吊丝竹、花吊丝竹的母竹系在当地竹林中取一年生、基径 2～4 cm 的健康母竹作种，于造林季节带蔸挖起，留竿长约 1.5 m，选择路边、村旁或山坡上土层稍厚处挖坎种植。种时以黄泥浆根、竹筒灌水处理，增强母竹抗旱力，提高造林成活率，使母竹造林成活达 90%以上。这两种竹种性喜钙质，耐干旱，笋芽萌发能力强，出笋量大，成竹多，成林快，通常造林后第四年即可郁闭成林，在石灰岩山地土层较厚处也能正常生长，是很好的石山地区造林竹种。在弄南屯村边，吊丝竹竹竿胸径最大达 8.4 cm。

笋材两用的麻竹和吊丝球竹，系从外地引入竹苗，浆根后种植，成活率也很高。这两种竹竿型高大，笋体厚重，笋味鲜美，也较耐干旱、耐钙，在石山区土层较厚的地方生长很好，种植于弄日山脚边的麻竹胸径最大达 13.3 cm，在弄石屯的最大胸径有 10.2 cm。2001 年春种植的吊丝球竹当年出笋成竹 1 株/坎，嫩竹胸径 2.2 cm，高 3.5 m，次年成竹 1.5 株/坎，胸径 5.7 cm，高 6.3 m，竹竿粗度和高度成倍增长。

经调查，在七百弄乡弄石、弄南屯、吊丝竹、花吊丝竹、麻竹和吊丝球竹成林中各竹种年发笋成竹量、立竹胸径和高度如表 4-26 所示。

表 4-26　弄石、弄南主要丛生竹生长情况

测定内容 竹种	成竹数/（株/丛·年）	平均胸径/cm	平均高度/m	备注
吊丝竹	6	5.1	10.1	最大胸径 8.4 cm
花吊丝竹	6	5	10	
麻竹	3	9.2	13	最大胸径 13.3 cm
吊丝球竹	1.5	5.7	6.3	造林第二年生竹

2. 合理栽培模式

（1）石山地区的竹子造林

品种选择：竹子造林要遵从适地适竹的原则，根据石山地区土层瘠薄、保水能力差，土壤富含钙质等特点，选择喜钙或耐钙、耐干旱、耐瘠薄的，种苗来源广、笋材产量高且品质好、产品的市场销量大的竹种，如吊丝竹、花吊丝竹、麻竹、吊丝球竹等。

选地和整地：选择土层肥厚、湿润的壤土或沙壤土作造林地，如山坡下部、房前屋后等，冬季挖好种植坎，坎的规格应根据石山区的实际情况而定，通常要求长宽深 50 cm×50 cm×30 cm。造林前下足基肥，常用厩肥、绿肥等，每坎施 20～30 kg，若再混合复合肥 1 kg、磷肥 1 kg 可促进母竹早生根发笋，效果更好。基肥必须与土拌匀，才可造林。

造林季节：七百弄乡位于桂中地区，气候温暖，竹子萌发生长较早，从 2 月初至 3 月底，逢有阴雨天都可以造林。

造林密度：每公顷种植母竹或竹苗 615 株或 825 株，即株行距 4 m×4 m 或 4 m×3 m。造林时每公顷应种植多少株，具体要看土壤条件和竹子种类。土壤肥厚的宜稀，土壤瘠薄的可密些；大型秆的品种如麻竹、吊丝球竹可稀些，每公顷种植 615 株，小型秆的如吊丝竹、花吊丝竹等密些，每公顷种植 825 株。

造林方法：常用的竹苗造林方法成活率高，成本低，见效快，运输也方便，可广泛采用。如种苗地与造林地相隔不远，用母竹带蔸埋竿法造林也是行之有效的方法。

（2）竹子管理技术

除草松土：新造幼林当年和第二年，竹林尚未郁闭，林内杂草容易生长，每年要全面除草松土两次，第一次在 5—6 月，第二次在 8—9 月；成林后每年 6—10 月结合挖笋锄草，将锄倒的杂草铺在竹丛基部，既可遮阴

保湿，腐烂后又可作肥料用。成林深翻松土 1～2 年一次，时间在 12 月至第二年 2 月，松土既可改良土壤，又可破坏害虫在土里越冬。松土深度 15～20 cm。

抗旱：为促进竹丛发笋，在雨季未到前，每 1～2 周灌水一次。在 6—10 月，出笋季节，若遇 6～7 d 不下雨，应及时淋水，保持土壤湿润。

施肥：速效性化肥在 5—10 月施放。依据少量多次的原则，幼林每年可施 4～8 次，每 15～30 d 施一次，每次每丛施尿素或碳氨 0.1～0.3 kg；成林施肥可结合采笋作业，每次在采笋留下的笋穴内施尿素或碳氨 0.1 kg，这样既可及时补充竹丛消耗的养分，又不因为一次施肥过多，竹丛吸收不完而造成浪费。若不采笋，也应 15～30 d 施肥一次。出笋期施肥对增加笋产量和提高竹材质量非常重要，要特别注意与水灌溉或降水相结合，如果土壤干燥，施肥效果无法发挥。冬季结合松土工作施放农家肥，每丛 20～30 kg。施肥时距竹丛 30 cm 开环状沟，施肥后盖土。

扒晒与培土：每年 3—4 月，将堆拥在竹丛蘖部周围的泥土扒开，露出笋芽，任其暴晒 15～20 d，以提高温度，促进笋芽早萌动，同时也便于施肥。至 4—5 月，将扒开的土重新培上。培土能保持竹笋幼嫩，延长了竹笋细胞分蘖时期，竹笋个体增大，从而提高笋材产量和质量。

采笋留竹：挖笋时应注意：要从笋体与母竹连接处切断，这样切口小，伤流也少，伤口易愈合。每年每条母竹可挖取 3～5 个笋。

丛生竹出笋期为 5—10 月，5—6 月为出笋初期，7—8 月为盛期，9—10 月为末期，初期和盛期的竹笋要全部挖取，留养母竹应在 9 月初进行。每丛选留粗壮新竹 3～6 株，要求新竹在竹丛中分布均匀。每年冬季，每丛留选 3～4 株枝叶茂盛的二年生竹株，将其他老竹砍伐利用。

3. 竹子的利用及效益分析

利用现状，吊丝竹和花吊丝竹除作搭架用材外，因其篾性好，常用于编织箩筐、鸡笼、猪笼、竹墙、篱笆、晒篷等，大多情况下为自编自用，自给自足，少有上市销售。

麻竹竿形通直，壁厚，常用于制作水管、扛挑等，也作建筑材料利用。

野生状态的小金竹竿形细小，大竿的可作围篱用，小竿及枝条可扎作扫把；芸香竹一般作晒架、柴火利用，其大叶可制作遮阴棚等。

（1）经济效益

在当地通常 1 条原竹（胸径约 5 cm）售价 1.5 元。若经简易加工并在当地集市销售：劈篾编织竹席，竹壁可分作竹皮（竹青）、竹肉（竹黄）两层用，10 条竹子可编织 1 张竹青席和 1 张竹黄席，分别售价 30 元和 6～8 元，平均每条竹子价格增到 3.8 元；编织箩筐，1 条可编 1 个，可卖 5 元；编织晒篷，20 条可编成 2 张，竹青晒篷可售 90 元，竹黄的可售 60～70 元。加工后，竹子价格增至每条 8～10 元。

麻竹竿形通直、胸径约 10 cm 的可卖 5 元/条；小金竹制作扫把，可售 2 元/把；芸香竹可用于造纸，售价 100 元/t，其干叶售价 100 元/t。

交通不便，运输困难及其他原因，很少有人收购竹笋，因而群众没有采笋、加工笋品和卖笋的习惯。吊丝竹和花吊丝竹的竹笋无人采，绝大部分能生长成竹，仅有个别群众采挖麻竹和吊丝球竹的竹笋供自家食用。因此竹笋收入几乎为零。若按技术规程采笋销售，平均每年每丛竹可采笋 12 kg，全乡竹子 2 万丛，可收笋 24 万 kg，以鲜笋售价 1 元/kg 计，将产生 24 万元的产值，如果进一步进行笋品加工，竹笋的产值会大大增加。

由此可见，除竹材得到利用，产生经济效益外，竹子的其他产品有待开发，竹子增值的潜力很大。

（2）生态效益

1999 年实施“生态重建”项目而营造的竹子，现大部分已成林，可供当地群众日常生产生活用具所需，大大减少了群众上山砍树的次数和砍伐数量，保护了石山植被。

吊丝竹、花吊丝竹、麻竹等竹子四季常青，体态优美，不仅是优质经济竹种，也是很好的观赏竹种，大力推广种植，不仅获得更多的竹子直接经济收入，还可绿化和美化七百弄乡山区的森林环境，为七百弄乡的旅游开发增添宜人的观光景点，从而带来更大的经济效益和社会效益。

竹子具有生长快、成材早、产量高、一次造林长期受益的优点。竹子造林后 4 年，每年均可砍收利用，并且不会有砍竹后林地裸露的现象。另外，竹子须根密集发达，固土能力强，涵养水源的作用大，所以茂密郁闭的竹林区大雨不会成灾，久旱也会有清泉不断，流水潺潺。竹子常绿青翠，林下阴凉湿润，使之感到心旷神怡。2002 年 10 月中旬在弄石屯测定，竹林下气温为 26℃，裸露地为 29～30℃，林下较裸露地低 3～4℃，相对湿度竹林内为 70%～75%，裸露地为 65%，林内湿度高 5%～10%。由此可见，竹子的生态效益是很显著的。

（3）社会效益

多年来，七百弄乡群众自发种植的以及实施“生态重建”项目和“中日合作”项目而营造的竹子，现大部分已成林。通过项目的实施，群众已掌握了一定的竹子栽培技术，为大面积选地种竹做了充分的技术储备。如果加大竹子种植力度，形成竹制品产业化生产，充分利用农村富余劳动力创造财富，可产生明显的社会效益。

4. 问题及建议

（1）结合生态项目，加大竹子种植力度

竹林面积少而分散，不利于产业化的形成，应加大竹子种植力度。全乡现有丛生竹约 2 万丛，加上野生的零星分布的散生竹，这些竹子只能勉强供当地群众日常生产生活使用，不能满足竹产品的大批量生产所需。如竹材，以平均每丛可采立竹 5 根计，全乡可采立竹 10 万根，90%留下自用，仅有 1 万根可上市销售，以编织箩筐为例，可编 0.5 万对，售价仅 5 万元，相对于全乡 1.55 万人口来说，人均 3.2 元，收益甚微。应根据竹产品用材和市场所需，结合退耕还林工程和生态重建项目，适地适竹，大力发展吊丝竹、花吊丝竹等笋、篾、材多用途竹种，迅速扩大竹林面积，形成面积较大，连片集中的竹子基地。形成竹制品产业化生产，既可以立竿见影地改善石山区的生态环境，又可增加群众的收入。

（2）加强竹资源深加工，提高竹产品价值

目前对竹材的利用只是停留在低层次水平，竹资源的利用率、产值和经济收入都很低。应加大深加工力度，如编织精细竹工艺品如篮、竹盘、竹罐及各种家具装饰等，或用竿、枝作制造高级纸的原料，就能大大提高竹子利用率，提高竹产品价值；或将竹笋加工成酸笋、笋衣、笋干、发酵笋干等，既可避免在出笋旺季因交通不便，无法运至市场销售，或因鲜笋过多而价廉造成鲜笋积压浪费、收益不高的局面，又可通过笋产品加工，将竹笋留至售笋淡季销售，使竹笋增值。如麻竹、吊丝竹鲜笋售价为 1 元/kg，浸制成酸笋后售价为 4 元/kg，加工成笋干售价为 20 元/kg，深加工成发酵笋干售价为 80 元/kg。由此可见，随着加工深度的增加，笋制品的价值成倍增加。

5. 做好宣传和培训，促进竹子产业的发展

七百弄乡现有竹林面积小且分散，竹制品大多自用。道路狭小，交通不便，特别是村屯路面粗糙，运输困难，竹制品能销往外地的很少。因此在加大基础设施建设和增大竹林种植面积，提高竹产品质量的同时，在群众中进行竹制品开发的宣传和培训，积极做好七百弄乡各种竹产品的加工、销售，提高竹制品商品率，使七百弄乡的竹子产业向着商品化、市场化和规模化健康发展。

（二）中草药

在药用植物品种的选择上，必须坚持以下的几个原则：①要适应岩溶地区的自然环境。石多土少，干旱，夏季高温是岩溶生态退化区的基本特点，立地条件极差，植物必须有能适应这种特殊条件的特性，才能在这些地区生存和发展。②具备良好的生态效益和经济效益。选择速生型的物种，能在较短的时间内形成良好的生态覆盖。然而，在人多地少的岩溶地区，仅有生态效益而没有经济效益的生态重建是不成功的，也是不可能形成可持续性发展的，在实现生态建设的同时必须兼顾经济效益，使农民增收，让农民脱贫。③药材的采收决不能影响到整体的生态效果。最好是以花、果入药的药用植物，或以地上部分茎、叶入药，但再生能力强的药用植物。

1. 金银花的种植示范

金银花（*Lonicerajaponica*）为忍冬科（*Caprifaliaceae*）忍冬属（*Lonicera*）藤本常绿植物。以花蕾或带初开的花入药，有清热解毒、凉散风热的功能，是我国传统大宗药材。金银花的根系发达，具有极强的耐旱、耐瘠能力。其藤蔓密集而细长，占地少而绿化面积大，对岩石有良好的覆盖作用，生态效益明显。更重要的是药材（花蕾或初开的花）的采收不会影响到植株的正常生长和整体的生态效果，一次种植就可以连年采收，生产期可达10～20年。

（1）整地挖坑。根据地形、地貌，选择在土壤较为深厚的岩石旁边挖坑，坑深约 40 cm。施用基肥（土杂肥）5～6 kg/坑，再覆土回坑与肥料拌匀。

（2）组织种苗。共引入了四个金银花品种。一个外地（山东）品种，广西的本地品种有：山银花 *Lonicera confusa*（Sweet） DC.、红腺忍冬 *Lonicera hypoglauea* Miq.和黄褐毛忍冬 *Lonicera fulvotometosa* Hsu et S. C. Cheng。由于石灰岩山区普遍缺水，淋水有较大困难，所以，我们大多将种苗培育成营养杯苗，以便带土移栽，提高成活率。

（3）定植。由于石山地区严重缺水，淋水较困难。为此，群众挖好坑后，我们一直在等待阴雨天的到来，一旦天气适宜就组织种苗送往种植点。种植时，将营养袋小心撕去，不让根部土团散开，覆土以盖过土团为宜，并压实。每坑种植 1～3 株。之后在每次扩种的时候，我们多选择在冬、春季节，此时气温低、湿度大，蒸发量少，小苗容易成活。因为种得较早，生长期长，根系发达，能避免当年秋旱的威胁。

（4）田间管理。

保苗　小苗定植后，在根部四周盖些干草，减少穴中水分蒸发。初植 1～2 年植株较小，根系不发达，要防止水土流失。每次大雨过后检查培土。

整形、修剪　用小木棒或竹枝附在岩石旁，让小苗往岩石上面生长。随着植株的长大，藤蔓增多，根据岩石的形状进行牵引，使藤蔓能合理分布。每年秋季或冬季将植株中的老、弱、密、枯、病藤蔓剪去，以减少养分消耗，并有利于通风透光，使植株生长健壮。

除草、追肥　要求每年结合中耕除草追肥 3 次。2—3 月，每坑开沟施入腐熟人畜粪肥 2～3 kg，促进花芽分化；6—7 月，收花后再施腐熟人畜粪肥 2～3 kg，恢复植株长势；入冬前，每坑施厩肥、堆肥、草木灰等混合肥 5～6 kg，开环沟施下，然后培土，以促秋稍生长，为争取来年高产打下基础。但是，实际上多数种植户一般每年只能施肥 1～2 次。

病虫防治及牛羊的管理　① 蚜虫。危害嫩枝或叶片，导致叶片和花蕾皱缩。每年的春季都有不同程度的发生，一般用 80%敌敌畏 2 000 倍液喷杀 2～3 次即可控制。② 褐天牛。危害茎干，造成生长弱势，严重的整株枯死。可于 4—5 月成虫期人工捕杀；经常检查茎干，如有蛀孔，可用药棉蘸 80%敌敌畏原液塞入虫孔，封上黄泥熏杀。③ 牛、羊。牛、羊特别喜欢啃食金银花的枝叶，必须严加看管。为此，特别订立了村规民约。

（5）效果和影响。

金银花的优良特性：耐旱、耐瘠。金银花根系发达，穿透能力强，可穿越岩缝，向四周岩层深入扎根，吸收范围很大。所以，具有极强的耐旱、耐瘠能力。种植成活后，不用淋水，靠自然降水即可以满足生长发育需求。金银花占地省而绿化面积大、绿化效果好。金银花为藤本植物，藤蔓密集而细长，可铺展数米甚至十多米，绿化面积很大。然而，其占地面积却极少，只要在岩石之间还有约 50 cm^2 的一穴之地，就能栽种。利用岩石作支架，让藤蔓攀于岩石上面生长。不出几年，岩面上就会牵藤挂蔓，绿叶密生，四时青葱，夏季繁花密布，清香宜人。

金银花繁殖容易、养护简便：金银花可采取播种、扦插、压条和分根等多种方法进行繁殖，种苗来源丰富，价格低廉；种植后，植株生长快速，耐粗放管理。

金银花投产早、收益年限长：金银花以花蕾或带初开的花入药，药材的采收不会影响到植株的正常生长和整体的生态效果。种植后，一般第 2、第 3 年开始开花投产，以后产量逐年升高，盛花期可长达 20 年之久。

金银花药用价值高、用途广泛，金银花味甘，性寒。归肺、心、胃经。有清热解毒，凉散风热的功能。以花制成茶，能治疗温热痧痘、血痢等。以蒸馏法提取其芳香性挥发油及水溶性物质，制成金银花露，为清火解毒的佳品，可治疗小儿胎毒、疮疗、发热口渴。在中医临床应用上，金银花清热解毒效果显著，为治疗感冒的常用大宗品种。在中成药工业的生产中，是银翘解毒丸（片）、犀羚解毒丸（片）、银花口服液、VC 银翘片等多种中成药的主要原料。此外，金银花还是饮料、糖果、牙膏、香皂、沐浴液等食品和日用品的重要原料。

根据岩溶生态退化山区的地形、地貌，利用裸露的岩石作为支架，因地制宜地在岩石旁种上金银花，让金银花的藤蔓攀缘到岩面上生长，既能掩盖裸露的石块，形成良好的生态景观，改善小环境，又方便采花。而在裸露岩石之间的空地上再适当地种上任豆树或桃树等高秆的经济林、果类植物，就形成了可持续发展的药、林、果生态经济型复合体系。只要在种植和管理上做到统筹兼顾，就可以充分利用土地和空间，获得最大的生态效益和经济效益。目前，在七百弄种得早、管得好的植株一般可以对岩石形成 3～5 m^2 的枝、叶覆盖，每年可以采收药材（花蕾）1～2 kg。所以，我们认为这是岩溶地区生态重建的一种比较理想模式。

通过实施，种植户得到了各种技能的培训，并获得了一定的经济收入，增强了农民科技商品意识，对当地和周边地区有一定的带动、辐射作用。

（6）金银花用于石漠化治理的建植技术。

整地　在岩穴（缝）中挖坑，坑深约 40 cm。每坑施用土杂肥 5～6 kg，覆土回坑与肥料拌匀。若岩穴（缝）土层太浅薄，可从其他地方挖土填充。

品种选择　一般在当地有分布的野生优质高产品种，都可用于繁殖和栽培。据笔者试验，山银花 *Lonicera confusa*（Sweet）DC.、菰腺忍冬 *Lonicera hypoglauea* Miq.和黄褐毛忍冬 *Lonicera fulvotometosa* Hsu et S. C. Cheng 均表现出较强的适应性。

种苗培育　由于石漠化地区普遍缺水，淋水非常困难，所以，无论以何种方法繁殖，都应将种苗培育成营养袋苗，以便带土移栽，确保成活。

定植　在冬季或春季，选择阴雨天及时移栽。将营养袋小心撕去，不让根部土团散开，覆土以盖过土团为宜，并压实，在根部盖上一些干草，以保湿。每坑种植 1～3 株。

养护

整形、修剪　用小木棒或竹枝附在岩石旁，让小苗往岩石上面生长。随着植株的长大，藤蔓增多，要根据岩石的形状进行牵引，使藤蔓能合理分布。每年秋季或冬季将植株中的老、弱、密、枯、病藤蔓剪去，以减少养分消耗，并有利于通风透光，使植株生长健壮。

除草、追肥　每年结合中耕除草追肥 3 次。2—3 月，每坑开沟施入腐熟人畜粪肥 2～3 kg，促进花芽分化；6—7 月，收花后再施腐熟人畜粪肥 2～3 kg，恢复植株长势；入冬前，每坑施厩肥、堆肥、草木灰等混合肥 5～6 kg，开环沟施下，然后培土，以促秋稍生长，为争取来年高产打下基础。

病虫防治　主要是蚜虫。危害嫩枝或叶片，导致叶片和花蕾卷缩。多于春季发生，可用 80%敌敌畏 2 000 倍液喷杀。此外，牛、羊特别喜欢啃食金银花的枝叶，要注意看管。

采收加工　在花蕾呈白色欲开放时采收。采回的鲜花及时放入硫黄柜（炉）内熏黄至软透，摊薄在太阳下晒干，装入麻袋或打绞压成捆，放干燥处，注意防潮。

2. 蔓荆子试种

蔓荆子（*Vitex trifolia* Linn. var. trifolia）为马鞭草科牡荆属的落叶灌木，又名蔓荆、荆子、京子等。以果实入药，具有疏风散热，清利头目的功能，为常用中药。

种植地：在弄合村的一块退耕还林山坡地块上按 2～3 m 的株距挖坑，坑深 40 cm，每坑放有机肥 2～3 kg，覆土回坑与肥料拌匀。

种苗：由广西药用植物园种苗公司提供，扦插苗。

定植：2004 年 5 月定植，每坑种植 1 株，共种植了 780 株。

田间管理：每年除草 2～3 次，入冬前施一次土杂肥，并培土、用干草盖根。

试种结果：能适应当地自然条件，耐旱、耐瘠，种植当年即开花结果。2005 年测产：每株可采收药材 0.3kg。从试验初步结果来看，蔓荆子可以作为生态重建的品种。

3. 扶芳藤的种植

（1）扶芳藤附石栽培试验

扶芳藤[*Euonymus fortunei*（Turcz.）Hand.-Mazz.]为卫矛科常绿藤本灌木植物，又名爬行卫矛。以茎叶入药，有舒筋活络、止血消瘀之功，是中成药百年乐的主药之一。

用扦插苗在石块的周围按 25 cm 的株距进行试种。结果表明，茎枝能生根并攀于石壁上；种后 3 年，茎枝掩覆整个石块，可连年选采入药。

这种栽培方法以石块作为依附体，占地较少，充分地利用了当地石多土少的自然条件；采取选择采收办法，兼顾了生态效益和经济效益。具体见《石灰岩山区扶芳藤附石栽培小试》论文（发表于《时珍国医国药》杂志 2005 年第 11 期）。

（2）石灰岩山区扶芳藤附石栽培小试

扶芳藤[*Euonymus fortunei*（Turcz.） Hand.-Mazz.]为卫矛科常绿藤本灌木植物，又名爬行卫矛。以茎叶入药，有舒筋活络、止血消瘀之功，是中成药复方扶芳藤合剂（原名百年乐）的主药之一。近年来，广西各地有人工栽培。笔者根据其茎枝上常长细根，能攀缘生长的特点，于 1998 年开始在广西石灰岩山区开展附石栽培试验，旨在增加药源和引入绿化美化植物。

试验地条件　试验地位于广西大化县七百弄乡弄合村弄石屯。该地属亚热带季风气候，年平均气温 19.0℃，年降雨量 1 500～1 700 mm，但降水主要集中在 5—8 月，春旱、秋旱严重。是典型的石灰岩石山地貌，土壤的成土母质为碳酸盐类风化物，pH 为 7.8。在坡底选两块较有代表性的风化石作依附体进行栽培，石块坐地周长分别为 11.2 m 和 10.8 m，高度均为 1.6 m。

种苗　为广西药用植物园培育的扦插苗。苗高 20～30 cm。

种植方法　将石块外围 30 cm 土壤翻松，打碎，捡净草根、杂物。按 25 cm 的株距沿石壁开穴，每穴施入腐熟厩肥 1 kg 作基肥，与土拌匀。1998 年 4 月 16 日起苗，用黄泥浆浆根后种植，每穴 1 株，将小苗靠往石壁上，覆土踏实。植株生长期间要经常铲除草，每隔 3 个月施肥一次，每次用沼气液肥 1 kg/株淋施。每年冬末春初进行一次松土，开穴施入土杂肥 1 kg/株，并培土护根。

种植 10 天后小苗开始长新叶，30 天后可以长出新叶 3～4 对，并从新长的茎节靠石壁一侧萌生出乳白色丛状细根。随着茎枝的生长，细根伸长，接着攀附到石壁上，并逐渐纤维化而变成灰白色。种后 1 年，测得植株基茎粗 0.7 cm，株高 115.3 cm，茎枝数 4.2 枝，大多数茎枝攀爬在石壁上；2 年后，基茎粗 1.1 cm，株高 205.0 cm，茎枝数 6.5 枝，新老茎枝继续沿石壁上长或向外斜长；3 年后，基茎粗 1.5 cm，株高 265.2 cm，茎枝数 8.4 枝，整个石块被密集茎枝掩覆。附表（表 4-27）为 1998—2001 年跟踪观察的结果。

表 4-27 植株生长发育情况

调查时间（年/月/日）	基茎粗/cm	株高（蔓长）/cm	茎枝数枝
1999/4/2	0.7	115.3	4.2
2000/4/5	1.1	205.0	6.5
2001/3/12	1.5	265.2	8.4

注：表中数据为 20 株定点观察的平均值。

2001 年 7 月选择比较粗长的茎枝进行采收，留下细短的继续生长。仍保留茎枝附石段，让其再发新枝。上述两个石块首次共采茎枝 4.8kg；2002 年、2003 年在相同季节按同样方法采收，共采茎枝 5.6 kg 和 6.2kg，采收量逐年升高。说明扶芳藤茎枝的再生能力强，生长快，在适度采剪下，植物群落恢复快，可连年选采入药。

试种表明，石灰岩山区扶芳藤附石栽培是可行的。这种栽培方法以石块作为依附体，占地较少，充分地利用了当地石多土少的自然条件；采取选择采收，兼顾了生态和经济效益。

目前，很多生态严重退化的石灰岩山区都在努力探索可持续发展生态系统重建技术。建议将扶芳藤附石栽培作为一种新的重建模式进一步验证、推广应用。

（三）野生山葡萄

1．种植野生山葡萄的前景分析

野生山葡萄（*Vitis hevneana Roem. et Schult*）是葡萄属，东亚种群中的野葡萄。是一种经济价值很高的野生藤本果树之一。而我区的桂西北山区的都安、大化、马山、巴马、东兰等地蕴藏着丰富的资源。从提取山葡萄鲜果汁分析结果看，其果汁含有 18 种游离氨基酸，氨基酸总量为 120.65%；总糖 9.91%；总酸 2.28%；单宁 5.1%；维生素 C 4.81%。此外还有蛋白质，矿物质。野生山葡萄酿造的葡萄酒甜酸可口，浓郁醇厚，馥香爽口。都安葡萄酒厂生产的“瑶岭”牌野生山葡萄酒以其独特的山野味和果香浓郁醇厚的酒质，先后夺得香港（1993）、巴黎（1996）两届国际名酒评比博览会金奖。野生山葡萄除了酿酒外，还可以加工成老少皆宜的浓缩葡萄汁饮料。因此，加快步伐种植山葡萄，可推动轻工业的发展，提高国民经济收入。同时也提高人们的生活质量。

2. 种植野生山葡萄的地理优势

大化县是典型的喀斯特地貌岩溶山区，全县的面积为 276 600 hm^2，岩溶面积 188 517 hm^2，占 69.3%，丘陵山地 83 083 hm^2，占 30.66%，目前尚未利用的或难以利用的有 18.22 hm^2，而且岩溶山区石漠化现象很严重，是适宜发展野生山葡萄的区域。该县地处南亚热带季风气候边缘，四季分明，是适宜种植山葡萄的区域。周边的县即有马山、都安、罗城、宜州、凤山、环江、巴马、东兰等县都可以种植，这样就形成了有广阔资源的山葡萄生产基地。

过去农民沿着历史的耕作制度，只是在山坡地上、石弄地上种植玉米、大豆、饭豆、毛薯等作物。这些作物产值低，经济效益差，长期生活在山区的农民要走出贫困，必须是利用现有的地理环境条件和丰富的资源条件结合科学技术力量。大量种植野生山葡萄，既可绿化石山，恢复生态，涵养水分，也是调整耕作制度的优良树种之一。

3. 有野生山葡萄的丰富资源

根据从 1994—1998 年的多年产地实地调查，了解桂西北山区分布十多个野生葡萄品种，目前已筛选出都安的古山二号、中旧五号、“野酿 1 号”（单性）和“野酿 2 号”（两性）四个优良单株。这些品种已有大面积的栽培。野生山葡萄种活之后，生长快，发枝快，它能起到一年苗，二年藤，三年可投产。种植野生山葡萄是一次性投资少的作物。只要有了结果蔓后，就是长期有效益的作物。野生山葡萄既可给农民带来经济效益，也绿化了石漠化的石山，是理想的恢复生态的、有社会效益的经济作物。

4. 野生山葡萄的栽培

（1）育苗。繁殖用于生产建园的山葡萄苗木，有硬枝扦插、实生播种、压条、嫁接和茎芽组织快繁等几种方法。应用各种方法培育山葡萄苗木，均有其特点，要根据具体情况使用，目前以休眠枝扦插育苗和茎芽组织快繁较普遍。现分述如下：

组织培苗繁殖：山葡萄茎芽组织培养育苗，首先在特定培养基上诱导培养出不定芽，再经生根和继代培养得大量、完整、生长健壮的植株（瓶苗）。瓶苗再经移栽假植于大棚内的沙培练苗。让幼苗慢慢适应外界的环境，再植于营养袋内培育成苗。一般移栽大棚培育 70～90 d 即可出圃。组织培养是野生山葡萄优良单株快繁推广的新途径。

广西农科院生物所和广西植物组培苗有限公司选育的“野酿 1 号”（单性）和“野酿 2 号”（两性）是当前石漠化治理的首选野生毛葡萄品种之一。

两个品种果实黑色，适应性强，生长势旺，具有耐贫瘠耐寒、旱，生长快，高产稳产，抗逆性、抗病性强等特点。“野酿 2 号”是新选育出的两性花野生毛葡萄，种植时，不需配种雄株即能正常结果，种植 2～3 年，可以实现全面覆盖裸露的石山、丘陵表面，解决石漠化问题，又能使种植户直接实现经济收入 30 000～60 000 元/（hm^2·a）。

压条繁殖：压条繁殖育苗在技术上简便易行，但繁殖系数低于其他几种繁殖方法，只限于山葡萄园填补缺株而使用此法。

嫁接繁殖：在目前优良品种的种条不足的情况下，为了提高生产繁殖系数，或在不具备扦插育苗条件的地方采用这种方法。但山葡萄种内嫁接亲和力较差，成活率极低，用葡萄属的其他种作砧木又会降低根系的抗性。如用此法的成品苗建园时，可采用深栽的方法“替换”根系。

扦插繁殖：扦插繁殖是生产山葡萄苗木历史最久、应用最广的一种方法。一般分为硬枝扦插和绿枝扦插两种，毛葡萄以硬枝扦插为主。山葡萄成熟枝蔓不经处理直接进行露地扦插，发根率很低。所以，山葡萄硬枝扦插育苗需采用植物激素处理，先将成熟枝 2～3 个节剪断，但长短应是整齐一致些为好。以 100～200 支 1 扎，用绳子将枝条捆实，用α-萘乙酸或β-吲哚丁酸，强力生根粉等激素处理后，放置温棚催根，催根用的材料有木糠和细河沙，木糠保水性、保温性能比细沙好。所以，在有条件的情况下最好用木糠。等枝条长出根和嫩芽（转绿）后，再移栽到苗床上培育成苗。

要育好壮苗，首先要选择背风向阳、土壤疏松肥沃、排水灌溉条件好的平坡地作苗圃地。每 667 m^2 施腐熟农家肥 1 000 kg 作基肥，经充分犁耙后，整地起畦，畦面宽 120～150 cm，畦高约 15 cm，畦沟 50 cm，畦面如用地膜覆盖就更理想。苗圃搭棚、遮阳和防雨，有利于提高野生山葡萄的成苗率。

苗圃地的病虫害防治：由于苗幼嫩时抗病、虫能力很弱，必须加强观察管理工作。5 月中、下旬开始防治病害，喷波尔多液或 800～1 000 倍甲基托布津。发现有霜霉病、白粉病，则用瑞毒霉素 500～800 倍溶液喷洒，还有多菌灵、退菌特、百菌净等交替使用。目前新产的葡萄安是专用药，喷布过后的防治效果也很好。

（2）定植前的准备工作。首先，应选择向阳、光照充足的山坡石弄为定植基地，并在定植前规划好，定植坑的规格按 60 cm×60 cm 提前挖好，按每抗放 5 kg 的农家肥和过磷酸钙 0.5 kg。将肥料与表土拌匀后放回定植坑内，然后培好高出地面 15～20 cm 高的树盘，以防树盘下沉后积水，不利于定植苗的成活。

（3）定植苗的管理。定植的小苗，由于苗开始生长缓慢，可间种套种一些矮秆的豆科作物，因豆科作物根部有根瘤菌，可以起到固氮作物。但不宜种玉米等高秆作物，因为高秆作物有遮阴作用，幼苗如没有光照，生长势弱，叶片薄易感霜霉病、炭疽病、白粉病。全年要进行中耕除草 4 次以上。定植成活后第一次施氮肥，以勤施薄施为原则；以每株 0.025 kg；第二次施氯化钾 0.025 kg；第三次以 0.1～0.25 kg 复合肥开环形沟施下，然后盖土。

定植后的新梢管理：定植后 10～15 d，当芽眼开始萌发时，待新芽长出几公分长，选留两个壮芽形成新梢，抹除多余的芽眼。当新梢伸长达 15 cm 时，即要插树枝或小竹竿作支柱，每一棵苗一根支柱并引缚新梢架上。长出副梢后一律留 1～2 片叶摘心，以便集中养分，既可使主蔓向上生长，又可利用副梢的叶片进行光合作用，增强植株的光合面积，对幼苗生长有利。新梢长到 100～150 cm，生长旺盛者可达 200 cm 以上，此时要摘除主蔓的顶芽，促进新梢加粗生长及成熟，使芽眼充实饱满。新梢生长期间，要注意防治病虫害，可用波尔多液、退菌特、甲基托布津、百菌净、葡萄安等药物喷洒 3～4 次。

（4）整形修剪。

① 整形。根据毛葡萄生长速度快的特点，可以采用固定主蔓、有干或无干的龙干形整形方法。整形修剪方法是：栽苗当年留两条新梢向上生长，秋季落叶成熟的新梢，构成今后的固定主蔓，一般在芽眼充分成熟处剪截，高度 80～100 cm，第二年萌芽后，离地 30 cm 以内的枝芽及时抹除，母枝各节上留一个粗壮的新梢，双生枝要把弱者抹除，长出的副梢留 1～3 片叶摘心。以集中养分促进主蔓生长。幼树管理得当，当年蔓的生长可达 2～3 m。

冬季落叶后，剪除所有副梢及剪截主蔓先端纤细不成熟部分，留主蔓长度 80～100 cm。萌芽后除选留主蔓先端一个生长健壮的新梢作延长枝外，其余为副梢，只留 1～3 张叶片摘心并抹除卷须。8 月将延长枝和所有新梢都摘心。以促进新梢老熟。生长期间，剪除从基部长出的徒长枝。整形修剪要在三年内完成。要适当控制结果，如果结果过多将会影响主、侧蔓的生长发育，同时也要注意摘除较弱的果穗。离地面 50 cm 以内的枝及果穗全部摘除，并且还要注意树冠上的摘心、摘卷须、副梢处理等。只有经过重复多次的整形、修剪才能完成定形的工作。

② 修剪。修剪是野生山葡萄植株进入正常结果时期在整形基础上进行

的。修剪的目的是除了继续保持良好的树形结构，并通过修剪保留合理的芽负载量，使结果枝在主蔓上均匀分布，以保持生长与结果的平衡。生产上要及时进行更新，分冬季修剪和夏季修剪两部分进行。

冬季修剪：在植株落叶后至次年早春伤流期之前的整个休眠期进行。修剪留芽量是由不同种类葡萄生长结果特性、树势强弱及管理条件所决定的。目前开发利用的山葡萄的早、中熟品种中的雌能花植株，树势中等，在一般管理条件下修剪，留芽量以 35～40 个/m^2 比较合适。如果树势较弱，留芽量应适当减少。具体修剪方法是除主蔓延长枝适当缩剪，留 10～15 个芽外，其余留作结果母枝的一年生枝条均进行留芽 2～4 个的短梢或超短梢修剪。如果出现个别主蔓衰老，则应及早在主蔓近地部位选留培养潜伏芽萌发的新梢，尽快更新衰老主蔓。

夏季修剪：夏季修剪包括抹芽、定梢、摘心、除副梢和除卷须等工作。夏季修剪从萌芽后现蕾开始。一般植株在一个节上萌发 2～3 个芽，只留一个由主芽发出的健壮且带花序的芽，其余的芽抹除。待萌芽长成 15 cm 的新梢时，按负载量要求进行定梢，把没有花序的、病弱的、部位不当的新梢摘除。5 月下旬开花前摘心，除延长枝外，对所有结果枝在最后一个花序上留 4～5 张叶摘心。结果枝经过花前摘心 10 天左右副梢也会萌发生长，副梢也留 1～2 片叶摘心，如果新梢生长不旺可以把副梢全部除去，同时摘除卷须。8 月下旬，对所有新梢进行摘心，促进新梢成熟。

（5）园地管理。园地耕翻及施基肥：在植株落叶后进行秋冬翻地，也可以在早春萌芽前进行春翻地。把畦面土壤翻耕，深度 10～15 cm，翻地结合施基肥，每亩施腐熟农家肥约 1 000 kg，过磷酸钙 50 kg，氯化钾 25 kg。在植株两侧开沟施入后盖土。

中耕除草：要求果园保持土壤疏松，没有杂草。每年中耕除草 3～4 次，在中耕除草的过程中可以结合施肥，全年的生长过程应追肥 3～4 次。成龄果树第一次施肥应在开花前 7～10 d 施下，以速效氮肥为主，每株用尿素 50～100 g 兑水 10 kg 淋湿。新种果园在植株成活第一次梢老熟后，追施速效氮肥。成年树分别在 7 月上旬和 8 月追肥。以磷、钾肥为主，每株施过磷酸钙 30～50 g，氯化钾 50 g，或每株施复合肥 100～150 g，在离植株约 50 cm 处开沟施下，施后盖土。

（6）毛葡萄生长发育所需各种营养元素。

毛葡萄在整个生长发育过程中，需要十几种营养元素。其中碳、氢、氧、氮、硫、磷、钾、钙、镁、铁为大量需要元素；硼、锰、锌、铜、钼为微量需要元素。各种元素在山葡萄生长过程中起着不同的作用。在这些元素当中，除碳、氢、氧外，均要从根部施肥或叶面喷施来供应补充。

氮：氮是组成植物细胞原生质中的蛋白质不可缺少的元素，也是叶绿素、酶磷脂和维生素的重要组成部分。

磷：磷是细胞原生质中蛋白质、核蛋白、核酸、磷脂和酶的组成部分。在分生组织和生长旺盛部位，花芽的花粉和芽眼中含有大量的磷。所以，磷对山葡萄生长、光合作用和呼吸作用、受精、花芽分化、根系的形成和生长，以及提早结果等都有促进作用。

钾：钾元素在山葡萄中含量极为丰富，可促进淀粉、糖类和蛋白质的形成，能加厚细胞壁，提高细胞液浓度，从而增强植株的抗逆性。还可促进植株对氮的吸收作用。

钙：在山葡萄树体内，钙是一种含量较高的元素，主要存在于老叶中。钙能使硝态氮转化，所以缺钙时往往容易缺氮。

镁：镁是叶绿素的核心成分，在植物体内能促进酶的活性，也有助于磷的移动。缺镁时，呈花叶状。

硼：在子房、柱头、雌、雄蕊中，硼的含量较多，可改善糖类、蛋白质代谢、加强淀粉的形成，有利于光合作用，能促进花粉的萌发和根系的形成与生长。

锰：锰关系到植物体内的氧化还原作用，对叶绿素形成有重要影响，锰可促进糖的形成和转化，增加呼吸和光合作用。也有利于根的形成。

（四）牧草

1. 试验材料

A—（黑麦草） 塔奇瓦一年生黑麦草（Ifarian ryegrass var.Tachiwase）、瓦色澳一年生黑麦草（Italian ryegrass var.Waseaoba）、一年生黑麦草（Italian ryegrass var.Tachimasari）、E—（黑麦草）米玉一年生黑麦草（Italian ryegrass var.Miyukiaoba）、塔奇一年生黑麦草（Italian ryegrass var.Tachimusya）、尼欧一年生黑麦草（Italian ryegrass var.Nioudachi）、瓦色玉一年生黑麦草（Italian ryegrass var.Waseyutaka）、多年生黑麦草（Permnial ryegrass var.Fantom）、喜莎紫花苜蓿（Aefalfa var.Hisawakaba）、紫花苜蓿（Aefalfa var.Maya）、R—（紫花苜蓿） 5 444 紫花苜蓿（Aefalfa var.544 4）、马斯紫花苜蓿（Aefalfa var.Makiwadaba）、大湖白三叶（White clover var.Taho）、毛豌豆（Hairy vetch var.Mameya），共 17 个品种。

2. 试验方法

试验地播前进行人工翻耕、除杂草、整地、使地表细碎，试验区周围开好排水沟。本试验小区采取顺序排列法设计，每个品种 3 次重复，共 17 个牧草品种 51 个小区，小区面积 2 m×3 m，行距为 30 cm，畦间人行道宽 50 cm，深 20 cm，起畦后平整畦面，每个小区畦面开十条小浅沟，往浅沟均匀撒播种子，上覆盖一层薄土。播种时无基肥，苗期除杂草 2 次，在植株现蕾或孕穗期开始收割，收割后施复合肥一次 225 kg/hm^2。

播种时间与播种量：2000 年 10 月 23 日播种 10 个黑麦草，2000 年 10 月 24 日播种 7 个豆科牧草，由于塔奇瓦一年生黑麦草、E、塔奇一年生黑麦草 3 个牧草品种出苗不好，因此于 10 月 26 日重新补播。每个品种的小区播种量为 12 g，即每公顷播种量是 18 750 g。

试验测定的项目，包括牧草生育期、株高、产草量—鲜重和干重，干重是用鲜草自然风干至恒重，部分牧草营养成分分析。

能收到种子的牧草有 A—（黑麦草） 塔奇瓦一年生黑麦草、瓦色澳一年生黑麦草、一年生黑麦草、米玉一年生黑麦草、尼欧一年生黑麦草、大湖白三叶 6 个品种。

表 4-28　各品种植株平均高度　　单位：cm

品种 \ 高度	分枝（蘖）期	现蕾（孕穗）期	成熟期
A—（黑麦草）塔奇瓦	11.96	44.92	113.2
塔奇瓦一年生黑麦草	17.75	63.71	117.8
瓦色澳一年生黑麦草	20.61	65.06	104.15
一年生黑麦草	17.23	69.64	115.4
E—（黑麦草）米玉	5.21	37.91	41.74
米玉一年生黑麦草	20.82	55.20	89.97
塔奇一年生黑麦草	18.37	57.89	114.39
尼欧一年生黑麦草	12.93	46.39	94.99
瓦色玉一年生黑麦草	16.3	51.06	104.36
多年生黑麦草	8.95	36.30	44.90
喜莎紫花苜蓿	7.54	55.02	84.45
紫花苜蓿	8.18	51.91	88.67

品种＼高度	分枝（蘖）期	现蕾（孕穗）期	成熟期
R—（紫花苜蓿）5444 紫花苜蓿	5.56	19.65	43.80
5444 紫花苜蓿	5.76	45.61	85.93
马斯紫花苜蓿	5.37	50.29	73.53
大湖白三叶	3.24	13.73	29.47
毛豌豆	12.04	86.11	181.57

表 4-29　各牧草品种小区青草量　　单位：kg/m^2

品种＼重复	I		II		III	
	2 月 22 日	3 月 28 日	2 月 22 日	3 月 28 日	2 月 22 日	3 月 28 日
A—（黑麦草）塔奇瓦	3.42	2.08	4.41	1.75	3.84	2.33
塔奇瓦一年生黑麦草	10.62	3.88	5.80	2.08	5.63	3.33
瓦色澳一年生黑麦草	5.19	2.13	4.20	4.88	4.71	2.43
一年生黑麦草	6.73	1.83	7.95	2.16	7.92	1.82
E—（黑麦草）米玉						
米玉一年生黑麦草	3.20	2.38	4.07	2.29	3.41	2.17
塔奇一年生黑麦草	3.06	1.71	4.14	2.29	6.72	2.26
尼欧一年生黑麦草	6.15	2.48	2.80	1.81	3.90	2.39
瓦色玉一年生黑麦草	3.60	2.01	2.46	1.75	5.50	3.00
多年生黑麦草	0.69		1.42		1.08	
喜莎紫花苜蓿	1.75	1.95	3.01	2.12	2.03	0.98
紫花苜蓿	3.88	3.01	2.01	3.01	2.20	2.50
R—（紫花苜蓿）5444 紫花苜蓿						
5444 紫花苜蓿	1.67	2.13	1.82	2.04	3.09	1.31
马斯紫花苜蓿	1.23		1.40		1.68	
大湖白三叶						
毛豌豆	12.2		12.7		6.9	

表 4-30　各牧草品种折合公顷产青草量　　单位：kg/hm²

品种＼重复	平均
A（黑麦草）塔奇瓦	59 430
塔奇瓦一年生黑麦草	104 475
瓦色澳一年生黑麦草	78 465
一年生黑麦草	31 570
E—（黑麦草）米玉	
米玉一年生黑麦草	58 410
塔奇一年生黑麦草	67 275
尼欧一年生黑麦草	65 100
瓦色玉一年生黑麦草	61 065
多年生黑麦草	10 633.5
喜莎紫花苜蓿	39 465
紫花苜蓿	55 365
R—（紫花苜蓿）5444 紫花苜蓿	
5444 紫花苜蓿	40 200
马斯紫花苜蓿	14 367
大湖白三叶	
毛豌豆	106 005

表 4-31　各种牧草风干率

品种＼项目	干重/kg		平均干重/kg	风干率/%
	2 月 22 日	3 月 28 日		
A（黑麦草）塔奇瓦	0.103 3	0.070 0	0.086 5	8.65
塔奇瓦一年生黑麦草	0.100 0	0.056 7	0.078 5	7.85
瓦色澳一年生黑麦草	0.118 3	0.073 3	0.095 5	8.55
一年生黑麦草	0.106 7	0.066 7	0.087 0	8.70
E—（黑麦草）米玉				
米玉一年生黑麦草	0.070 2	0.060 0	0.065 0	6.50
塔奇一年生黑麦草	0.100 0	0.070 0	0.085 0	8.50
尼欧一年生黑麦草	0.008 3	0.060 0	0.034 2	3.42
瓦色玉一年生黑麦草	0.098 3	0.073 3	0.085 5	8.55
多年生黑麦草				
喜莎紫花苜蓿	0.111 6	0.080 0	0.096 0	9.60
紫花苜蓿	0.122 3	0.083 3	0.103 0	10.30

项目 品种	干重/kg		平均干重/kg	风干率/%
	2 月 22 日	3 月 28 日		
R—（紫花苜蓿） 5444 紫花苜蓿				
5444 紫花苜蓿	0.118 3	0.097 5	0.108 0	10.80
马斯紫花苜蓿	0.093 3	0.066 7	0.080 0	8.00
大湖白三叶				
毛豌豆	0.136 0		0.136 0	13.60

各种牧草收割测产时，分别取鲜草 1 kg，室内自然风干后称重，计算风干率。

3. 试验结果与分析

根据表 4-27、表 4-28、表 4-29、表 4-30 的试验结果，进行如下分析：

适应性分析，从引入的黑麦草、紫花苜蓿、三叶草、毛豌豆等饲用草本气候环境中适应性表现比较好，生存期长，抗逆性好，适宜在海拔、降雨、气温相类似或更好的地方的推广种植。

抗寒、抗旱性分析，以上各牧草品种均能安全越冬，夏季干旱雨量少，各牧草品种均生长正常未出现枯死现象，表现出较强的抗寒、抗旱性能。

抗病性分析，黑麦草主要病害是锈病，11 个黑麦草品种都不同程度地被感染，其中锈病稍严重的有瓦色澳一年生黑麦草、一年生黑麦草、塔奇瓦一年生黑麦草、瓦色玉一年生黑麦草；苜蓿主要是老鼠危害；除 A 有倒伏现象外，其他各牧草品种均有较好的抗倒伏性。

生产性分析，17 个牧草品种都表现较好的适应性，再生性强、除 E、R、大湖白三叶外，其他各牧草品种产量均较高。并有 A、瓦色澳一年生黑麦草、一年生黑麦草、米玉一年生黑麦草、尼欧一年生黑麦草、大湖白三叶 6 个牧草品种收到种子。

根据以上 17 个牧草品种适应性、生产性及抗病性的分析，认为在本试验区生长表现较好的有 9 个牧草品种：A、塔奇瓦一年生黑麦草、瓦色澳一年生黑麦草、一年生黑麦草、塔奇一年生黑麦草、瓦色玉一年生黑麦草、喜莎紫花苜蓿、紫花苜蓿、 5444 紫花苜蓿、毛豌豆。

（五）岩溶地区人工造林限制因子

1. 客观因子

由于岩石裸露率高，土被不连续，土层浅薄，岩石渗漏性强，土壤持水量低，生境差异大，给人工造林带来困难，针对生境条件的严酷性，只有根据历年的降雨规律及降雨预报，围绕水分平衡制订造林配套措施，减少限制因子的影响，才能确保质量提高。

2. 主观因子

造林的主力军来源于当地农民，由于深处贫困山区，受教育程度普遍在高中以下，对外来因素的接纳度不高，对科学技术不了解。造林技术往往不能落实到位，这是造林质量不高的原因之一。

由于林业在生态中的作用未得到群众的充分认识，对森林植被和已种植苗木的破坏现象普遍发生，致使森林群落仍逆向演替。

3. 造林树种选择

针对岩溶山区生境特点，造林树种选择遵循适地适树、生态与经济效益并重、长短结合的原则。选择适应性强的、耐干旱瘠薄、根系发达、成活容易、生长迅速、更新能力强，特别是无性更新能力强的树种。根据我们森林调查结果，现有自然群落，特别是顶极或原生性群落的种类组成，就是树种选择的最好依据。同时结合在弄石屯种植树种生长情况，选择出主要造林树种：

生态经济型树种：任豆、香椿、吊丝竹、杂交竹、木棉、银合欢、构树、化香。

经济生态型树种：板栗、柿子、枇杷、黄皮、柚子、苹婆。

4. 岩溶地区常规营造林方法

（1）造林前准备

起苗后，如不能立即造林，则应立即根部浸水或用土遮盖。如果时间较长的，则应选择避风阴湿地方挖沟，沟的一边成斜坡，将苗木稀疏排列在斜坡上，覆土踏实后再放第二行，到苗木放完为止。

（2）科学造林

树种选择：总的原则是适地适树。树木种类繁多，各种树木有不同的生长特性，对气候、地形、土壤等自然环境各有不同的要求。凡在适合它生长条件的地方，树木长得快、长得好，否则长得不好，甚至死亡。

细致整地：一般按种植密度直接挖坎，坎大一般 50～60 cm 见方，深约 30 cm。营造经济果木林，一般要求挖大一些，达到 1 m 见方。挖坎时将表土和心土分别堆放，打碎土块，捡净石头和草根。栽植填坎时，做到表土回穴。

挖坎时间：挖坎要在造林前完成。最好不要边挖坎边造林，更不要不挖坎就造林。如春季造林时，应在前一年的秋冬季把坎挖好；如冬季造林时，应在夏季挖好坎。这样有利于蓄积雨水，促进土壤风化，也可错开农事，避免造林时动用劳力过于集中。

造林季节：冬季、早春是造林的好季节。采用营养杯的苗木，几乎一年四季都可以造林，但以雨季造林最好。

造林密度：造林不宜太密，一般在 2 m×2 m、2 m×3 m 株行距比较合适。

植树造林：为了保证成活，栽植后，尽量使苗木根系较快地恢复吸水能力。因此栽植时要求做到“栽正、舒根、打紧”。栽植前要挖好植树穴，穴的大小深浅，以苗木根系能在穴内舒展、穴内蓄水好为准。栽植时将苗木扶正，用熟土覆盖苗根，当填到苗木根际原有土痕时，把苗木轻轻往上一提，使根系舒展，再踏紧土壤，使根系与土壤密切结合。然后填土满穴并用力踏紧表面再盖一层松土。栽植的深度一般比苗木原来在苗圃时的入土深度稍深一些。

（3）幼林抚育

坚持“三分造林，七分管”原则，加强管护，防止林木遭受各种破坏造林以后的抚育管理和保护工作做得好坏，是关系到能否巩固造林成果的大事，尤其幼年时期的林木，抵抗外界不良环境的能力较差，也容易遭受人为或牲畜的危害，更要加强幼林的抚育管理，以保证幼林正常生长，成林成材，速生丰产。要建立和健全护林组织，开展宣传教育，落实管理制度，按地段指派护林员。新造幼林地严禁放牧、打枝。间种作物（玉米等）也不得损伤和遮挡林木。那种只种不管的做法是不能达到造林成材的目的。

除草松土　主要目的是消灭杂草，疏松土壤，保水蓄水，改善林木生长条件，促使林木迅速生长。从造林的当年起就要适时除草松土，才能收到好效果。第一次除草松土在夏收夏种前进行最好，第二次在八、九月酷暑过后最佳。视杂草生长情况，一般每年至少两次。松土时，注意不要伤害树木，树蔸附近松土浅些，树冠外围深些，树小浅些，树大深些。松土深度一般为 10 cm 左右。在除草时发现树木歪倒或根部外露，要及时扶正培土，保证林木的正常生长发育。

施肥　施肥应以基肥为主，追肥为辅。追肥可结合除草松土进行。

除蘖、去蔓　新造的幼树往往因栽歪、踩歪或病、虫、兽危害等原因，从蔸部发出许多萌蘖，分散营养，影响主杆生长。因此，要结合除草松土，将这些萌蘖砍除，砍后培土，埋没切口。去蔓，是将缠绕攀缘在树干、树冠上的藤蔓植物解开，并连根挖起。

间苗、补苗　新造的幼林，由于各种原因往往会发生死亡缺株的现象。凡成活率不及 80%的，或个别缺株严重的地方，均需在当年雨季或第二年早春选健壮的苗木及时进行补植。造林二、三年后如发现缺株严重、形成林中空地的，仍应选择大苗或幼树进行补栽。

修剪整枝　修剪整枝对果树等经济林木尤为必要。早春修剪整枝时，需剪除徒长枝、枯死枝、病虫枝、过密枝等，以保持树势均衡，提高果实产量和质量，减少结果的大小年，延长树木寿命。

林地间种　间种作物的种类，应选豆科作物和其他矮秆作物，不要间种那些对林木生长不利的高秆、块茎和爬藤作物。间种时，作物与树木应保持一定的距离，以免影响幼树生长。

防治病虫害　防治种苗、幼林的病虫害，是整个造林工作中的一个重要环节。在与病虫害的斗争中，认真执行“预防为主，积极消灭”的方针是非常重要的。首先要做好预测预报工作，一经发现病虫害，立即采取有效措施，迅速及时进行防治。

（4）几种岩溶地区造林树种种植及管理技术

① 任豆树、香椿

任豆树、香椿是石山绿化的好树种。

造林地的选择和整地：石山的上、中、下部均可种植，但在土层较深厚的石缝、石窝生长较好。整地在 11—12 月完成，先清除造林地上的灌木、杂草，然后将石缝、石窝的泥土全面翻松，拣净草根和石块。

造林密度与种植穴规格：造林密度 1 665 株/hm^2，株行距 2.0 m×3.0 m。植穴规格：40 cm×40 cm×30 cm（长×宽×深）。挖坎时要灵活掌握，以保持 3 000 株/hm^2 为标准。土壤回坑时，土块要粉碎，表土归心，填满为止。

适时早种：裸根苗造林在 2—3 月，种子直播造林为 5 月（雨季开始的月份），营养杯苗造林于春、夏、秋三个季节中，只要雨后土壤湿润均可。

种植方法：裸根苗造林：将已浆根的树苗放入预先挖好的种植穴中，覆土后将苗稍稍提起，使苗木根系舒展，踩紧后再盖一层松土和一层草。高过 1 m 的大苗则先将主干截去，只留基部 25～30 cm，大苗截干埋蔸造林可明显提高造林成活率。

营养杯苗造林：将苗带杯入种植穴中，切不可将营养苗的土团破碎，如果是用塑料薄膜袋做营养杯，则先将薄膜除去后再种植。分层盖土踩实后，再盖一层松土。

松土施肥：抚育以铲草松土扩穴为主，杂草腐烂成为肥料，提高土壤肥力。铲草松土宜在5—6月进行，造林当年2次，次年1次，抚育深度为10～20 cm，头次稍浅，以后逐次加深。追肥能促进根系和植株地上部分生长。追肥时间宜在栽植后第一次新梢老熟时，选择阴雨天进行，次年再进行1次。追肥以复合肥为主，每株20～30 g为宜，在植株立地上方25 cm左右，开小沟撒施，及时覆土。

② 枇杷

枇杷果是在水果供应淡季的初夏成熟。种植良种大枇杷2～3年可挂果投产，盛产期每公顷产果22 500 kg左右，收入超过10万元。

适地良种：根据市场对良种大枇杷的需求和当地的种植环境条件，选择果大味甜，优质丰产的早熟红肉型大果枇杷。有5月上中旬成熟的大五星，龙泉1号，解放钟等良种。

建园定植：选择交通方便、土层深厚的平地或缓坡地成片建园。首先，在园地内按常规种植4 m×3 m或计划密植3 m×2 m的行、株距放线定点，深挖（或底层爆破）成宽约1 m，深0.8 m的定植壕沟或1 m见方的定植窝，每公顷施入腐熟垃圾和杂草等有机肥15万kg，并与泥土回填于沟（窝）内。其次，在秋季（9—10月）或春季（2—3月）下雨后栽苗。一般每公顷栽750～900株，计划密植每公顷栽1 500株左右。栽枇杷苗时，应按大小分级和带团移栽，并灌足定根水，有利成活。

合理施肥：枇杷苗定植后3年内为幼树抚育期，以营养生长扩大树冠为主。施肥上做到“淡肥勤施，前促后控”。每年在抽发春梢，夏梢和秋梢的前后，各施一次促梢肥和壮梢肥，全年共施6～8次肥。每次每株施腐熟人畜禽水肥5～10 kg，加入尿素5～100 g拌施。结果后的枇杷园，全年施肥3～4次，重施5—6月采果后的基肥，每株打窝深施腐熟人畜禽水肥30～40 kg，加入油饼（枯）肥1～2 kg和过磷酸钙1 kg混施；适时施好9—10月有花前肥、2—3月的春肥和4月的壮果肥。

整形修剪：根据枇杷易抽发生枝，中心主干和层性明显的特性，树冠采用主干分层形。其方法是：枇杷壮苗定植后，在离地约50 cm的主干上剪顶定干，在春季发芽时，选留1个向上生长的壮芽和4～5个不同方位的侧芽，抽发培育成中心主干和几大主枝，采用拉、撑、吊等办法，开张主枝角度，使其斜生（或水平）生长，形成第一层枝，按此方法，培养第二层和第三层枝，将三层枝以上的中心主干落头开心，树冠高度控制在3 m左右。结果后的枇杷园，可于采果后的5—6月进行夏季修剪和开春萌芽前的修剪。主要是疏除过密枝、光秃枝和病中心虫枝四川成缩和短截多年生衰退枝和遮阴的大枝，更新复壮树势。此外，在枇杷幼树定植第四年试花结果的头年 7—8 月，采取控氮肥，控水分和整形拉开分枝等办法，促使提早开花结果。

花果管理：枇杷进入结果期后，开花较多，应疏花疏果。在开花前的 10 月，对花量大的树，将弱花枝、早花和病虫花全部剪除；一般树疏花果占全树的 50%左右为宜。疏果一般在 3 月中旬的幼果期进行，先疏去冻害果、畸形果和病虫果，再疏过密的小果。一般大果型品种，每穗留果 2～3 个，小果型品种每穗留果 4～5 个为宜。疏果后，用旧报纸、牛皮纸等制袋，对果实套袋，可提高果实品质。

防治害虫：枇杷幼苗期，在每年的 3—9 月，重点防治危害顶芽和枝叶的蚜虫、梨小食心虫和桃蛀螟等。成年枇杷园在秋季树干刷白，烘坦病虫枝的基础上，在抽发新梢和开花结果期，树冠喷布波尔多液（1∶160）或 50%托布津，或 65%的代森锌，再加入 5%敌杀死，20%来扫利或钉螟松乳剂，可有效防治枇杷叶斑病，炭疽病、黄毛虫、梨小食心虫和桃蛀螟等多种病虫害。

适时采收：枇杷无后熟性，鲜食必须在果实充分成熟时，分批采摘，做到选熟留青，轻拿轻放。鲜果外销或长途运输时，可在果实 8—9 月成熟采收。

③ 金银花、山葡萄

选地与挖坑：大田种植要选用半泥半石头的荒山坡地或石缝地，按 3.5 m×3.1 m 的范围选择一个种植点。然后按长×宽×深各为 0.5 m×0.5 m×0.4 m 的规格挖好坑。并用片石砌好种植点的地基，防止水土流失。

施足基肥：种植前，每个种植坑除放野生绿肥或杂草 6～7 kg 做基肥之外，种植时，每坑还要放农家肥 2～3 kg，钙镁磷肥 0.5 kg。钙镁磷肥与农家肥混合堆沤半个月后才能使用。

种苗要带土移栽。移栽后要淋定根水。并用杂草或农膜覆盖好苗木盘，防止水分过快蒸发。

补植、中耕除草：移栽以后一个月内，如发现死苗缺丛，要及时补种，以保证每亩有 60 丛。移栽成活后，每年要中耕 6 次以上，3 年以后，藤茎生长繁茂，可视杂草情况，减少除草次数。

追肥：每年春季、秋季要结合除草追肥，农家肥、化肥均可，每丛每次施农家肥 3～4 kg，复合肥 0.3 kg，在植株下要培土保根。

修枝整形：生长 1～2 年的金银花植株，藤茎生长不规则，杂乱无章，需要修枝整形。对突长的枝条要进行剪顶，促多分枝，早生多花。通过修枝整形，有利于花枝的形成，一般可提高产量 50%以上。

病虫害防治：金银花主要虫害有金龟子、蓟马等，如发现危害，及时用 800～1 000 倍乐果药液喷杀，也可用敌杀死 1 瓶加水 10 kg 配成药液喷杀。

白粉病对金银花叶片的危害较大，应修枝整形，改善通风条件，另外，可用粉锈宁 1 500 倍液进行叶片喷雾。其他病虫害可用常规方法防治。

④ 竹子

整地：一般选择土层深厚的地方于种植前 2 个月挖 80 cm×50 cm×40 cm（长×宽×深）的定植坑，回填肥泥和基肥高出地面 20～30 cm。

种植：于清明前雨季造林，要求平埋或斜埋种植，其主要方法是：烟斗朝下，平埋于地下 10 cm 左右或露出一个节（空节内填好湿润的泥土）。

管护：注意除草、松土、施肥及管护不受牛羊破坏。

第五章　广西生态安全*

第一节　生态安全概述

一、生态安全的提出

从国际上来说，“生态安全”一词提出，至今已有 20 多年的历史了。早在 1989 年，国际应用系统分析研究所就提出要建立优化的全球生态安全监测系统，并指出生态安全的含义是指“在人的生活健康安乐基本权利、生活保障来源、必要的资源、社会秩序和人类适应环境变化的能力等方面不受威胁”。Norman Myers 于 1993 年指出生态安全涉及由地区的资源战争和全球的生态威胁而引起的环境退化，这些问题继而波及经济和政治的不安全，他将此概念广泛宣传于学术期刊和国际会议上。

从国内来看，以“生态安全”为篇名，根据《中国知识资源总库·中国知网（http：//www.cnki.net/）》查得，1993 年《电工技术杂志》第 4 期第 33～37 页发表了“利用植被维护架空输电线路的生态安全”一文，这是国内期刊发表的最早有关“生态安全”的论文。之后，国内有关“生态安全”的研究论文不断增多，尤其是进入新世纪，随着我国生态环境问题的不断出现并呈日益“恶化”趋势，全国各地研究“生态安全”问题及对策的文章大幅增加，如 2000 年，国内发表的“生态安全”文献为 33 篇/a，到 2011 年关于“生态安全”研究文献数量达到 489 篇/a，居年发表文献量之首。

---

* 本章作者：　黄国勤（江西农业大学）

二、生态安全的内涵

（一）安全

要搞清楚“生态安全”的内涵，首先必须了解“安全”的含义。

在古代汉语中，并没有“安全”一词，但“安”字却在许多场合下表达着现代汉语中“安全”的意义，表达了人们通常理解的“安全”这一概念。例如，“是故君子安而不忘危，存而不忘亡，治而不忘乱，是以身安而国家，可保也。”《易·系辞下》这里的“安”是与“危”相对的，并且如同“危”表达了现代汉语的“危险”一样，“安”所表达的就是“安全”的概念。“无危则安，无缺则全”。即安全意味着没有危险且尽善尽美。这是与人们的传统的安全观念相吻合的。

“安全”作为现代汉语的一个基本语词，在各种现代汉语辞书有着基本相同的解释。《现代汉语词典》对“安”字的第 4 个释义是：“平安；安全（跟‘危险’相对）”，并举出“公安”、“治安”、“转危为安”作为例词。对“安全”的解释是：“没有危险；不受威胁；不出事故”。《辞海》对“安”字的第一个释义就是“安全”，并在与国家安全相关的含义上举了《国策·齐策六》的一句话作为例证：“今国已定，而社稷已安矣。”

当汉语的“安全”一词用来译指英文时，可以与其对应的主要有 safety 和 security 两个单词，虽然这两个单词的含义及用法有所不同，但都可在不同意义上与中文“安全”相对应。在这里，与国家安全联系的“安全”一词，是 security。按照英文词典解释，security 也有多种含义，其中经常被研究国家安全的专家学者提到的含义有两方面，一方面是指安全的状态，即免予危险，没有恐惧；另一方面是指对安全的维护，指安全措施和安全机构。

由上述分析可知，所谓“安全”，是指具有特定功能或属性的事物，在外部因素及自身行为的相互作用下，足以保持正常的、完好的状态，免遭非期望的损害现象。或者简单地说，“安全”是指不受威胁，没有危险、危害、损失。安全的定量描述可用“安全性”或“安全度”来反映，其值用≤1 且≥0 的数值来表达。

（二）生态安全

什么是生态安全呢？一般而言，生态安全是指生态系统的健康和完整状况，是人类在生产、生活和健康等方面不受生态破坏与环境污染等影响的保障程度，包括饮用水与食物安全、空气质量与绿色环境等基本要素。健康的生态系统是稳定的和可持续的，在时间上能够维持它的组织结构和自治，以及保持对胁迫的恢复力。反之，不健康的、不安全的生态系统，是功能不完全或不正常的生态系统，其安全状况则处于受威胁之中。

生态安全一般认为包括两层基本含义：一是防止由于生态环境的退化对经济基础构成威胁，主要指环境质量状况和自然资源的减少和退化削弱了经济可持续发展的支撑能力；二是防止环境问题引发人民群众的不满，特别是导致环境难民的大量产生，从而影响安定。

生态安全也可从狭义和广义两方面理解。狭义的生态安全，如上所述，是指自然和半自然生态系统的安全，即生态系统完整性和健康的整体水平反映。健康系统是稳定的和可持续的，在时间上能够维持它的组织结构和自治，以及保持对胁迫的恢复力。若将生态安全与保障程度相联系，生态安全可以理解为人类在生产、生活和健康等方面不受生态破坏与环境污染等影响的保障程度，包括饮用水与食物安全、空气质量与绿色环境等基本要素。

广义的生态安全，包括：一是环境、生态保护上的含义，即防止由于生态环境的退化对经济发展的环境基础构成威胁，主要指环境质量状况低劣和自然资源的减少和退化削弱了经济可持续发展的环境支撑能力；二是外交、军事上的范畴，即防止由于环境破坏和自然资源短缺引起经济的衰退，影响人们的生活条件，特别是环境难民的大量产生，从而导致国家的动荡。

广义生态安全概念，以国际应用系统分析研究所（IASA，1989）提出的定义为代表：生态安全是指在人的生活、健康、安乐、基本权利、生活保障来源、必要资源、社会秩序和人类适应环境变化的能力等方面不受威胁的状态，包括自然生态安全、经济生态安全和社会生态安全，组成一个复合人工生态安全系统。

显然，狭义的生态安全仅指生态系统和环境安全；广义的生态安全则包括土地资源安全、水资源安全、生物物种安全等资源安全和环境安全、生态系统安全等多方面内容。一般来说，生态安全多作狭义理解。

与生态安全相类似或相近似的词，如环境安全、资源安全、国土安全、生态环境安全、资源环境安全，区域安全、国家安全等。与生态安全相反的词，如生态不安全、生态风险、生态破坏、生态毁灭、生态压迫、生态灾害、环境风险、环境灾害、生态环境风险等。

三、生态安全的本质

生态安全的本质有两个方面，一方面是生态风险；另一方面是生态脆弱性。生态风险表征了环境压力造成危害的概率和后果，相对来说它更多地考虑了突发事件的危害，对危害管理的主动性和积极性较弱；而生态脆弱性应该说是生态安全的核心，通过脆弱性分析和评价，可以知道生态安全的威胁因子有哪些，它们是怎样起作用的，以及人类可以采取怎样的应对和适应战略。回答了这些问题，就能够积极有效地保障生态安全。因此，生态安全的科学本质是通过脆弱性分析与评价，利用各种手段不断改善脆弱性，降低风险。

为揭示生态安全的本质，还可以进一步从以下几方面理解生态安全的含义。

（1）生态安全是人类生存环境或人类生态条件的一种状态。或者更确切地说，是一种必备的生态条件和生态状态。也就是说，生态安全是人与环境关系过程中，生态系统满足人类生存与发展的必备条件。

（2）生态安全是指一种资源环境状态，这种状态一方面要生态环境自身处于良性循环之中，环境不出现恶化；另一方面是资源、环境状态要能满足社会经济发展需要。

（3）生态安全是指一种关系，即资源环境与社会经济之间的关系，这种关系必须保持相互协调，社会经济的发展不能受资源环境的制约和限制。

（4）生态安全反映资源环境对社会经济发展的重要性。

（5）生态安全强调持续性和长期性。与生态安全相反，生态不安全是指生态环境出现恶化现象，进而不能持续满足社会经济发展需要，社会经济发展受到来自于资源和生态环境的制约与威胁的状态。目前，在各种生态不安全中，因水土资源的不当利用导致水土流失、水资源枯竭和水质恶化引起的生态不安全，是范围最大、程度最深的生态安全问题，是国家和大部分地区最主要的生态安全隐患。

（6）生态安全强调以人为本。生态安全不安全的标准是以人类所要求的生态因子的质量来衡量的，影响生态安全的因素很多，但只要其中一个或几个因子不能满足人类正常生存与发展的需求，生态安全就是不及格的。也就是说，生态安全具有生态因子一票否决的性质。

（7）维护生态安全需要成本。也就是说，生态安全的威胁往往来自于人类的活动，人类活动引起对自身环境的破坏，导致生态系统对自身的威胁，解除这种威胁，人类需要付出代价，需要投入。这应计入人类开发和发展的成本。

四、生态安全的特征

生态安全至少有以下几个特征。

（1）整体性。生态环境是相连相通的，任何一个局部环境的破坏，都有可能引发全局性的灾难，甚至危及整个国家和民族的生存条件。如我国当前的环境污染引起的雾霾，已对人们的日常生活、交通安全和工农业生产等造成严重影响。表面看，这仅仅是大气污染引起的雾霾，但就是这一“局部”“个别”的污染，却对整个生态安全产生直接的不利影响。

（2）综合性。生态安全包括诸多方面，而每一方面又有诸多的影响因素，有生态方面的，也有社会和经济方面的，这些因素相互作用，相互影响，使生态安全显得尤为复杂。要确保生态安全，必须多方位采取综合性的对策和措施。

（3）动态性。生态安全是一个相对的、动态的概念。世界上万事万物无不在发展变化之中，生态安全也不例外。一个要素、区域和国家的生态安全不是一劳永逸的，它可以随环境变化而变化，反馈给人类生活、生存和发展条件，导致安全程度的变化，甚至由安全变为不安全。

生态安全实质上是以人类和生物的生存、生活与可持续发展为核心，不同尺度生态系统、不同生物要素（包括人类自身）、资源要素、环境要素以及不同层面的生态环境相互作用关系和过程的一种健康与协调的程度或状态。这种程度或状态是在不停的运动和变化之中。生态安全会随着其影响要素的发展变化而在不同时期表现出不同的状态，可能朝好转的方向发展，也可能呈现恶化的趋势，即出现生态不安全现象。因此，不断控制好、维护好各个环节使其向良性方向发展是确保生态安全的关键所在。

（4）相对性。生态安全是一个相对的概念。没有绝对的安全，只有相对安全。生态安全由众多因素构成，其对人类生存和发展的满足程度各不相同，生态安全的满足也不相同。若用生态安全系数来表征生态安全满足程度，则各地生态安全的保证程度可以不同。因此，生态安全可以通过反映生态因子及其综合体系质量的评价指标进行定量地评价。

（5）区域性。生态安全具有一定的空间地域性质。真正导致全球、全人类生态灾难不是普遍的，生态安全的威胁往往具有区域性、局部性；这个地区不安全，并不意味着另一个地区也不安全。区域性要求研究生态安全问题不能泛泛而谈，应该有针对性。选取的地域不同，对象不同，则生态安全的表现形式也会不同，各区域研究的侧重点也不同，而随之得出的结果、结论以及所应采取的对策和措施等均会不一致。

（6）全球性。正如全球经济一体化之后，国与国之间的经济安全密切相关一样，生态安全也是跨越国界的。目前世界各国已经面临各种全球性环境问题，包括气候变化、臭氧层破坏、生物多样性迅速减少、土地沙化、水源和海洋污染、有毒化学品污染危害等。

（7）战略性。对于某个国家或地区乃至全球来讲，生态安全是关系国计民生的大事，具有重要的战略意义。只有维持生态安全，才可能实现经济持续发展，社会稳定、进步，人民安居乐业；反之，经济衰退，社会动荡，生态难民流离失所。因此，国家和各地区在制定重大方针政策和建设项目时，应该把生态安全作为一个前提。

（8）长期性。许多生态环境问题一旦形成、出现，要想解决它就要在时间和经济上付出很高代价，要长期努力，还难以取得预期成效。滇池污染、太湖治理等都足以说明这一问题。

（9）艰巨性。这里包含两层意思：一是要维护一个国家、一个地区的“长期”生态安全，确保生态与经济长期协调发展，这是一个非常不容易的事情，这一“工作”具有艰巨性；二是一旦一个国家、一个地区的生态安全出现问题，或者说出现“生态不安全”，要恢复与重建该国家、该地区的“生态安全”，则绝不是一朝一夕就可以办到的，绝非一朝一夕之功，而应做大量耐心、细致甚至是长期性的工作，只有这样，生态安全才得以恢复和重新建设。一句话，生态安全的维护与恢复均具有长期性和艰巨性。

（10）不可逆性。生态环境的支撑能力有其一定限度，一旦超过其自身修复的“阈值”，往往造成不可逆转的后果，比如野生动物、植物一旦灭绝就永远消失了，人力无法使其恢复。云南滇池受到严重污染后，产生了“生态不安全”的严重后果，国家（有关部委）和云南省投入巨额资金、采取各种措施，试图“修复”或“恢复”滇池生态环境，还其本来“面目”，至少多少年过去了，均以“失败”告终。

（11）调控性。生态安全既有不可逆性，但同时也具有调控性，即生态安全是可以调控的，这是一个问题的两个方面。生态不安全的状态、区域，人类可以通过整治，采取措施，加以减轻，解除环境灾难，变不安全因素为安全因素。

五、生态安全的意义

生态安全是国家安全的重要组成部分。正如环保部的专家认为："同国防安全、经济安全一样，生态安全是国家安全的重要组成部分，而且是非常基础性的部分。"越来越多的事实表明，生态破坏一方面将使人们丧失大量适于生存的空间，并由此产生大量"生态灾民"而影响社会的稳定和国家的安全；另一方面，生态破坏对于社会经济产生巨大的制约和影响，不仅会产生资源枯竭，从而导致资源开发利用成本的大幅上升，降低经济效益，而且环境恶化还会引发自然灾害，直接威胁人民生命财产安全和减缓社会经济发展速度甚至导致社会经济的衰退。过去，我们强调军事安全、政治安全，忽视了生态安全。其实，生态安全与军事安全、政治安全、经济安全等一样，是国家或地区安全的重要组成部分。没有生态安全，人们生存的基本条件将受到威胁和破坏，军事、政治和经济的安全也就无从谈起。可以说，生态安全是其他方面安全的基础和载体。显然，生态安全是一切安全的基础，也是国家或地区安全的有机组成部分，保障国家生态安全，已成为目前国家和地区面临的重要任务。

生态安全研究的最终目标是要实现生态安全，而实现生态安全就必须保持土地、水、森林、矿产、动植物物种等自然资源的永续利用；维护和保障生态系统的物质、能量良性循环，保持生态平衡，使生态环境满足社会经济发展需要，使生态环境有利于人民健康状况改善和生活质量的提高，避免因利用过度或利用不当产生自然资源衰竭、资源生产率下降，也要注意在生产、生活中控制环境污染，避免环境退化给社会生活和生产造成不利影响，实现经济社会的可持续发展。过去，由于种种原因，生态环境遭到了较为严重的破坏，生态日趋恶化，但一直没有提到国家安全的高度予以重视，生态安全概念的提出必将大大推进生态环境的治理与保护。

六、生态安全的研究

（一）研究阶段

如从1993年国内发表第1篇生态安全论文为起点至今，可将我国生态安全大致划分为以下三个研究阶段。

（1）理论探讨阶段（1993—2000年）。1993年，《电工技术杂志》（第4期第33～37页）发表了"利用植被维护架空输电线路的生态安全"一文，标志着国内有关“生态安全”的研究正式开始。从1993年至2000年的8年时间里，根据《中国知识资源总库·中国知网（http：//www.cnki.net/》检索，国内共发表生态安全研究论文50篇（相当于平均每年发表论文6篇）。这些论文主要是对生态安全的概念、内涵，生态安全的意义，国内生态安全面临的问题，以及如何树立生态安全思想等进行理论上、学术上的探讨，对于唤起人民重视生态安全、维护生态安全、保护生态安全具有重要意义。

（2）实践应用阶段（2001—2011年）。2001年中国加入世界贸易组织（WTO），整个经济社会发展进入“国际化”快速发展轨道，由此带来的生态环境问题也日益显现出来，生态安全面临的问题愈加突出。在这一背景下，国内生态安全研究出现两个明显特点：一是关于生态安全的理论研究和学术探讨进一步加强，如召开学术研讨会、开展生态安全课题研究、发表学术论文、出版研究专著等；二是有关生态安全的研究成果在生产实践上被广泛应用，或者说，将更多的理论研究、学术探讨紧密结合全国或区域生态环境实际，积极推出一系列具有实践、实用性和可操作性的生态安全研究成果，为改善全国或地区生态环境、维护生态安全发挥了重要作用，如种草植树、退耕还林、污染修复等具体措施，均在实践中取得了实实在在的成效。

（3）创新发展阶段（2012—）。2012年，中国共产党第十八次全国代表大会提出了建设“美丽中国”的重大战略思想，极大地推动了我国生态安全的研究与发展。这一阶段的突出表现是思路创新。如中央明确提出：“要努力建设美丽中国，实现中华民族永续发展，着力推进绿色发展、循环发展、低碳发展。”“面对资源约束趋紧、环境污染严重、生态系统退化的严峻形势，必须树立尊重自然、顺应自然、保护自然的生态文明理念，把生态文明建设放在突出地位，融入经济建设、政治建设、文化建设、社会建设各方面和全过程，努力建设美丽中国，实现中华民族永续发展。”将以往单纯“生态安全”研究纳入推进生态文明、建设美丽中国的体系之中，将生态文明建设融入经济建设、政治建设、文化建设、社会建设各方面和全过程，就清晰地表明维护生态安全、建设生态文明，不仅是单纯的生态保护、环境改善这么简单，而是一种发展理念的革新，会影响着发展思路的转变。

（二）研究成果

1993年至今的20多年时间里，中国生态安全研究取得了大量理论与实践方面的成果。这里，仅以发表的生态安全论著为例来展示我国在生态安全领域所取得的学术与理论成果。

（1）文献量。以“生态安全”为篇名，于2014年2月21日利用《中国知识资源总库·中国知网（http：//www.cnki.net/）》进行检索，结果表明：从1993年至2014年2月21日，全国共发表的文献数量共计3 959篇（表5-1），相当于年均发表179.95篇。

表5-1　全国“生态安全”研究发表的文献数量（从1993年至2014年2月21日）

（由《中国知识资源总库·中国知网（http：//www.cnki.net/）》检索所得，下同）

年份	文献量/篇	年份	文献量/篇
1993	2	2004	179
1994	1	2005	190
1995	3	2006	377
1996	0	2007	352
1997	1	2008	400
1998	3	2009	387
1999	7	2010	448
2000	33	2011	489
2001	66	2012	413
2002	77	2013	395
2003	112	2014	17
合计	3 959		

（2）著作。从1993年至今，以“生态安全”为篇名，通过《中国知识资源总库·中国知网（http：//www.cnki.net/）》检索得出，全国共公开出版“生态安全”著作104种，其中2000年1种、2001年1种、2002年2种、2003年1种、2004年7种、2005年4种、2006年5种、2007年5种、2008年10种、2009年10种、2010年22种、2011年12种、2012年16种、2013年8种（表5-2）。

表 5-2　全国已公开出版的“生态安全”研究著作（从 1993 年至 2014 年 2 月 21 日）

年份	著作名称	作者	出版社
2000	自然保护区生态安全设计的理论与方法	徐海根著	中国环境科学出版社
2001	生态安全预警 西部屏障重构	周毅著	内蒙古教育出版社
2002	生态安全的系统分析	杨京平主编	化学工业出版社
2002	生态安全与生态建设	李文华、王如松主编	气象出版社
2003	土地利用变化与生态安全评价	任志远、张艳芳等著	科学出版社
2004	城市生态安全格局：生态城市建设途径　武汉市五里界光谷“伊托邦”案例	北京大学建筑与景观设计学院、依托邦新市镇投资建设有限公司	中国建筑工业出版社
2004	抚仙湖水体生态安全对旅游发展的影响研究	张宇著	西南林学院出版社
2004	环境：资源保护与生态安全评价	牛锋主编	民族出版社
2004	土地利用/覆盖变化与生态安全响应机制	史培军等著	科学出版社
2004	城市生态安全导论	曹伟著	中国建筑工业出版社
2004	关注中国生态安全	曲格平著	中国环境科学出版社
2004	基于 RS、GIS 的区域生态安全综合评价研究　以长江三峡库区忠县为例	左伟著	测绘出版社
2005	生态安全、环境与贸易法律问题研究	蔡守秋著	中信出版社
2005	生态安全概论	郑万生编著	哈尔滨地图出版社
2005	经济全球化与生态安全	戴星翼、唐松江、马涛著	科学出版社
2005	农村城镇化与生态安全	杨家栋、秦兴方、单宜虎著	社会科学文献出版社
2006	生态安全	余谋昌著	陕西人民教育出版社
2006	生态安全及立法问题专题研究	王树义主编	科学出版社
2006	西气东输工程沿线生态系统评价与生态安全	陈利顶、郭书海、姜昌亮等著	科学出版社
2006	城郊土地利用变化与区域生态安全动态	任志远、李晶、王晓峰等著	科学出版社
2006	江西生态安全研究	黄国勤著	中国环境科学出版社
2007	可持续发展与中国环境法治——生态安全及其立法问题专题研究	王树义主编	科学出版社
2007	关注中国生态安全	曲格平著	中国环境科学出版社
2007	回归绿缘：关于全球生态安全与危机的思考	罗世敏著	广西人民出版社
2007	草原旅游发展的生态安全研究	吕君著	中国财政经济出版社

年份	著作名称	作者	出版社
2007	农业地质地球化学评价方法研究：土地生态安全之地学探索	李瑞敏等著	地质出版社
2008	生态安全·和平时期的特殊使命	彭哲晖、山俸苹编	世界知识出版社
2008	生态安全·国家生存与发展的基础	蒋明君编著	世界知识出版社
2008	生物入侵与中国生态安全	解焱编著	河北科学技术出版社
2008	城市景观生态学与生态安全	龚建周著	科学出版社
2008	流域环境变迁与生态安全预警理论与实践	文传浩著	科学出版社
2008	西藏高原生态安全	钟祥浩、王小丹、刘淑珍编著	科学出版社
2008	现代桃产业优质生态安全技术体系研究：以北京市平谷区为例	王有年、何忠伟、师光禄著	中国农业出版社
2008	泰山景观格局及其生态安全研究	郭泺、余世孝、薛达元编著	中国环境科学出版社
2008	土壤科学与社会可持续发展（下）：土壤科学与生态安全和环境健康	李保国、张福锁主编	中国农业大学出版社
2008	典型高原湖泊流域生态安全评价与可持续发展战略研究	戴丽等著	云南科学技术出版社
2009	区域生态安全与经济发展的时间序列（上）	潘玉君、袁斌主编	科学出版社
2009	区域生态安全与经济发展的时间序列（下）	潘玉君、袁斌主编	科学出版社
2009	绿洲 LUCC 变化与生态安全响应机制	丁建丽、塔西甫拉提·特依拜著	新疆大学出版社
2009	农业生态安全的理论与实践	王军编著	中国农业出版社
2009	土壤环境与生态安全	骆永明等著	科学出版社
2009	纵向岭谷区跨境生态安全与综合调控体系	何大明著	科学出版社
2009	河南省土地资源生态安全理论、方法与实践	常秋玲等著	地质出版社
2009	黑龙江省生态足迹与生态安全分析	王大庆、王宏燕等著	黑龙江人民出版社
2009	中国生态安全报告预警与风险化解	贺培育等著	红旗出版社
2009	西北民族地区生态安全与水资源制度创新研究	陈永胜主编	甘肃人民出版社
2010	中国水土流失防治与生态安全·总卷（上）	水利部、中国科学院、中国工程院编	科学出版社
2010	中国水土流失防治与生态安全·总卷（下）	水利部、中国科学院、中国工程院编	科学出版社
2010	中国水土流失防治与生态安全·水土流失数据卷	李智广编	科学出版社
2010	中国水土流失防治与生态安全·水土流失影响评价卷	毛志锋编	科学出版社

年份	著作名称	作者	出版社
2010	中国水土流失防治与生态安全·水土流失防治政策卷	王冠军编	科学出版社
2010	中国水土流失防治与生态安全·开发建设活动卷	郭素彦编	科学出版社
2010	中国水土流失防治与生态安全·东北黑土区卷	阎百兴编	科学出版社
2010	中国水土流失防治与生态安全·北方土石山区卷	李秀彬编	科学出版社
2010	中国水土流失防治与生态安全·北方农牧交错区卷	王涛编	科学出版社
2010	中国水土流失防治与生态安全·南方红壤区卷	张斌编	科学出版社
2010	中国水土流失防治与生态安全·西北黄土高原区卷	刘国彬编	科学出版社
2010	中国水土流失防治与生态安全·长江上游及西南诸河区卷	崔鹏编	科学出版社
2010	中国水土流失防治与生态安全·西南岩溶区卷	蒋忠诚编	科学出版社
2010	生态安全预警	周毅著	内蒙古教育出版社
2010	土壤侵蚀和水土保持生态安全：以青岛市为例	孙希华、张代民、闫福江著	河海大学出版社
2010	区域生态安全与经济发展的空间结构（上）	袁斌、潘玉君主编	科学出版社
2010	区域生态安全与经济发展的空间结构（下）	袁斌、潘玉君主编	科学出版社
2010	岷江、沱江流域水土流失与生态安全	邓玉林、彭燕著	中国环境科学出版社
2010	食品安全与生态安全	张德广主编	世界知识出版社
2010	区域生态承载力与生态安全研究	沈渭寿等著	中国环境科学出版社
2010	纵向岭谷区生态系统多样性变化与生态安全评价	欧晓昆著	科学出版社
2010	环境与生态安全	董险峰、丛丽、张嘉伟等编著	中国环境科学出版社
2011	典型海岛生态安全体系研究（第五辑）	张勇、张令、刘凤喜著	科学出版社
2011	生态安全视角下的新疆全新世植被重建	冯晓华著	中国环境科学出版社
2011	庆阳市生态安全评价与建设途径	张智全编	中国农业大学出版社
2011	滇池生态安全调查与评估	戴丽等编著	云南科技出版社
2011	山区生态安全评价、预警与调控研究——以河北山区为例	葛京凤等著	科学出版社

年份	著作名称	作者	出版社
2011	基于 GIS 的关中地区土地利用变化及土地生态安全动态研究	莫宏伟等著	中国环境科学出版社
2011	退耕还林生态效应及土地生态安全评价	高凤杰、雷国平著	化学工业出版社
2011	城市生态安全评价的理论与实践	李辉、魏德洲、张影等编著	化学工业出版社
2011	典型海岛生态安全体系研究	张勇等著	科学出版社
2011	生态安全	蒋明君主编	世界知识出版社
2011	城市生态安全续论	曹伟著	华中科技大学出版社
2011	中国生态安全系统评价	杨时民著	中国林业出版社
2012	山岳型森林公园生态安全评价研究	汪朝辉编	湖南人民出版社
2012	区域生态安全理论与实证研究	熊鹰著	湖南科学技术出版社
2012	矿区生态安全系统评价及仿真研究	张延东著	煤炭工业出版社
2012	人工绿洲防护生态安全保障体系建设研究	潘存德、楚光明编著	西北农林科技大学出版社
2012	辽河流域生态安全隐患评价与预警研究	王耕著	大连海事大学出版社
2012	煤矿区土地利用变化与生态安全研究	杨赛明著	吉林大学出版社
2012	2011 国际生态安全年度报告	蒋明君著	世界知识出版社
2012	2011 国际生态安全年度报告（英文版）	蒋明君著	世界知识出版社
2012	生态安全学导论（英文版）	蒋明君著	世界知识出版社
2012	河流开发与流域生态安全	朱党生等编著	中国水利水电出版社
2012	区域生态安全格局：北京案例	俞孔坚著	中国建筑工业出版社
2012	国土生态安全格局 再造秀美山川的空间战略	俞孔坚编	中国建筑工业出版社
2012	湖泊生态安全调查与评估	中国环境科学研究院等编著	科学出版社
2012	产业生态转型与区域生态安全的共合过程及实践	程志光、汪建坤、马驰著	浙江大学出版社
2012	生态安全学导论	蒋明君编	世界知识出版社
2012	基于 SSM/HSM 的区域生态安全管理理论、方法及实证研究	李中才、卢宏伟、李莉鸿等著	中国农业出版社
2013	海西城市群生态安全及其图谱化研究	陈菁编	气象出版社
2013	跨国公司品牌生态入侵效应与中国品牌生态安全的对策研究	赵昌平、王焕著	中国地质大学出版社
2013	水库环境容量与生态安全控制技术研究	于诰方著	中国海洋大学出版社
2013	基于生态安全的绿洲生态农业现代化研究	李万明、汤莉著	中国农业出版社
2013	绿洲水资源利用情景分析与绿洲生态安全以武威和民勤绿洲为例	李海涛著	中国时代经济出版社

年份	著作名称	作者	出版社
2013	2012 国际生态安全年度报告	蒋明君主编	世界知识出版社
2013	中国重点湖泊水库生态安全保障策略	郑丙辉著	科学出版社
2013	城市生态安全评估与调控	杨志峰、徐琳瑜、毛建素著	科学出版社

第二节 生态安全的重大意义

一、生态意义

维护广西生态安全，首先具有重要的生态意义。广西壮族自治区地处我国西南边陲，自然生态环境相对脆弱，山高、坡陡、植被少、土层薄、石山多、灾害频繁，是我国典型的生态环境脆弱地区之一。维护广西生态安全，实质就是要保护广西生态环境、建设广西生态环境、优化广西生态环境，确保广西人与自然和谐相处、和谐发展。从这个意义来说，维护广西生态安全，就是保护广西广大人民的生存环境，改善广西人民群众的生产和生活条件，最终实现广西人与自然的和谐发展。

新中国成立 60 多年来，广西壮族自治区广大干部和人民群众在党和政府的正确领导下，广泛开展了植树造林、生态保护、环境整治、污染防治等一系列活动，采取了各种切实有效的措施，对改善广西生态环境、维护广西生态安全起到了积极作用。

可以想见，今后随着我国“推进生态文明、建设美丽中国”重大战略的实施，广西生态安全将进一步得到加强，广西生态环境将会更进一步改善，广西的生态环境将会越来越好。

二、经济意义

一方面，广西生态环境脆弱，加之由于自然和历史等多方面原因，广西经济相对落后。要改变广西经济相对落后的现状，国家采取了一系列重大战略举措，如政策上“倾斜”，特别是实施“西部大开发战略”，极大地促进了广西及西部各省（市、区）经济的快速发展。

另一方面，由于生态与经济是对立统一的关系，二者既相互促进，又相互制约。在一定条件下和一定范围内，如何正确处理好二者关系，则可以起到相互促进的作用，达到互利共赢的效果。——这正是所谓的“既要金山银山，更要绿水青山；绿水青山，就是金山银山”“保护生态环境，就是保护生产力；建设生态环境，就是发展生产力”。

显然，保护广西生态环境、建设广西生态环境、维护广西生态安全，实质就是发展广西生产力，发展广西经济，推进广西“小康社会”的实现。

三、社会意义

改革开放以来，我国经济快速发展，GDP 增幅前所未有，举世瞩目。然而，在经济快速发展的同时，却付出的沉重生态环境代价，并由此引发社会纠纷，甚至加重社会矛盾，给社会造成“不和谐”“不稳定”的因素。

据 2012 年 10 月 27 日《财经网》（caijing.com.cn）以“我国环境群体事件年均递增 29%，司法解决不足 1%”为题报道，自 1996 年来以来，我国生态环境群体性事件一直保持年均 29%的增速，重特大环境事件高发频发。2005 年以来，环保部直接接报处置的事件共 927 起，重特大事件 72 起，其中 2011 年重大事件比上年同期增长 120%，特别是重金属和危险化学品突发环境事件呈高发态势。“十一五”期间，环境信访 30 多万件，行政复议 2 614 件，而相比之下，行政诉讼只有 980 件，刑事诉讼只有 30 件。环保部原总工程师、中国环境科学学会副理事长杨朝飞认为，环保官司难打是环保问题的主要成因之一。据调查，真正通过司法诉讼渠道解决的环境纠纷不足 1%。一方面群众遇到环境纠纷，宁愿选择信访或举报投诉等途径解决，而不选择司法途径；另一方面司法部门也不愿意受理环境纠纷案件。

与全国环保总体形势一样，广西的环境问题同样比较突出，必须引起重视。如 2012 年 1 月 15 日发生的“广西龙江镉污染事件”（即：2012 年 1 月 15 日，当地环保部门发现龙江河拉浪水电站网箱养鱼出现少量死鱼现象。经查，龙江河宜州拉浪码头前 200 m 水质重金属镉超标。22 日凌晨，据河池市应急处置中心发布的信息，有关方面正采取从支流调水稀释等有效办法，降低水体污染浓度。连续监测结果表明，污染河段水质已逐步改善），给当地群众的日常生活和正常生产造成了严重危害，给广西社会造成极其恶劣的影响。这就足以说明广西环境问题之严重、生态安全之重要。

可见，由于生态问题、环境问题引发的社会不稳定、不和谐问题必须引起全体干部和人民群众的高度重视。这也从另一侧面反映，解决环境问题、维护生态安全，其社会意义是不言而喻的。

四、政治意义

广西生态安全的政治意义可以从以下两方面理解：

（1）维护广西生态安全，就是以实际行动推进国家“西部大开发战略”的实施。广西是我国西部地区 12 个省、自治区、直辖市（包括重庆、四川、贵州、云南、西藏自治区、陕西、甘肃、青海、宁夏回族自治区、新疆维吾尔自治区、内蒙古自治区、广西壮族自治区，面积为 685 万 km^2，占全国的 71.4%。2002 年年末人口 3.67 亿人，占全国的 28.8%。2003 年，国内生产总值 22 660 亿元，占全国的 16.8%）之一。西部地区自然资源丰富，市场潜力大，战略位置重要。但由于自然、历史、社会等原因，西部地区经济发展相对落后，人均国内生产总值仅相当于全国平均水平的 2/3，不到东部地区平均水平的 40%，迫切需要加快改革开放和现代化建设步伐。

为从战略上解决东西部地区发展差距的历史存在和过分扩大，以及由此可能成为一个长期困扰全国经济和社会健康发展的全局性问题，2000 年 1 月，国务院西部地区开发领导小组召开西部地区开发会议，研究加快西部地区发展的基本思路和战略任务，部署实施西部大开发的重点工作。2000 年 10 月，中共十五届五中全会通过的《中共中央关于制定国民经济和社会发展第十个五年计划的建议》，把实施西部大开发、促进地区协调发展作为一项战略任务，强调：“实施西部大开发战略、加快中西部地区发展，关系经济发展、民族团结、社会稳定，关系地区协调发展和最终实现共同富裕，是实现第三步战略目标的重大举措。”2001 年 3 月，九届全国人大四次会议通过的《中华人民共和国国民经济和社会发展第十个五年计划纲要》对实施西部大开发战略再次进行了具体部署。实施西部大开发，就是要依托亚欧大陆桥、长江水道、西南出海通道等交通干线，发挥中心城市作用，以线串点，以点带面，逐步形成中国西部有特色的西陇海兰新线、长江上游、南（宁）贵、成昆（明）等跨行政区域的经济带，带动其他地区发展，有步骤、有重点地推进西部大开发。2006 年 12 月 8 日，国务院常务会议审议并原则通过《西部大开发“十一五”规划》。目标是努力实现西部地区经济又好又快发展，人民生活水平持续稳定提高，基础设施和生态环境建设取得新突破，重点区域和重点产业的发展达到新水平，教育、卫生等基本公共服务均等化取得新成效，构建社会主义和谐社会迈出扎实步伐。西部大开发总的战略目标是：经过几代人的艰苦奋斗，建成一个经济繁荣、社会进步、生活安定、民族团结、山川秀美、人民富裕的新西部。

西部大开发战略的实施，具有重要的战略意义。第一，实施西部大开发战略是实现共同富裕、加强民族团结、保持社会稳定和边疆安全的战略举措；第二，实施西部大开发战略是扩大国内有效需求，实现经济持续快速增长的重要途径；第三，实施西部大开发战略是实现现代化建设第三步战略目标的客观需要；第四，实施西部大开发战略是适应世界范围结构调整，提高我国国际竞争力的迫切要求。

西部大开发的战略任务。实施西部大开发是一项规模宏大的系统工程，也是一项艰巨的历史任务。当前和今后一个时期，要集中力量抓好几件关系西部地区开发全局的重点工作：① 加快基础设施建设。② 切实加强生态环境保护和建设。这是推进西部开发重要而紧迫的任务。要加大天然林保护工程实施力度，同时采取“退耕还林（草）、封山绿化、以粮代赈、个体承包”的政策措施，由国家无偿向农民提供粮食和苗木，对陡坡耕地有计划、分步骤地退耕还林还草。坚持“全面规划、分步实施，突出重点、先易后难，先行试点、稳步推进”，因地制宜，分类指导，做到生态效益和经济效益相统一。坚持先搞好实施规划和试点示范。试点的规模要适当，不宜铺得太大，防止一哄而起。要加强政策引导，尊重群众意愿，不能搞强迫命令。③ 积极调整产业结构。实施西部大开发战略，起点要高，不能搞重复建设。要抓住中国产业结构进行战略性调整的时机，根据国内外市场的变化，从各地资源特点和自身优势出发，依靠科技进步，发展有市场前景的特色经济和优势产业，培育和形成新的经济增长点。要加强农业基础，调整和优化农业结构，增加农民收入；合理开发和保护资源，促进资源优势转化为经济优势；加快工业调整、改组和改造步伐；大力发展旅游等第三产业。④ 发展科技和教育，加快人才培养。⑤ 加大改革开放力度。实施西部大开发，不能沿用传统的发展模式，必须研究适应新形势的新思路、新方法、新机制，特别是要采取一些重大政策措施，加快西部地区改革开放的步伐。要转变观念，面向市场，大力改善投资环境，采取多种形式更多地吸引国内外资金、技术、管理经验。要深化国有企业改革，大力发展城乡集体、个体、私营等多种所有制经济，积极发展城乡商品市场，逐步把企业培育成为西部开发的主体。

上述可以看出，加强生态环境保护和建设，维护广西及整个西部地区的生态安全，建设好西部生态安全屏障是我国西部大开发的重大战略任务之一。可以说，维护广西生态安全、维护西部地区生态安全，就是以实际行动维护国家的生态安全。

（2）维护广西生态安全，就是具体落实党中央“五位一体”的总布局。党的“十八大”报告明确指出，建设中国特色社会主义，总布局是经济建设、政治建设、文化建设、社会建设、生态文明建设五位一体。“五位一体”总布局标志着我国社会主义现代化建设进入新的历史阶段，体现了中国共产党对于中国特色社会主义的认识达到了新境界。“五位一体”总布局与社会主义初级阶段总依据、实现社会主义现代化和中华民族伟大复兴总任务有机统一，对进一步明确中国特色社会主义发展方向，夺取中国特色社会主义新胜利意义重大。

“五位一体”总布局是一个有机整体，其中经济建设是根本，政治建设是保证，文化建设是灵魂，社会建设是条件，生态文明建设是基础。只有坚持五位一体建设全面推进、协调发展，才能形成经济富裕、政治民主、文化繁荣、社会公平、生态良好的发展格局，把我国建设成为富强民主文明和谐的社会主义现代化国家。党的“十八大”报告特别强调是，在推进生态文明建设方面，要加大自然生态系统和环境保护力度，加强生态文明制度建设，努力实现绿色发展，努力建设美丽中国。

毋庸置疑，维护广西生态安全，建设广西生态文明，就是以实际行动具体落实党中央“五位一体”的总布局，就是以实际行动推进生态文明，就是以实际行动建设“美丽中国”“美丽广西”，就是从政治上与党中央保持高度一致，其政治意义不言而喻。

五、国际意义

广西沿海、沿边、沿江，地处中国大陆东、中、西三个地带的交汇点，是华南经济圈、西南经济圈与东盟经济圈的结合部，是中国通往东盟最便捷的国际大通道，是大西南地区最便捷的出海通道。2010 年 1 月 1 日，中国—东盟自由贸易区如期建成，广西将在拥有 19 亿人口、近 6 万亿美元 GDP、4.5 万亿美元贸易总额的大市场中发挥更大的作用。从这个意义来讲，维护广西生态安全，改善、优化广西生态环境，推进广西生态文明，建设“美丽广西”，将不仅仅对广西、对全国具有重要意义，而且将对东盟各国产生重要影响，特别是广西在维护生态安全过程中，实现经济与生态“互利双赢”、人口与资源环境和经济社会协调发展，以及人与自然和谐发展，这将极大地改变广西的“旧面貌”、树立广西的“新形象”，并将在东盟乃至世界有关国家和地区产生积极的“示范作用”。可以说，其国际意义不可小视。

第三节　生态安全面临的问题与挑战

一、生态破坏

广西和全国各地一样，由于“工业化”“城市化”“城镇化”的快速推进，已造成严重的生态破坏。如城市扩建、老城区改造、新城区建设、工业园区建设、房地产开发、修桥筑路、矿山开采，等等，对耕地、山体、水体、植被、生物等造成严重破坏和危害，并由此引发水土流失、环境污染、自然灾害和生物多样化丧失等多种生态环境问题。

二、水土流失

广西是我国南方地区水土流失的典型地区之一，具有水土流失面积广、强度大，以及造成损失重的特点。

（一）水土流失面积广

广西地处我国南部边疆，土地总面积 2 367 万 hm^2，占全国土地总面积的 2.46%。境内以山地为主，山地、丘陵约占陆地面积的 68.3%，地形地质条件复杂，雨水充沛且较集中，大雨、暴雨较多，冲蚀力强，极易造成水土流失。据考证，广西唐代时期古木参天，浓荫蔽日；进入明朝，许多原始森林逐步遭盲目砍伐；清代乾隆以后，随着人口猛增，天然森林大面积被采伐；因而引发土壤侵蚀日趋严重，造成水土流失，使主要河流的含砂量有逐年增大趋势。新中国成立后，从 20 世纪 50 年代到 1988 年，水土流失逐渐扩大，其面积为 1 万 km^2，占全区国土面积的 4.22%。90 年代以来，贯彻《水土保持法》，水土流失日趋严重的局面虽有所遏制，但仍未根本改变。截至 1995 年，全区水土流失面积达 3.06 万 km^2，占全区国土面积的 12.92%。至今，广西水土流失面积并没有明显减少，由于“过度”开发，有些地方还有进一步加剧的趋势。

（二）水土流失强度大

在广西全区水土流失的面积中，以毁坏型为主的面积为 18 815.72 km^2，占全区国土面积近 8%，主要分布在河池、百色、南宁等碳酸盐岩地区，并向荒漠化、石漠化方向发展，潜在危害程度严重，是最重要的环境地质问题和地质灾害。

（三）水土流失危害重

广西岩溶区中水土流失面积达 500 km^2 以上的有都安、东兰、巴马、凤山、平果、靖西、凌云、隆林、德保、大新、天等、马山、龙州、忻城 14 个县。其特征是：土壤流失量虽然很低，但一经流失却难以恢复；土壤贫瘠，土层极薄，土壤流失殆尽。基岩（石）裸露地表，形成石漠化，尤以都安县为甚。可见，广西水土流失造成的危害是非常之大的。

三、石漠化

石漠化即喀斯特荒漠化、石化，是岩溶地区土地极端退化的结果，是广西最突出的生态环境问题，是头号生态安全问题。

（一）面积大

广西全区岩溶石化面积 788 万 hm^2，占全区国土面积的 33%。在岩溶区土地面积中，石漠化土地达 3 568 万亩（237.87 万 hm^2），占广西国土面积的 10%，居全国第 3 位，仅次于云南和贵州。

（二）分布广

广西岩溶土地面积 1 2500 万亩（833.33 万 hm^2），占全区土地总面积 35%，涉及 10 个市 77 个县（市、区），其中：石漠化土地面积 2 900 万亩（193.33 万 hm^2），占监测区岩溶土地面积的 23.1%，潜在石漠化土地面积 3 400 万亩（226.67 万 hm^2），占 27.5%；非石漠化土地面积 6 200 万亩（413.33 万 hm^2），占 49.4%。在现有石漠化土地面积中，轻度 410 万亩（27.33 万 hm^2），占 14.3%；中度 850 万亩（56.67 万 hm^2），占 29.4%；重度 1 500 万亩（100 万 hm^2），占 51.8%；极重度 130 万亩（8.67 万 hm^2），占 4.5%。

从区域分布上来看，广西岩溶石漠化具有以下规律：① 在行政区域上，广西以桂北和桂中地区为主，桂东北有局部分布；在行政区域主要包括百色市、河池市、柳州市、来宾市和桂林市。② 流域上，主要分布于珠江流域上游，以红水河流域石漠化最严重。③ 地貌上，以典型岩溶地貌峰丛洼地和峰林洼地石漠化最严重，不但石漠化面积大，而且是重度石漠化分布的主要地貌区。此外，岩溶丘陵和岩溶平原也是广西石漠化的重要分布区，其中多为中、轻度石漠化分布区。

在广西岩溶石漠化区中，石漠化面积大于 100 km^2 的县市有 49 个，石漠化面积大于 200 km^2 的县市有 41 个，石漠化面积大于 300 km^2 的县市有 28 个，石漠化面积大于 500 km^2 的县市有 20 个，石漠化面积大于 1 000 km^2 的县市有 8 个。石漠化面积占国土面积比例大于 30%的县市有 11 个。综合考虑，广西石漠化最严重的是都安、大化、靖西、忻城、马山、平果、天等、南丹、罗城、来宾等县市，石漠化已经成为这些县域经济社会发展与生态环境建设的重要制约因素和不利环境条件。

（三）危害重

广西石漠化严重的区域局地气候改变，土地贫瘠，生产力下降，生态环境极为恶劣，旱涝频繁，加剧了当地群众的贫困程度，甚至丧失基本生存条件。广西全区现有的 169 万人均年收入在 1 000 元以下的贫困人口中，绝大部分生活在石漠化严重的石山区。

（四）有进一步加重趋势

根据广泛调查与对比研究，与我国西南其他省（自治区、直辖市）相比，广西的岩溶石漠化具有以下几个特点：一是石漠化的发生率高；二是石漠化地区土壤贫乏，很多地区“无土可流”；三是广西石漠化造成恶劣的生态环境与生产条件；四是广西石漠化加重趋势明显，并由此导致广西石漠化土地占石山区面积的 29%，且目前正以每年 3%～6%的速度递增。

四、土壤衰退

广西壮族自治区国土资源厅（http：//www.gxdlr.gov.cn/News/，2010-02-21）的资料显示，广西第二次土地调查上报的农村土地调查耕地面积数量为 4 430 431.38 hm^2，对比 2008 年年底土地变更调查耕地面积数量为 4 217 519.76 hm^2，增加 212 911.62 hm^2。增加的耕地主要来源于以下几个方面：① 分布在城镇乡村周边结合部的废弃零散地；② 农民自发利用低丘缓坡林地、宜蔗荒地大力发展甘蔗生产，大面积甘蔗种植是广西耕地数量增加的主要原因；③ 部分分布在 15°～25°坡度的丘陵缓坡上，主要以旱坡地、梯地为主；④ 农民在原河流和水库的滩涂上种植农作物。全区二次调查较 2008 年年底土地变更调查减少内陆滩涂约 10 万亩（6 666.67 hm^2），减少河流、水库约 1 万亩（666.67 hm^2）；⑤ 坡度在 25°以上生态退耕还林的耕地。

从数量上来看，广西耕地是增加了，但从耕地质量、从耕地可持续发展能力来看，广西土地，特别是耕地存在严重的衰退问题。目前，广西土壤衰退表现在四个方面：一是土壤酸化；二是土壤养分含量下降；三是土壤结构变劣；四是土壤遭受严重污染等。这里仅对广西土壤酸化问题进行简要分析。

江泽普等（2003）对广西红壤上的柑橘、荔枝、龙眼和芒果的 4 种果园土壤环境状况进行调查，并与 1980 年广西第二次土壤普查资料比较发现，红壤果园土壤环境恶化：土壤酸性很强，pH 值平均只有 4.83；土壤 pH 值在 5.5 以下的酸性、强酸性果园占 83%，其中 pH 4.5 的强酸性果园占样本总数的 34%，比 1980 年增加 19 个百分点。果园土壤普遍酸化。4 种果园中，土壤 pH 下降最大的是柑橘园，下降了 0.95 个单位，龙眼园、荔枝园和杧果园分别下降 0.89 个、0.70 个和 0.64 个单位；3 种母质中，第四纪红土母质果园土壤 pH 值下降达 1 个单位，花岗岩母质和砂页岩母质果园土壤 pH 值依次为 0.88 个和 0.54 个单位。

据《南方农业学报》2011 年第 2 期报道，广西崇左市土壤肥料工作站对“广西天等县耕地土壤酸化的初步研究”结果表明，相对于第二次土壤普查，该县耕地土壤 pH 值总体平均下降 0.73 个 pH 值单位，微酸性至强酸性土壤样点所占百分比由 9.8%上升到 55.8%。非石灰岩母质发育的耕地土壤酸化程度较重，石灰岩母质发育的耕地或碳酸盐含量较高的耕地相对较轻。旱作连作土壤酸化程度较重，水稻连作次之，水旱轮作和玉米-黄豆轮作相对较轻。土壤酸化程度与氮肥投入和作物吸收带走氮素的盈余量呈正相关，与土壤有机质含量、水田土壤全氮含量均呈非线性高度负相关。通过研究作者得出如下结论：广西天等县耕地土壤酸化现象比较突出，先天成土条件以及后天有机肥投入量少、过量施用氮素是其主要原因。

由于土壤出现严重的衰退问题，广西土壤可持续发展能力必然减弱，这对实现农业可持续发展极为不利。

五、植被退化

首先，广西植被退化突出表现为植被单一化，如将大量的多样化“天然林”变成单一的速生桉树“人工林”，造成植被结构破坏、生态功能削弱。尤其是广西很多地方，为了大力发展桉树林，采用“炼山”“全垦”等方式，将原有长有茂密天然林的山地“烧光”“砍光”“剃光”，再一排排、一行行地种上桉树，表面看山是整齐了、好看了，但这种方式是对生态环境的极大破坏，是对生物多样性的极大毁灭，这必然导致广西森林植被的退化，以及整个山地生态系统的退化。

其次，红树林的退化也是广西植被退化值得关注的问题。红树林是国际上生物多样性保护和湿地生态保护的重要对象，已成为近年国际上普遍关注的热点之一。红树林是热带、亚热带海岸潮间带特有的胎生木本植物群落，素有“海上森林”之称，倚海而生，随潮涨而隐、潮退而现，是国家级重点保护的珍稀植物。红树林生态系统与沿海防灾减灾、渔业养殖、近海环境、林业、海洋旅游等密切相关，有着陆地森林不可取代的生态、经济、社会效益，被誉为海岸“绿色卫士”。我国红树林主要分布在海南、广西、广东、福建、台湾以及香港和澳门。统计资料显示，1980—2000 年间，我国共有 1.29 万 hm^2 红树林消失，其中建塘养虾占毁林总面积的 97.6%，到 2012 年，我国仅有红树林面积约 2.4 万 hm^2。截至 2001 年，广西剩余天然红树林 8 375 hm^2，但面积仍是全国最大，目前全区有 4 个红树林自然保护区。

随着广西沿海地区城镇化、工业化的推进和沿海养殖业的不断发展，围海、填海不断增多，局地红树林被破坏的现象时有发生。一项权威数据表明，1980—2000 年间，广西有 1 464.1 hm^2 红树林被占用，95%用来修建虾塘。仅 1986—2008 年，广西沿海有 166 个虾塘来源于红树林，每个虾塘平均毁灭红树林 2.64 hm^2，共造成 438.91 hm^2 红树林的消失，是 1986 年以来广西红树林减少的主要原因。据 2012 年 5 月 2 日《北部湾新闻网》（http：//www.bh.chinanews.com/zh/news/）报道，广西近年来进行的调查结果表明，一些广西特有的重要植物正面临灭绝危险，在全球气候变化大背景下，广西沿海红树林可能面临退化的威胁。通过对广西海岛、海岸带植被的调查，结果表明，一些广西特有的重要植物，如膝柄木、铁线子、格木、紫荆木正面临灭绝的危险。通过参比近 50 年来广西围填海和人工堤坝建设规模变化，这次调查揭示了近 50 年来广西茅尾海红树林的兴衰演变与人类活动的关系。这种关系表明，在全球气候变化大背景下，红树林可能面临退化的威胁。

六、生物多样性降低

生物多样性被誉为地球的“免疫系统”。保护生物多样性，就是改善地球的“免疫系统”，增强地球的免疫能力，提升地球的可持续发展能力。然而，由于自然和人为等多种原因，全球已经出现了生物多样性降低的现象，广西也不例外。

首先，广西森林生态系统退化，生物多样性降低问题表现突出。如上所述，广西各地采用“炼山”“全垦”等方式发展速生桉树人工林，极大地破坏了山地生物多样性。广西林地面积、森林面积、活立木蓄积量、森林覆盖率、木材产量等林业主要指标虽居全国前列，但造林树种比较单一，森林经营简单粗放，森林整体质量不高。目前，全区森林生态功能等级中等及以下的面积占98%，森林生态功能等级好的面积仅占2%，与优越的自然禀赋极不相称。这一方面说明广西林业“质量”低；另一方面则足以看出其森林生态系统的生物多样性单一和不断降低。显然，要提高广西林业发展的“质量”和“综合效益”（指生态效益、经济效益和社会效益），必然高度重视加强广西生物多样性的保护。

目前，全区乔木林中纯林面积 938.61 万 hm^2，占 94.2%；混交林面积 57.54 万 hm^2，仅占 5.8%。林分的稳定性、抗逆性和生物多样性较差，不仅破坏了多种物种共同生存的环境条件，而且造成生物遗传多样性一定程度上的降低和减退，存在较大的火灾和病虫害发生隐患。

其次，广西物种消失现象严重。随着森林砍伐、水土流失和石漠化的加剧，全自治区生物多样性必然减少。以广西大瑶山水源林保护区为例，原来存在的大量动物现在已经绝迹，珍贵动物鳄蜥已极为罕见，原有的216种鸟类有 54 种已经灭绝，原有的 2 335 种植物已有 407 种绝迹，驰名中外的大瑶山灵香草已减少 95%。

最后，人为“不良”措施导致广西生物多样性降低。如在广西很多地方，特别是偏远山区农村，电鱼、炸鱼、毒鱼、打鸟等不良行为，也是导致广西生物多样性降低的重要原因。

七、物种入侵

2004 年 12 月 20 日《中国绿色时报》报道，在入侵我国的 400 多种外来有害物种中，广西在数量上位居全国前列。其中国家有关部门公布的首批 16 种外来有害物种中，广西由 2003 年的 9 种上升到了 2004 年的 13 种，位居全国首位。据广西有关专家调研发现，广西的外来入侵物种单是动物和植物（不包括微生物）就有 84 种，其中动物（主要是昆虫）16 种、（高等）植物 68 种。这次公布的广西 13 种外来有害物种中，除了恶毒的飞机草、疯长的紫茎泽兰、水葫芦、空心莲子草、福寿螺等 9 种物种之外，还有假高粱、毒麦等。专家认为，外来物种入侵广西愈演愈热，原因是广西沿边（毗邻越南）沿海（北部湾）的地理位置和气候条件。

据 2012 年 5 月 22 日《人民网》（http：//society.people.com.cn/）报道，在 2012 年全国科技活动周广西活动“抵御外来有害物种，保护生态环境”主题宣传中了解到，广西的外来入侵物种数量在全国位居前列，最常见的外来入侵生物有巴西龟、福寿螺、小龙虾、清道夫、雀鳝、埃及塘鲺、大口鲶、牛蛙、鳄龟、食人鲳、非洲大蜗牛、水葫芦、空心莲子草、薇甘菊、紫茎泽兰、五爪金龙等。

又据 2013 年 9 月 29 日《中国新闻网》（http：//www.chinanews.com/）报道，从 2003 年至今，广西检验检疫局共截获外来入侵有害物种 700 多批次。广西口岸截获进境动物疫病及植物有害生物数量惊人，仅 2012 年就多达 503 种共计 1.5 万次；2013 年上半年，广西口岸共截获进境动物疫病及植物有害生物 289 种 3 516 种次。广西壮族自治区成为外来有害物种入侵“重灾区”。

广西检验检疫局 2013 年 9 月 29 日提供的统计数据显示，2003 年以来，广西检验检疫局共截获外来入侵物种 719 批次。截获的入侵物种主要有薇甘菊、三裂叶豚草、豚草、毒麦、假高粱、飞机草、蒺藜草、刺苋、非洲大蜗牛 9 个物种。这些入侵物种主要来自巴西、新加坡、美国、乌拉圭、瑞士、阿根廷、加拿大、澳大利亚、越南等国家或地区。

统计数据显示，入侵广西的有害物种以植物为主，动物、昆虫种类较少。其中截获批次最多的是假高粱和蒺藜草，分别为 202 批次和 205 批次。

但截获种类较少的动物和昆虫类外来入侵物种往往引起更大的社会影响。2006 年，广西福寿螺泛滥，导致 250 万亩（16.67 万 hm^2）农田受灾；2012 年 7 月，广西柳州市民在柳江河亲水台被食人鱼攻击，并被咬伤左手；2013 年 9 月，南宁市郊发现非洲大蜗牛，引起广泛关注。

另据统计数据显示，除外来有害物种外，广西检验检疫局每年截获的进境动物疫病及植物有害生物数量也很惊人。2012 年，广西口岸全年截获进境动物疫病及植物有害生物 503 种共计 1.5 万次，同比增长 63%和 22%。

广西农业科学院植物保护研究所查明，广西农业生态系统有外来入侵杂草 101 种，隶属 27 科 74 属，其中以菊科最多，有 25 种，其次为禾本科 17 种、苋科 8 种、茄科 7 种、豆科 6 种、旋花科和大戟科各 5 种；从植物性状看，以草本植物为主，有 88 种，占 87.13%；从分布特点看，以全区分布为主，有 67 种，占 66.34%；从危害程度看，危害严重的外来杂草有 15 种，危害程度中等的有 22 种。总体来看，广西农业生态系统外来杂草具有种类多、数量大、危害重的特点。

八、环境污染

环境污染问题一直是各方关注的热点问题。从广西总体形势来看，广西环境污染还是比较严重。

首先，从数量来看。从环境污染事故发生的数量（次数、起数）来看，1986—2008 年（其中 1992 年、1995 年、2000 年除外）共发生污染事故 4 368 起，其中废水污染 2 174 起，占污染总数的 49.77%；废气污染 1 879 起，占污染总数的 43.02%；固体废弃物污染和化学危险品污染 146 起，占 3.34%；噪声污染 111 起，占 2.54%；其他污染 58 起，占 1.33%。如从年份来看，则以 2001 年发生污染次数最多，达到 383 起/a；其次是 1997 年，发生污染次数达到 374 起/a；再次是 1994 年，发生 334 起/a。这 3 年均超过 300 起/年。从发生年份的总体趋势看，广西污染呈现下降趋势，特别是 2006 年之后，年发生污染起数降至 100 起/a 以下，2008 年只发生 39 起/a（表 5-3）。

表 5-3　1986—2008 年广西污染事故统计　　单位：起

年份	废水污染	废气污染	固体废弃物污染/化学危险品污染	噪声污染	其他污染	合计
1986	83	32	3	2	6	126
1987	108	110	4	10	1	233
1988	113	145	8	8	3	277
1989	117	134	6	10	3	270
1990	118	88	6	8	14	234
1991	111	59	23	0	2	195
1992	—	—	—	—	—	—
1993	151	87	4	0	2	244
1994	158	166	6	1	3	334
1995	—	—	—	—	—	—
1996	143	114	7	2	2	268
1997	141	170	12	43	8	374
1998	114	69	13	1	0	197
1999	141	129	7	3	0	280
2000	—	—	—	—	—	—
2001	222	148	3	6	4	383
2002	133	89	8	11	0	241
2003	69	84	6	2	1	162

年份	废水污染	废气污染	固体废弃物污染/化学危险品污染	噪声污染	其他污染	合计
2004	79	123	13	4	2	221
2005	52	67	5	0	1	125
2006	46	40	8	0	3	97
2007	45	16	4	0	3	68
2008	30	9	0	0	0	39
合计	2 174	1 879	146	111	58	4 368

注：系作者根据《广西环境管理》（中国环境科学出版社，2011 年 11 月）中的有关资料整理而成；“—”表示数据暂缺。

其次，从损失来看。1991—2008 年广西环境污染年平均造成的直接经济损失为 445.18 万元/a，农作物受害面积为 1 720.113 3 万 m^2/a，污染鱼塘面积为 49.550 3 万 m^2/a（表 5-4）。

表 5-4　1991—2008 年广西环境污染造成的损失

年份	直接经济损失/万元	农作物受害面积/万 m^2	污染鱼塘面积/万 m^2
1991	119.80	273.846 3	79.761 3
1992	—	—	—
1993	202.40	40.801 3	0.002 3
1994	434.50	39.844 2	0.002 6
1995	—	—	—
1996	443.30	590.886 1	70.765 6
1997	644.27	686.263 6	87.215 5
1998	287.50	625.297 6	151.484 8
1999	1 364.80	4 403.430 9	38.360 7
2000	—	—	—
2001	428.90	2 893.986 3	12.630 0
2002	416.20	8 746.029 7	44.971 2
2003	521.86	108.550 0	45.400 0
2004	473.85	512.310 0	14.459 0
2005	321.06	—	—
2006	535.10	—	—
2007	160.60	—	—
2008	323.60	—	—
年均	445.18	1 720.113 3	49.550 3

注：系作者根据《广西环境管理》（中国环境科学出版社，2011 年 11 月）中的有关资料整理而成；“—”表示数据暂缺。

近年来，广西环境事件（主要是环境污染事件）突发频繁。如：2010年，广西突发环境事件4次（起），其中水污染突发环境事件3次（起），大气污染突发环境事件1次（起）；2011年，广西突发环境事件达到31次（起）；2012年，广西突发环境事件20次（其中，重大环境事件1次，较大环境事件3次，一般环境事件16次）。

九、自然灾害

广西是我国南方特别是西南地区自然灾害比较频繁的地区之一。就自然灾害总体状况而言，具有灾种多、灾面广、危害重的特点。为简化起见，这里仅对近3年（2010—2012年）广西自然灾害发生状况作一简要分析。

（一）自然灾害总体状况

近3年广西自然灾害种类多、危害重（表5-5）。如2012年，广西全区主要气象灾害有持续低温阴雨寡照、暴雨洪涝、热带气旋、干旱、局地强对流等。全年因气象灾害共造成农作物受灾面积57.5万hm^2，绝收面积2.26万hm^2，受灾人口844.1万人，死亡53人，失踪1人，直接经济损失45.7亿元。

表5-5 广西近3年（2010—2012年）自然灾害面积及其造成的损失

项目		2010年	2011年	2012年	平均
农作物受灾面积合计/万hm^2	受灾	166.45	143.79	57.50	122.58
	绝收	6.19	6.13	2.26	4.86
旱灾/万hm^2	受灾	107.93	40.66	7.71	52.10
	绝收	4.19	2.09	0.25	2.18
洪涝、山体滑坡和泥石流/万hm^2	受灾	46.65	59.56	48.95	51.72
	绝收	1.60	2.48	1.94	2.01
风雹灾害/万hm^2	受灾	1.75	0.53	0.74	1.01
	绝收	0.00	0.02	0.07	0.03
台风灾害/万hm^2	受灾	8.75	0.00	0.00	2.92
	绝收	0.07	0.00	0.00	0.02
低温冷害和雪灾/万hm^2	受灾	1.37	43.04	0.10	14.84
	绝收	0.33	1.54	0.00	0.62
人口受灾	受灾人口/万人次	2 560.70	1 473.40	844.10	1 626.07
	死亡人口/人	130	55	44	76.33
直接经济损失/亿元		108.70	76.50	45.60	76.93

注：根据2011—2013年《中国统计年鉴》（中华人民共和国国家统计局编，中国统计出版社，2011，2012，2013）有关资料整理而成。

（二）地质灾害

近 3 年广西地质灾害发生非常严重（表 5-6）。如 2012 年，广西全区共发生突发性地质灾害 396 起。共造成 11 人死亡，33 人受伤，直接经济损失 10 043.94 万元。与 2011 年相比，地质灾害数量减少 15 起，人员死亡减少 20 人，受伤人数增加 16 人，直接经济损失增加 8 961.06 万元。强降雨仍然是突发性地质灾害最主要的诱发因素，以降雨、岩土体风化等自然因素引发的占 79%；不合理切坡建房、切坡修路、抽取地下水，工程建设、矿山开发等人为因素引发的占 21%。

表 5-6　广西近 3 年（2010—2012 年）地质灾害及其造成的损失

项　目		2010 年	2011 年	2012 年	平　均
发生地质灾害数量/起		1 210	411	396	672.33
其中	滑坡	587	128	103	272.67
	崩塌	536	220	238	331.33
	泥石流	17	0	4	7.00
	地面塌陷	53	56	49	52.67
人员伤亡/人		140	48	44	77.33
其中	死亡人数	83	31	11	41.67
直接经济损失/万元		4 932	1 083	1 0044	5 353.00

注：根据 2011—2013 年《中国统计年鉴》（中华人民共和国国家统计局编，中国统计出版社，2011，2012，2013）有关资料整理而成。

（三）森林灾害

广西森林资源丰富，2012 年广西扎实推进重点林业生态工程建设，完成植树造林 450 万亩（30 万 hm^2），使全区森林面积 1 458.4 万 hm^2，居全国第 6 位；活立木蓄积量 6.4 亿 m^3，居全国第 7 位；广西森林覆盖率已达 61.4%，跃居全国第 3 位；木材产量 2 100 万 m^3，占全国木材总产量的 20.4%，稳居全国第 1 位。与此同时，广西森林灾害也是不可忽视的自然灾害种类之一。近 3 年（2010—2012 年），广西的森林火灾及森林病虫害是比较严重的（表 5-7），值得引起各方面关注。

表 5-7　广西近 3 年（2010—2012 年）森林灾害及其造成的损失

项　目		2010 年	2011 年	2012 年	平　均
森林火灾次数/次		715	350	289	451.33
其中	一般火灾	382	171	147	233.33
	较大火灾	333	179	142	218.00
火场总面积/hm²		1 6906	5 072	4 329	8 769
受害森林面积/hm²		1 600	883	780	1 087.67
伤亡人数/人		6	1	0	2.33
其中	死亡人数/人	0	1	0	0.33
其他损失折款/万元		482.50	236.00	363.00	360.50
森林病害	发生面积/万 hm²	3.13	3.09	2.93	3.05
	防治面积/万 hm²	0.29	0.25	0.11	0.22
	防治率/%	9.27	8.09	3.75	7.21
森林虫害	发生面积/万 hm²	31.82	33.17	33.39	32.79
	防治面积/万 hm²	8.18	7.25	5.43	6.95
	防治率/%	25.71	21.86	16.26	21.21
森林病虫害合计	发生面积/万 hm²	34.95	36.25	36.31	35.84
	防治面积/万 hm²	8.46	7.50	5.54	7.17
	防治率/%	24.21	20.69	15.26	18.46

注：根据 2011—2013 年《中国统计年鉴》（中华人民共和国国家统计局编，中国统计出版社，2011，2012，2013）有关资料整理而成。

十、结构受损

总体来看，由于上述多方面因素，广西的生态系统结构受到损害，如组成生态系统的生物物种的数量减少，特别是有些物种已经灭绝、消失，有相当部分物种濒临灭绝；生物栖息环境受到极大破坏和恶化；生物物种的时间分布与演替发生异常；空间分布与栖息环境恶、错位；生态系统的营养结构被“阻断”——食物链缩短甚至断裂，食物网“崩溃”等。一句话，广西生态系统的物种结构、时空分布结构、营养结构均遭受严重破坏。广西生态系统结构受损，必然危及生态系统功能。

十一、功能减退

由于广西生态系统的结构受到严重损坏，广西生态系统的能流、物流、价值流、信息流等在一定程度上也必然受到严重影响，生态系统整体功能出现“减退”甚至消失、衰亡。如在广西石漠化严重地区，山上无树、地上无土、生活缺水、自然灾害频繁，不仅生产困难，就是生存都成问题。在这样的地方，何谈生态系统结构？又何谈生态系统功能？更何谈可持续发展？

十二、可持续发展面临威胁

由上可知，广西是我国南方生态环境脆弱地区之一。由于广西生态结构受到破坏，生态系统功能必然受到损害，由此必然危及广西可持续发展。广西生态系统乃至整个经济社会的可持续发展正面临威胁。

长期以来，广西边境地区作为典型的欠发达地区，基础设施薄弱，缺乏有力的支持政策，可持续发展能力亟待加强。这就希望国家加大对广西连片特殊困难地区区域发展与扶贫攻坚政策支持，加大对水利建设投资、能源建设投资、生态补偿和石漠化治理、财税政策、土地政策等方面的支持力度。只有采取综合扶持政策和措施，广西可持续发展才有希望。

第四节　原因分析

造成广西上述诸多生态安全问题存在的原因是多方面的，既有历史原因，也有现实因素；既有自然原因，更有人为因素。这里，仅从以下四个方面作简要分析。

一、不良的生产活动

长期以来，由于对自然资源进行掠夺式、粗放型开发利用，超过了广西生态环境的承载力，必然导致广西出现严重的生态环境问题。特别是在“大跃进”时期、“农业学大寨”时期、“文革”时期，对自然资源“过度”开发，导致生态破坏、水土流失、环境污染等一系列生态环境问题不断出现，进入改革开放时期——实行“大开放、大开发”，伴随着经济大发展、GDP 快速增长的同时，广西各地的生态环境问题也随之出现并不断加剧。可以说，不良的生产活动和不合理的生产措施，是产生广西生态安全问题最主要、最直接的原因之一。

二、不当的“三废”排放

与全国各地一样，广西工业“三废”（废气、废液、废渣）的排放，必然对生态环境、生态安全产生污染和不良影响。

工业“三废”中含有多种有毒、有害物质，若不经妥善处理，如未达到规定的排放标准而排放到环境（大气、水域、土壤）中，超过环境自净能力的容许量，就对环境产生了污染，破坏生态平衡和自然资源，影响工农业生产和人民健康，污染物在环境中发生物理的和化学的变化后就又产生了新的物质，且许多都是对人的健康有危害的。这些物质通过不同的途径（呼吸道、消化道、皮肤）进入人的体内，有的直接产生危害，有的还有蓄积作用，会更加严重的危害人的健康。不同物质会有不同影响。废气，如二氧化碳、二硫化碳、硫化氢、氟化物、氮氧化物、氯化氢、一氧化碳、硫酸（雾），以及烟尘及生产性粉尘等，排入大气，会污染空气；废液、废渣，排入江、河、湖、海，会导致水质破坏，破坏水产资源和影响生活和生产用水。

三、过快的人口增长

1949 年，广西人口总数为 1 845 万人，2012 年，广西人口数达到 4 682 万人，比 1949 年净增 2 837 万人，增长 1.54 倍。人口增长，必然对广西生态环境及经济社会产生巨大压力。人口增多，消费必然增加，对自然资源的开发程度随之加剧，由此带来的生态环境问题相伴而生且不可避免。特别是广西石山地区生存条件恶化，其根本原因就是人口过快增长，由此产生“越生→越穷→越生”的恶性循环，至今还有很多地方并未摆脱这种恶性循环的“怪圈”。

四、频发的自然灾害

一方面，自然灾害的存在及其发生与发展本身就是严重的生态安全问题；另一方面，自然灾害的发生与发展又会引发其他的生态安全问题，甚至是更加严重的生态安全问题。

广西是自然灾害多发地区，每年都不同程度地发生自然灾害，给人民群众生命财产造成损害。正因为广西自然灾害频发、多发，甚至群发、连发，从而使得广西生态安全问题变得更加复杂、多变和难以预测。

据 2014 年 1 月 4 日人民网时政频道（http：//politics.people.com.cn/）

报道，2013 年，全国各类自然灾害共造成 38 818.7 万人次受灾，1 851 人死亡，433 人失踪，1 215 万人次紧急转移安置；87.5 万间房屋倒塌，770.3 万间房屋不同程度损坏；农作物受灾面积 3 134.98 万 hm^2，其中绝收 384.44 万 hm^2；直接经济损失 5 808.4 亿元。同样，2013 年广西也遭受多种自然灾害危害，并由此带来甚至加剧生态安全问题。

第五节 对策与措施

针对广西存在的上述生态安全问题，必须采取有效对策和措施。

一、提高认识

在当前整个社会和全人类越来越关注“生态安全”的大背景下，要充分认识确保广西生态安全的必要性、重要性和紧迫性。广西八山一水一分田一片海，还有大面积的石漠化地区，建设生态安全内容复杂、任务艰巨。

要深刻认识到维护广西生态安全是促进广西经济社会全面、协调、可持续发展的重要保障；维护广西生态安全是建设“生态广西”的重要基础；维护广西生态安全是实施国家西部大开发战略的重要组成部分；维护广西生态安全是实现“美丽中国”的重要组成部分；维护广西生态安全是建立稳固的“中国—东盟自由贸易区”、发展中国与东盟、东南亚乃至世界各国友好关系的需要。

要通过开展广泛宣传和加强教育、培训等，使广西广大干部和群众不断提高生态安全意识，使每个人都成为自觉保护生态环境、维护生态安全的生力军和实践者。

二、完善制度

建立健全生态环境保护的各种法律法规、完善生态环境保护的各种相关制度，对于改善生态环境、维护生态安全至关重要。可以说，近年来广西与全国各地一样，在这方面做了许多行之有效的工作，取得积极进展，但与实际要求相比还远远不够。因此，要维护好广西生态安全，必须更加高度重视完善广西生态环境保护的各种规章制度。

要对广西现有生态环境保护方面的规章制度，进一步补充、修改、完善，要根据变化了的新形势、新情况、新问题，建立健全新的更加切合广西实际的生态环境保护与生态安全制度，如建立干部任期内的生态环境考核制度、完善生态补偿制度、建立生态奖惩制度，以及建立排污许可证、“三同时”等环境管理的各项制度。要建立环境违法案件移送、后督察、违法排污“黑名单”和环境违法行为查处情况通报等制度，推动环境保护监督检查工作的制度化、规范化，促进环境保护工作的进一步深入。

总之，只有做到以制度保护广西生态环境、以制度维护广西生态安全，才能建成“生态广西”“美丽广西”。

三、严格执法

要严格执行生态环境保护的各种法律和法规，以“法”保护广西生态，以“法”维护广西生态安全。

近年来，广西壮族自治区纪委监察厅将生态环境保护监督检查工作纳入党风廉政建设和反腐败斗争的整体部署，充分发挥组织协调作用，通过加强监督检查、组织处理、查办案件等措施，促进环保等部门认真履行职责，推进环境保护工作。

为强化监督职责，提高生态环保意识，自治区纪委监察厅制定了《生态环境保护和节能减排持久战实施方案》，专门对生态环境保护监督检查工作的任务、进度、责任等进行具体部署，并认真抓好落实。督促有关部门不断加强对高耗能、高污染等重点区域和行业节能减排情况的监督检查，关停和淘汰一批落后产能。坚持对环境保护重点领域和关键环节不放过，对生态环境保护问题和隐患不放过，对生态环境保护问题和隐患整改不到位的不放过，对环境保护责任制落实不到位的不放过。

在强化执法监察职能的基础上，广西注重以解决生态环保突出问题为重点，加强监督检查，增强工作实效性。自治区纪委监察厅连续 5 年深入开展整治违法排污企业保障群众健康环保专项行动，共查处违法企业 4 055 家，立案处理企业 2 218 家，结案 2 034 起。两年来（2007—2008 年），共开展专项监督检查 32 次，重点督查 27 次，有力地打击了环境违法行为，维护了群众权益，保障了群众健康。全面开展涉锰、铅锌、铁合金行业环保准入核查和专项整治，对存在突出问题的企业实行强制清洁生产审核；完善突发环境事件应急预案，及时处置了右江上游粗酚污染事件等多起突发环境事件。

此外，广西坚持开展后监督与挂牌督办工作。2008 年，自治区纪委监察厅集中对 828 个挂牌督办环境案件中 92%的案件进行了后督察，促进了

59 个整治不到位、2 个未进行整改环境案件的整改和落实。同时，将群众反复投诉、污染严重、影响社会稳定的生态环境问题，列为自治区环保专项行动挂牌督办案件。

今后，为更好地维护生态安全，广西壮族自治区有关部门将在严格执法方面迈出更加坚实的步伐、采取更加果断的行动。

四、绿色考评

要尽快建立“绿色 GDP”考评制度，将生态环境保护纳入到地方经济社会综合考核的指标体系中，将干部任期之内的“生态业绩”纳入考评范围和内容，实行生态环境保护考核“一票否决制”。

要绿水更绿，青山更青，还需要有完善的“绿色考评”机制。近年来，广西在落实绩效考评责任制、监督检查责任机制、企业和项目分类负责制等已有监督体制的基础上，积极探索环保监察新途径、新方法，建立健全了一批长效机制。

（1）建立环境保护综合决策机制和协调机制。广西桂林市环保局积极开展廉政风险防范管理，调动干部职工查找廉政风险防范点 332 个，制定了相应防控措施 574 条，编印了《环保系统“三类风险”警示录》。柳州市环保局建立参与机制，通过参与局党组会、案件审议、现场执法等把握工作重点，将效能监察融入环保重点工作。

（2）推行环境保护目标责任制。2008 年出台了《广西壮族自治区城镇污水生活垃圾处理设施建设行政过错责任追究办法》；会同有关部门研究制定并上报自治区人民政府批准印发了《2008 年整治违法排污企业保障群众健康环保专项行动实施方案》，修改完善《2008 年节能减排攻坚战行动方案》和《主要污染物总量减排工作考核方案》。

五、生态补偿

为适应新形势下维护生态安全的战略要求为，无论是从国家层面，还是从广西层面，都要尽快建立和实行“生态补偿”制度。对于那些为保护一方生态环境作出贡献、为维护国家或区域生态安全作出实绩的个人、单位、部门，要给予应有的经济补偿和必要的奖励。

（一）建立西江流域生态补偿机制

据有关报道，近年来，广西每年投入约 30 亿元进行生态环境建设和水源保护，全区封山育林面积达到 7 778 万亩（518.53 万 hm^2）。随着包括珠江防护林工程在内的生态保护工作深入推进，使得西江一直以来始终保持着充足的水量和优良的水质。

从“生态补偿”的角度，特提出如下建议：（1）支持珠江——西江千里绿色生态走廊建设，探索建立西江流域上下游生态补偿机制，从下游发达地区上缴的税收中提取一定比例作为上游生态建设补偿资金，提高珠江防护林补助标准，共同把上游绿色生态走廊建设好。（2）应该从国家立法的层面进行利益调节，按照河流净流量和水质，确定生态补偿资金数额；上游生态功能区和下游受益区通过协商解决产业规避问题，实现从“输血”式到“造血”式扶贫的转变。（3）过去仅靠行政手段来解决污染问题，现在也需要用市场办法来保护水源。建议在西江流域建立水权交易试点，加快建立我国河流流域生态补偿试点工作，确定水资源使用权可按市场经济原则转让、交易的合法地位。一是要借鉴其他地方水权交易的工作经验，完善西江流域各方利益协调机制。二是探索建立西江流域水权交易市场，实施西江水量统一调度，上游的广西、贵州、云南和下游的广东、澳门以市场的方式进行“水权交易”。三是以水质和水量控制为核心，流域内区域间的利益相关者通过协商建立流域环境协议，明确流域不同河段水质和水量要求，防止在水资源保护与管理上产生权责界定不清、互相扯皮等现象。

（二）建立珠江上下游生态补偿机制

珠江是广西的“母亲河”，也是珠三角和港澳地区的“生命源”。加强珠江流域防护林体系建设，保护和改善区域生态环境，不仅能维护广西本土生态安全，也可以使整个华南地区特别是港澳地区水质和生态安全得到保障。

为维护珠江流域生态安全，国家应建立完善补偿机制，动员全社会共同参与，形成多元化投入格局，特别要争取建立下游地区对上游地区的生态补偿机制，以提高珠江流域农民造林积极性。

据统计，1996 年以来，广西投入近 10 亿元人民币连续实施两期珠江防护林工程，并加强对珠防林、海防林等重点工程的监理，使工程建设区森林覆盖率提高了 5.6%，森林蓄积量增加了 1.2 亿 m^3，农民收入增加 4 亿多元。

然而，近几十年来，珠江流域旱、涝等生态灾害依然频繁，特别是 2004 年以来，珠三角地区有 6 年遭遇严重咸潮袭击，直接影响着广东省 1 500 多万居民日常饮水和 200 多万亩（13.33 多万 hm^2）农作物生长，也影响到香港、澳门地区的供水质量，采取更大力度加强“珠防林工程”建设迫在眉睫。从“十二五”开始到2020年，广西将投巨资实施第三期珠江防护林工程，计划造林2 500多万亩（166.67多万 hm^2），增强珠江流域生态功能，遏制水土流失和石漠化。可是，目前提高林区农民护林积极性依然面临着许多实际困难。

由于资金总量有限，广西每年的造林面积和投资仍无法满足建设规模和改善整个生态环境的需要，要打开这个瓶颈，必须建立珠江上下游生态补偿机制，增加资金来源渠道，从源头上解决。当前，中国可以尝试建立生态补偿联席会议制度，引入省际水质断面交接标准等方式，促进该机制的实现。“珠防林工程”关系到生态安全和农民的切身利益，今后，广西不仅要深化集体林权制度改革，落实林地经营权，提高农民参与工程建设的积极性，还要根据经济发展逐步提高补偿标准，让农民的利益得到保障。

六、加强研究

要确保广西生态安全，必须加强对广西生态安全问题方面的科学研究。当前，要集中广西优势力量，开展以下方面的联合攻关：一是要研究广西生态安全存在的突出问题及其根源；二是要研究广西生态安全问题发展变化的规律及其机理；三是对未来广西生态安全的发展变化趋势要进行预测，特别是要强调定量研究，建立科学、客观且具有针对性和可操作性的预测模型；四是要研究广西生态安全问题的应对策略，做到防患于未然。

七、促进合作

现在的世界是开放的世界，唯开放才有出路，唯合作才能成功。闭关自守、单打独斗，往往难以成就大事。要确保广西生态安全，必须重视和加强国际、国内、区（自治区）内的合作交流。这里特别强调三点：一是要加强国际合作，学习、引进国际上的先进理念、技术和手段；二是要开展国内合作，将国内有利于维护广西生态安全的理念、技术、方法等应用于广西各地的具体实际之中；三是广西区内也要加强合作与交流，如广西壮族自治区的高校、科研院所、公司企业和行政管理等都应密切合作与交流，做到优势互补、取长补短、相互促进、共同发展。

当前，广西可联合西南、中南探索建设生态保护合作机制，以南岭山地水源涵养重要区、西南喀斯特地区土壤保持重要区、东南沿海红树林生物多样性保护重要区、桂西南岩溶山地生物多样性保护重要区四大国家重要功能区为核心，联合粤湘赣共建南岭山地水源涵养重要功能区；联合粤琼共建东南沿海红树林生物多样性保护重要生态功能区；联合滇黔共同开展石漠化综合治理。与越南深化合作，扩大湄公河次区域合作成果。加强桂西南石灰岩地区生物多样性保护，加大重点生态功能区的保护和建设力度。

八、分区分类

要从根本上维护广西生态安全，必须对广西生态环境、生态建设和生态安全进行分区和分类，以便实行分区建设、分类保护。

（一）分区建设

2008 年 2 月，广西壮族自治区人民政府发布了《广西壮族自治区生态功能区划》，该区划是在对广西生态现状调查的基础上，通过系统分析生态系统类型及其空间分布特征、主要生态问题和产生原因、生态系统服务功能重要性与生态敏感性空间分异规律，确定不同地域单元的主导生态功能，划分生态功能区类型，确定对保障广西生态安全具有重要作用的重要生态功能区域。生态功能区划是主体功能区划、生态保护与建设规划、资源合理开发与保护、产业布局和结构调整的重要参考依据，对于转变经济发展方式、增强区域社会经济发展的生态支撑能力，促进富裕文明和谐新广西建设具有重要意义。

（二）分类保护

在对广西生态环境和生态安全进行分区管理的基础上，还要进一步进行分类管理、分类建设，明确生态建设与生态安全的重点，构建全区生态安全新格局，这方面的工作还需要扎实开展、稳步推进。

当前，要构建广西生态安全新格局，应突出抓好以下几方面内容：一是建立以森林植被为主的森林生态体系；二是对重要生态地区进行有力的生态保护，确保自然生态系统的健康稳定和物种多样性；三是治理和保护生态脆弱地区，恢复和提高自然生态系统的服务功能。这些目标主要通过开展造林绿化、建设自然保护区、加强公益林管护、加快石漠化治理、建设北部湾生态屏障和西江千里绿色走廊及保护生物廊道来实现。

（三）重点治理

与西南、中南其他省市相比，良好的生态环境是广西发展的潜力和优势所在，但是近年来广西壮族自治区部分江河明显受到污染，近岸海域水质呈现下降趋势，空气质量保持面临新压力。打造新的战略支点必须保持自治区山清水秀、碧海蓝天的优良环境质量，为西南、中南地区提供清新空气和清洁水源等优质生态产品。深化节能减排和污染防治是构建生态安全体系的重要抓手。因此，近期广西应重点治理：① 以 $PM_{2.5}$ 防控为重点，深化大气污染防治。采取煤炭消费总量控制、燃煤电厂脱硫脱硝除尘、工业锅炉窑炉污染治理、挥发性有机物综合整治、扬尘环境管理、机动车尾气污染治理、餐饮油烟污染治理综合措施，实施多污染物协同控制，提高综合防治技术水平，建立重污染天气监测预警应急体系，防控复合型大气污染。② 以饮用水安全保障为重点，强化重点流域和地下水污染防治。加快西江流域重点江河和大中型水库库区水污染综合治理，加大邕江、南流江等重要河流以及万峰湖、洪潮江水库、大王滩水库等重要水源的保护，推动水环境质量改善，保障饮用水安全。③ 以农村环境综合整治为重点，加快乡村建设规划。深入推进清洁家园、清洁水源、清洁田园建设，整体推进农村生活污水处理、垃圾收运、饮用水水源保护、畜禽养殖污染等综合整治，因地制宜地推行生态农业发展模式，建立农村环境管理长效机制。

九、增大投入

实践证明，要使广西生态安全真正得以确保和维护，必须要加大生态环境保护与建设的人力、物力和资金的投入力度。没有必要的投入，谈“生态保护”“生态安全”到头来只能是一句空话。

增大生态安全投入，应多种渠道、多种途径、多种方法解决。第一，要增大国家的投入，国家要逐步增大对西部、对广西的生态环保投入，以建设好、维护好我国西部、西南部的“生态屏障”；第二，从“生态补偿”的角度，香港、广东等发达地区和邻省应给广西必要的生态补偿与环保投入；第三，广西壮族自治区自身也要更进一步增加生态投入，从维护广西自身生态安全的战略高度，增加投入；第四，还可向企业、慈善组织、民间团体筹集相关资金等。

十、增强能力

要下决心通过上述一系列对策和措施，切实增强广西生态环境保护能力，提升广西可持续发展能力，从而真正做到维护广西生态安全，实现广西经济社会与资源生态环境的协调发展、全面发展和健康发展。

第六章　广西生态可持续发展*

第一节　概　述

广西是我国自然资源比较丰富的地区，同时也是我国自然生态比较脆弱的地区。长期以来，由于人口的过度增长、生态环境意识淡薄、历史性生态债务等方面的原因，生态环境不断恶化，如今广西面临着严重的生态问题：① 水土流失。广西普遍是25°以上的山地，素有“八山一水一分田”之说，山多而且雨水充沛集中，大雨和暴雨较多，冲蚀力强，极易造成水土流失。目前广西还有 2.81 万 km^2 的水土流失土地需要治理，水土流失仍然是广西面临的主要生态问题。② 石漠化。广西岩溶地区土地总面积占全区总面积的 35.3%，石漠化在全国位居贵州、云南之后，列第三位。石漠化一直是广西生态环境建设最难啃的“硬骨头”，是广西经济和社会发展的“绊脚石”，是大石山区经济社会发展的主要障碍，制约了大半个广西的经济社会发展。③ 生物多样性减少。由于人类对自然生态系统的干扰，以及一些重要的生物种和自然生态系统得不到有效保护，致使广西境内的 89 种广西重点保护野生植物中，有 42 种分布范围及数量在萎缩，一些物种甚至可能已经灭绝；动物方面有 22 种受到不同程度的威胁，其中，有 9 种在广西已经灭绝或可能灭绝，有 13 种种群数量下降严重；野生水生生物栖息地和产卵场与日锐减，广西 100 余处大中型鱼类产卵场全部受到不同程度的外源影响，几乎丧失殆尽，珍稀水生生物、名贵经济鱼类种质资源日趋枯竭或衰亡，许多盛产大鲵和龟鳖的地方已经绝迹。广西生物多样性受到潜在的威胁。栖息地破碎化和生物多样性丧失已成为我区主要的生态问题。④ 自

* 本章作者：　吴俊、杨尚东（广西大学）

然灾害频繁。广西是自然灾害多发省区，自然灾害种类多、强度大、频次高、范围广，是影响广西经济社会发展的重要因素之一。2005 年 6 月 18～22 日，广西各地连降暴雨，全区有 69 个县（市、区）遭受了严重的洪涝灾害，受灾人口达 771.6 万人，直接经济损失达 70.69 亿元。仅气象灾害一种，广西最近 10 年来就每年平均损失近 100 亿元，其中 1994 年损失高达 360 亿元。自然灾害是广西面临的又一生态环境问题。可见，广西的生态保护和恢复势在必行，建立和完善生态补偿机制在目前的广西经济开发中显得十分的迫切。

广西位于珠江流域中上游地区，对珠江流域，特别是下游珠江三角洲地区的经济发展影响极大，是维护下游珠江三角洲地区生态环境安全的生态屏障区，其生态环境质量对下游珠江三角洲地区的环境具有重大意义。广西脆弱的生态环境一旦遭到破坏，整个珠江流域生态系统将受到严重破坏。2005 年，两广遭遇 50 年来罕见大旱，江河和水库蓄水位普遍偏低，珠江流域地区遭遇前所未有的生态袭击：百年一遇的洪水，50 年罕见的干旱，春季珠江三角洲海水倒灌和冬季旱情大面积蔓延，直接威胁广州、珠海、中山、东莞、江门等地区的用水安全。广西生态环境的恶化势必会影响到珠江三角洲地区经济发展和生态文明建设。有了广西的可持续发展，才有珠江三角洲地区的可持续发展。因此，广西建立生态补偿机制势在必行。

一、推进广西生态可持续发展的必要性

生态问题是当今全球面临的严峻课题。对于广西这样一个资源相对不足、环境脆弱的后发展地区来说，如何在加快发展中更好地保护生态，更是一个严峻的挑战。《国务院关于进一步促进广西经济社会发展的若干意见》（以下简称《意见》）对广西推进生态环境建设、促进可持续发展提出了具体指导和要求，既是及时和必要的，也是科学和可行的。

促进广西经济社会又好又快发展，要求正确处理好经济社会发展与生态环境保护之间、加快当前发展与今后可持续发展之间的关系。《意见》提出推进生态环境建设和促进可持续发展方面任务，十分及时和必要。

（1）自然环境与经济社会发展的内在联系，决定了推进生态环境建设与促进可持续发展十分必要。蕴含于自然环境中的各种资源是有限的，生态环境对于经济社会发展的承载力也是有限的。只有关爱生态环境，重视生态环境的保护和建设，才能为经济社会发展以及实现可持续发展提供必不可少的外部支撑。广西的生态状况与环境质量，从总体上看还是比较好

的，但如果对生态环境建设重视不够，没有从思想认识和具体行动上及时跟上，就会在生态环境方面出现问题，就会影响到社会经济的发展，也就难以实现可持续发展。

（2）广西自然环境等方面的诸多特点，更突出了推进生态环境建设、促进可持续发展的必要性。广西自然环境的一些特点对环境与可持续发展的要求比较高，比如广西的山地（包括丘陵和石山等）面积占到广西陆地面积的70%以上，其中生态更为脆弱的石山面积约占广西陆地面积的20%；珠江水系各支流覆盖全区陆地面积的 85%，任何一条支流的污染将经过汇入干流而几乎贯穿全区；北部湾沿海地区是我国作为一片尚未开发的海湾，现在正在加快开发，如在开发中不实施有效保护，一旦造成污染和环境的破坏，将会极大地制约沿海地区的发展。所有这些，都要求我们必须高度重视生态环境建设，为促进可持续发展创造条件。

（3）历史经验教训告诉我们，在经济建设与社会发展过程中，协调推进生态环境建设与促进可持续发展非常必要。国内外的历史经验与教训已经证明，走“先污染后治理”或对生态环境“先破坏后恢复重建”的路子，不仅是代价非常大的，也是行不通的，对此，无论是国内还是国外都有深刻的教训。现在无论是发达国家还是发展中国家都一致主张，要认真重视和积极做好生态环境的保护与建设，要努力推进可持续发展。

二、推进广西生态可持续发展的可行性

《意见》将“推进生态环境建设 促进可持续发展”确定为广西加快发展的重点任务之一，是很有战略性的。《意见》对推进生态环境建设与促进可持续发展提出的具体任务，充分体现了科学发展观的要求，既要科学性，又有可行性。

（1）经济社会“发展”的本质，包含着要处理好人与自然环境、经济社会与生态环境的协调与和谐关系的要求。以环境为代价，或以人类的安全与健康为代价，以及以人类—环境—经济社会之间不协调或不和谐的方式的“发展”，都是不科学的发展和畸形的发展，都是十分有害的。实践也充分证明：尊重客观规律、注重环境保护就能实现可持续发展；违背客观规律、破坏生态环境就无法实现真正的发展，也无法维系长久的发展。只有基于生态环境的保护与建设，以及可持续发展前提的“发展”，才是经济社会的健康的发展。

（2）《意见》抓住了广西生态环境建设与可持续发展的重点与关键问

题。《意见》从加强生态建设和环境保护、加大污染防治力度、推进资源集约节约利用三大方面，对广西的生态环境建设与促进可持续发展提供指导，指出了重点与关键。面向可持续发展目标，生态环境建设与保护、控制与减少污染、实现资源的集约与节约利用等方面，是必不可缺的综合支撑，是需要重点做好的保障性工作。从客观要求与实际情况来看，只有做好这些方面的工作，才有可能实现经济社会的可持续发展。对广西而言，只有切实加强生态建设和环境保护，切实加大污染防治力度，积极推进资源集约节约利用，才能促进和确保全区经济社会的可持续发展。因而，无论是战略层面还是对策措施与实际操作层面，都是重点所在和关键所在。

（3）《意见》符合广西的实际，针对性与操作性强。在加强生态建设和环境保护方面，《意见》提出以山区生态林为主体、珠江防护林和沿海防护林为屏障、自然保护区为支撑来构建生态安全格局，并进而明确进一步操作的具体措施，符合广西加强生态建设与环境保护方向与实际需要；在加大污染防治力度方面，强调要加强水环境综合治理，加大城市集中式饮用水水源地保护力度，加快推进城镇污水处理及配套管网、生活垃圾处理、危险废物处置等环保基础设施建设，并就相关地区、重点行业、实践方法等进行了具体的指导性阐释，符合广西加强污染防治的方向与实际需要；在推进资源集约节约利用方面，提出了大力推广节地、节能、节水、节材，促进资源高效综合利用的纲领性指导意见，并分别提出了节地、节能、节水、节材及资源的综合开发与综合利用的方法与要求，对广西推进生态环境建设的实践具有很强的指导性和操作性。

三、推进广西生态建设可持续发展的优势条件

广西位于我国西南部，是大西南出海的重要通道，是大西南走向东盟的咽喉要塞，是大西南出海通道上的一座年轻城市。广西要按照科学发展观要求，突出特色，发挥优势，努力创建具有民族特色的现代化生态园林城市，以城市的新面貌推动广西的大发展。

1．突出电矿资源优势，打造成我国电矿资源之都

河池是中国有名的“水电之乡”，又是中国有名的“有色金属之乡”。广西要充分利用河池水电和矿产资源优势，做大做强水电业和有色金属加工业，打造中国的电矿之都，为生态环境建设提供有力支撑。河池市的水能资源丰富，可供开发达 1 000 万 kW 以上，占广西的 59%。现全市已建、在建的各类电站达到 101 个，总装机容量达到 648 万 kW。正在建设的龙滩

电站，规模仅次于长江三峡水电站。河池要发挥水电优势，努力做强做大水电业。另一方面，广西河池市的矿产资源丰富，目前境内发现可开发利用的矿种 28 种，其中锡的保有资源储量占全国总量的 1/3，铟稀土元素储量占世界第一，锌和铅储量占全国第二。广西要充分发挥河池地区矿产优势，做强做大矿产业。一是实现机制创新，在不以牺牲环境为代价的前提下科学有序开发矿业。二是下决心搞好深加工，建设有色金属加工基地。三是积极引导企业充分利用国内外两种资源、两个市场，大力扶持做大一批在国际国内具有竞争力的冶炼加工企业，不断壮大工业经济，推动城市经济。

2．突出山水园林特色，构建人与自然和谐发展环境

立足于高起点规划。按新一轮城市总体规划要求，以南宁市中心城区为发展核心，以黔桂铁路、南宁市至各个市的高等级公路和大西南出海通道为城镇化发展主轴线，以珠江和红水河为副轴全面发展。重点以依托秀美如画、独具风韵的自然山水风光，构建“城在山中，人在绿中”的生态化、现代化山水生态园林城市为目标，把青山引入城区，使青山绿水浑然一体，形成山水城市的整体韵味。

围绕南宁城区和各市（区）县城建设绿色生态走廊，努力构筑和谐优美的城镇绿色生态环境体系。以南宁城区的绿化建设为突破口，不断加大城镇绿化建设力度，努力提高城镇园林绿化水平。目前，必须突出重点，抓住关键，在现有的基础上提高城镇的园林绿化档次和品位，构筑和谐优美的城镇绿色生态环境体系，按照“山上封山育林，山下人工造林，江边、路边精品园林”的总体思路，加大南宁城区和各市（区）城区绿化工作实施力度，使城区绿化工程取得实际性效果。在城区内继续深入开展以道路绿化、居住绿化、公共绿地、单位庭院绿地等为重点的园林绿化建设。

3．示范带动，整体推进，加快推进城乡生态化

要建设一批生态村（镇）、生态小区、生态县（市）示范试点。认真做好可持续城市和可持续小城镇的规划与设计，推广生态化示范试点城镇、示范试点小区与示范试点村庄的规划与建设，推广生态技术、生态建筑，实施交通网络生态化，使城乡生态化逐步得以实现。

4．注重民族特色，充分展现民族城市魅力

广西是少数民族居住地，是我国 5 个少数民族自治区之一，少数民族人口占全区总人口的 40%左右，全区有汉、壮、瑶、苗、侗、么佬族、毛南、回、彝、京、水和仡佬 12 个民族。把民族特色巧妙地融入现代城市建设中，广西生态环境建设才能具有民族城市的魅力。为此，要创造富有地方民族特色和时代精神的建筑风格。要营造具有民族特色的城市标志性建筑。要建造既有现代气息又有民族特色的城市雕塑。

5. 坚持以人为本，建设具有特色的城市景观，不断提升城市品位

① 推进城市景观与人文景观的新融合，构筑民族文化景观线。广西有着丰富的民族文化遗产，在生态环境建设中，把广西的人文景观与城市景观有机地结合起来，把少数民族文化、长寿文化、铜鼓文化与现代文化融为一体。② 做好城市规划区内江河两岸的景观设计建设，构筑江滨景观线。提高公园建设档次，构筑城区公园景观线。③ 抓好小区建设，构筑宜人优雅的小区景观线。④ 抓好城市夜景照明规划建设，构筑夜景照明景观线。

6. 牢固树立经营城市的新理念，运用市场化方式，加快广西特色城市建设

城市化水平是一个城市和地区经济社会发展水平的综合体现，是一个城市和地区一体化程度和竞争力的重要标志。要提高城市化水平，加快广西特色城市建设步伐，必须牢固树立经营城市的新理念，走以地生财、以城兴城的路子。

第二节　生态农业可持续发展

生态农业是一场新的农业技术革命，它是在世界面临人口爆炸、能源危机、环境污染、生态破坏等严重挑战的情况下产生的，我区生态农业建设各试点在经济建设、环境保护方面表现出的显著效益，充分证明了生态农业能较好地协调经济建设与环境保护的矛盾，保证农业得到持续稳定的向前发展，是保护环境促进经济持续发展的重要途径。中国政府在未来的经济社会发展规划中已把发展农业放在首位，并着重强调要抓好农业生态建设，发展生态农业。因此，广西应在生态农业现有的基础上，将示范规模进一步扩大，继续开发生态农业产品市场，并加强生态农业建设的理论研究及管理工作。我们相信，随着21世纪的到来，集约化高产出、无污染的现代生态农业将在八桂大地上越来越多姿多彩。

一、生态农业模式

1. 立体种植模式

包括：稻田立体种植模式（用闲置稻田种植蔬菜、玉米、红薯及冬菇和绿肥等）；旱地立体种植模式，如“旱玉米+（套种）绿豆—晚玉米+西红柿”；蔗地立体种植模式，利用甘蔗的生长特点，间套种各种农作物，如绿豆、花生、西瓜、辣椒、香菇、食用菌、黄豆、烤烟、粟米、冬绿肥等；菜地立体种植模式，利用农作物的生长期长短，生长条件、特点等，对菜地进行合理布局，适当搭配；果、桑、林立体种植，广西大部分属石山丘陵区，逐步推行“山顶封山育林，山腰栽果种药，山脚生产粮食”的立体综合经营。

2. 立体养殖模式

如，池塘鱼—鸭套养模式，鸡、鸭、猪、鱼立体养殖模式，庭院楼式立体养猪养鱼等。

3. 立体种养模式

稻田立体种养模式，稻田立体种养发展非常迅速，特别是“稻—稻—鱼”模式，如全州稻田放养禾花鱼，玉林稻沟放养金丝鲃，宾阳县的垄稻沟鱼，还有融水县的“稻—稻—鱼”模式；菜、林地立体种养模式，畦上种菜、畦沟养鱼；果林养鸡；蕉、菜（瓜）、鱼共生等模式；水域立体种养模式，实行“鱼、草、果、鸭”联合经营；庭院立体种养模式，如横县“猪—沼—蔗（茶）”模式，恭城“猪—沼—果”立体经营模式。

二、生态农业特点

1. 因地制宜，丰富多样的生态模式

根据广西大部分属丘陵地区，地形复杂，气候多变，各地的自然资源与生产条件的配置也不同的特点，因地制宜，根据不同地区的特点采取适当的模式，以取得最佳效果。广大丘陵地区和部分较为低矮的土山地区实行农、林、牧、副、渔协调发展的生态模式，而根据该县山地资源丰富，但还没有充分利用的情况，又发展了多层次的山地森林生态模式；在农田开展农田复种轮作模式；果园实行立体种养模式；村落庭院实行畜禽渔沼生态模式；有条件的地方采取农产品加工复合生态模式。

2. 以科技为动力，带动生态农业的发展

生态农业具有多学科、跨行业、技术密集的特点，需要有系统的理论

指导和成熟的配套技术支持。广西生态农业建设的蓬勃发展，首先得益于先进技术的推广应用和农业科技含量的提高。把最新的科技成果转化为自身的生产力，形成了送科技下乡，学科技发展的双向交流，真正达到了“以科技为动力”，发展生态农业的目的。

3. 实施“名牌”“精品”战略，开发优质产品，提高效益

不少中外闻名的名、特、优产品，如全州禾花鱼、陆川猪、巴马香猪、融安金柑、容县沙田柚、恭城月柿等。制出“精品”，打出“名牌”。

4. 抓好流通服务，架起农产品通向市场的桥梁

广西在发展生态农业的同时，注意市场信息，生产一些市场潜力大的适销对路的产品，并对外开放市场，搞好宣传和推销工作，做到一手抓生产，一手抓流通，两手都要硬，已形成多渠道流通网络，打开了销售门路，大大提高了农民生产的积极性。

5. 高度统一的经济、生态、社会三效益

生态农业是一种综合性的农业，一方面它能大大提高劳动生产率，土地利用率，土地生产力和资源利用率，从而大大提高经济效益；另一方面，它有利于农业自然资源的开发利用和保护，减少对生态环境的污染，提高生态效益；同时，生态农业还能有效解决农村剩余劳动力问题，取得良好的社会效益。

第三节　生态旅游可持续发展

一、生态旅游概述

目前，关于生态旅游的概念虽然仍处于百家争鸣阶段，但在以下几个方面已达成共识：① 旅游地主要为受人类干扰破坏很小、较为原始古朴的地区，特别是生态环境有重要意义的自然保护区；② 旅游者、当地居民、旅游经营管理者等的环境保护意识很强；③ 旅游对环境的负面影响很少；④ 旅游能为环境保护提供资金；⑤ 当地居民能参与旅游开发与管理并分享其经济利益，因而为环境保护提供支持；⑥ 生态旅游对旅游者和当地社区等能起到环境教育作用；⑦ 生态旅游是一种新型的、可持续的旅游活动。

据世界旅游组织发布的统计公报显示，2001 年中国国际旅游收入在美国、西班牙、法国、意大利之后，位居世界第五。为此，我们付出了沉重的代价，那就是自然资源遭受严重损坏，景区污染日益加重，许多人文景观和历史景观正在逐渐消失。一些地方急功近利，缺乏科学规划，在核心景区内随心所欲乱建宾馆、商店和娱乐设施，不惜以牺牲生态环境去发展旅游经济。以牺牲生态、破坏资源发展旅游经济，无异于“饮鸩止渴”。张家界人是明智的，已经意识到生态环境恶化是自毁前途的隐患、毁灭“生命的癌症”。

在现实中，旅游作为一个产业来发展后，与环保之间的冲突是很深的。例如世界自然和文化遗产泰山，作为中华民族的五岳之尊，在发展旅游中自然应该保护为上。但在2002年以来，泰安市按照“山城一体、城不上山、城不压山、城中见山”的原则，先后 9 次对山城分界线实地勘察，确定了大体按200 m等高线，西起桃花峪口，东至黄山头，共19.5 km的南环山路及走向，按每 100 m 一桩，划定山与城分界线，把城区与景区隔开。界桩确定后，保护区内居民将逐步迁出，有效地限制了风景名胜区城市化，为保护泰山的自然环境奠定了坚实的基础。

旅游业以环境为主要资源，旅游业的开发本身是一个利用环境的过程。我国在现阶段，国外流行的进去只留下脚印，出来只带走相片的生态旅游还未形成气候，大众对旅游的认识仍处于初级阶段，在旅游的六大要素吃、住、行、游、购、娱中对前三者要求较高，这就使得经营者不得不加大基础设施建设的力度。当然，这种建设不会以环境保护为出发点，而是从经济效益出发。为了获得经济效益，大兴土木是第一步，第三产业全面跟上是第二步，景区城市化是必然结果。如果这个景区并无自然保护价值，这种做法还说得过去，如果是自然保护区，环境就可能被旅游毁于一旦。

尽管旅游业的开发者总在说旅游业是资源节约型产业，对环境影响较小，但他们忽略了很关键的一点：能够开发旅游业的地方往往是对环境变化异常敏感的地方，若不是旅游业，其他产业根本就不可能迈过自然保护区的门槛。正因为旅游业对自然保护区破坏的隐蔽性，才使得恰恰是看起来对环境破坏最小的产业，却最有条件和可能成为新形势下自然保护区最大的杀手。

旅游开发与环境保护是生态旅游区可持续发展的主要矛盾。旅游接待设施的建设是生态旅游区开发建设的主要内容之一，其收入是旅游业收入的主要部分，但是接待设施排污也是生态旅游区最大的污染源。于是许多专家学者提出了“区外住、区内游”的旅游功能分区思想，这种思想在经济利益的驱动下，很难实现。许多老牌生态旅游区，由于历史的积累，景区之内已建有一定规模的接待设施，用之导致污染，弃之又觉可惜，更何况在接待设施原址上，进行生态恢复和景区重建，还需大量的投入。上述张家界景区接待设施若不能及时拆除，则要严格控制排污。

正是因为洗涤废水的排放，生态旅游区原本清澈的溪流、江河、湖泊，已经或正在变绿、变浑、变臭，长此以往，水体景观将失去吸引力，生态旅游区可持续发展将受到严峻挑战。

二、广西生态旅游可持续发展战略

主要核心和坚持原则：科学开发生态旅游资源，实现可持续发展的对策。

生态旅游如何开发与管理，实现可持续发展，近年来国内外研究活跃，我们总结如下几点。首先，科学的生态旅游规划是其成功开发的前提。国外学者提出“岛屿理论”“环境容量”“施憩地”等理论，功能分区则是生态旅游规划的一个重要内容。一般生态旅游区域分为：野生保护区、野生游憩区、密集游憩区和自然环境区。这样既可保护自然资源，又可分流游客。其次，生态旅游必须协调好当地社区，生物多样性与旅游者三者关系，对物种、生境、环境容量、旅游者数量实施监测，制定社区参与规划。当地居民一旦参与生态旅游开发，他们会按照游客的期求来主动保护自然资源、环境和当地传统文化。最后，教育培训和生态保护税。对旅游区进行投资的企业，当地政府环境管理部门对其进行环境宣传教育和制定生态管理条例。使企业积极参与旅游资源，旅游区环境保护。同时也可对他们征收生态保护税。对旅游企业进行地基础设施，宾馆建设进行严格限制。

以“中国—东盟自由贸易区”建设、“环北部湾经济区”建设的全面启动为契机，紧紧抓住西部大开发的有利之机，实现广西生态旅游业的持续增长和强续发展。旅游业的发展已经成为广西壮族自治区一个主要的产业支柱及对外交往的一个窗口。如果不对旅游资源开发中出现的环境问题加以重视，势必会影响到本地区旅游业的发展。对广西壮族自治区旅游资源开发中出现的环境问题，必须进行科学分析，健全立法，理顺管理体制，加强执法，转变开发指导思想、做好监督与发动群众参与，加强环境法律宣传教育，提高干群环保意识。只要全社会共同努力，本地区的旅游资源开发可以走向一个可持续发展良好路径将不是问题。

第四节　生态文化可持续发展

广西的生态问题随着经济的发展变得更为严峻，本书从物质、精神、制度三个层面探讨了广西壮族传统的生态文化，其中对自然资源环境科学合理利用的因素可为广西的可持续发展提供宝贵借鉴。

随着西部大开发的深入，我国西北各省区的环境、生态问题也变得更为严峻，越来越多的人开始关注环境与生态，从各种角度探寻人类与生态的关系。人类文化可以划分为历时态的三种类型：① 自然中心为核心的——原始文化；② 人类中心主义为核心的——人本文化；③ 人与自然协调发展思想为核心的——生态文化。这三种类型的文化，在人类历史上是依次出现和规律性展开的。“生态文化”并不是或并不仅是人类文化发展到高级阶段时的文化类型，而是一个具有相当广泛、普遍的文化学意义的概念，这个概念可以包含并用以解释人类文化发展史上的所有阶段、所有类型的文化行为和文化模式。同时，随着社会历史的变迁，这些生态文化也该遵循一定的科学规律，形成良性的发展态势，实现由传统向现代的创新和转换，在经济发展的过程中起到保护环境的作用。

一、物质层面上的壮族生态文化

壮族的物质文化类型是农耕型生态文化。在长期的劳动过程中，壮族先民摸索出了一套与当地的自然生态相适应的生产方式，即稻作农业。在坡地上沿等高线修成台阶形的田地，用土或石垒成梯级状田埂，用以拦蓄天雨和固定土壤肥力（梯田文化）。如此巧妙地适于自然，利用自然，变自然生态为农业系统，是壮族先民生产实践的结晶，是壮族物质层面上的生态文化。壮族人的居住方式和居住文化模式也与多山的地理环境和稻作农业相适应。其中的一些充分利用了有限的耕地资源，对维护自然生态平衡起到了一定作用。

二、精神层面上的壮族生态文化

精神层面上的生态文化就是对于人与自然关系的形而上思考和认识。这在壮族的神话、传说、长诗、民间故事中都有大量的表现。这些神话中朴素的哲学思想令人敬佩。这种先产生宇宙天地后产生人类、天人共祖、人类源于自然物、人与自然物本是兄弟的质朴的自然生态观使得壮族原始文化中充满了敬畏自然、顺应自然、对自然适度开发的思想，壮族先民们已经意识到违背自然规律、破坏生态秩序的结果就是受到自然的惩罚。

三、制度层面上的壮族生态文化

壮族没有全民族统一的社会宗法制度，但各地各宗族都有自己的乡规民约和风俗习惯。在这些乡规民约和风俗习惯中，同样包含着大量关于生态文化的内容。通过这些乡规民约，我们可以看到壮族对自然生态环境和自然生态资源的科学保护和合理利用。

"可持续发展"是社会发展模式的革命。国家主权、国际公平、自然资源、生态抗压力、环保与发展相结合等重要内容，但其核心基石是人与自然和谐发展。没有良好的生态环境的支持，经济社会的持续发展便失去了基础。

目前，广西已编制了生态环境建设规划，制订了生态建设与保护的目标、布局、重点建设工程和措施。在生态环境保护与建设的过程中，除了依靠政府部门的投资、技术、管理、法规之外，还可借鉴壮族传统生态文化的有益观念和做法，把政府行为和民间行为有机地结合起来。同时通过科学的研究和宣传，使壮族传统生态文化在现代化过程中实现其自身的创新和转换。这也是壮族传统生态文化中的有益成分得以保存和发扬的有效途径。①壮族传统生态文化中的物质文化层面可为农业、林业的可持续发展提供借鉴。当然，仅沿用传统生态文化的做法是不够的，必须采用科学的方式，去除传统生态文化中一些不合理的东西，使物质生产方式实现由传统的粗放型和数量型向现代的集约型和效益型的转变，发展高效绿色生态农业，建立生态化、环保化的物质生产方式和生活方式。②壮族传统生态文化中的精神层面可为可持续发展战略所需的人与自然协调的生态文化提供借鉴。必须加强科学生态观的教育，把传统生态观转化为科学的生态观，强调环境保护意识、生态价值观、合理利用资源的态度、生态科技意识以及生态伦理意识。③壮族传统生态文化中的制度层面可为可持续发展的制度化、规范化提供借鉴。仅继承和保留传统生态文化中的制度层面并不足以满足现代社会经济发展的要求，必须提高制度文化的水平和层次，达到现代制度文明所要求的规范性、系统性和准确性。

第五节 生态可持续发展保障措施

一、指导思想：贯彻科学发展观

在谋求广西生态可持续发展，西部大开发是机遇。西部地区目前的生态环境状况可谓“先天不足，后天失调”，整个生态系统处于十分脆弱的境地：生态结构趋于单一，生态服务功能下降，生态系统更不稳定，生物多样性锐减，自然灾害不断加剧。保护生态环境，这是保障西部地区可持续发展的基础。西部大开发，必须纠正过去那种单纯靠投入、加大消耗实现发展和以牺牲环境增加产出的错误做法，要使发展更少地依赖地球有限资源，更多地与地球承载能力达到有机协调。在制定区域发展规划和各地的经济、社会发展规划中应该充分体现可持续发展的思想，赋予预防为主的新内涵，即由传统的末端治理或末端控制转向源头控制，从根本上预防环境污染和生态破坏的产生。西部大开发应选择经济增长与生态建设相互促进的绿色经济发展模式，必须顾及资源利用率与生态效益，大力开展绿色技术创新。为此，西部大开发必须通过建立绿色生产系统，开发与推广清洁技术、无废少废工艺、污染预防技术等绿色技术，大力兴办绿色产业来实现经济与环境的协调发展。利用国际和我国东部发达地区的资金和先进技术，发挥西部地区技术和产业后发优势，发展环保加效率的新型工业经济。对于新建和引进的开发项目，要严格环境要求标准，形成技术起点高、产品结构合理、环保型的产业，防止已淘汰的生产工艺、技术设备，甚至是危险废物向西部地区转移。西部大开发把生态化纳入技术创新目标体系，有助于西部地区在技术创新中节约资源、降低能耗、减少污染，有利于生态环境的保护和恢复，从而实现经济社会与资源环境的协调发展，为缩小我国东西部差距，最终实现全面建设小康社会的目标创造条件。

国家实施的西部大开发战略已经启动，广西作为祖国南部的少数民族自治区，被国家列入西部大开发 10+20 的范畴之内，这对广西来说，是一次千载难逢的发展机遇。因此，广西在西部大开发战略中，要进行准确的自我定位，在争取国家适度支持的同时，大力发展富有广西特色的生态农业模式，并结合广西的自然资源优势、区位优势和通道资源优势，建立起以生态经济协调发展为核心的资源、环境、生态、经济、科技、教育等和谐统一的可持续发展模式。

二、创建生态功能保护区

由于人口的过快增长以及自然资源的不合理开发利用，导致广西的生态环境受到严重破坏，生态系统的生态服务功能呈现不断退化的趋势，已经或将要严重影响区域经济的可持续发展，也会对广西生态可持续发展战略以及生态环境安全威胁。因此，对现有的自然生态系统实施抢救性保护，防治生态环境及其生态功能进一步破坏和退化的战略要求，结合广西实际，以及根据国家提出对江河源头、水源涵养地、水土保持的重点预防保护区和重点监督区、防风固沙区、洪水调蓄区、重要渔业水域等具有保持流域、区域生态平衡、减轻自然灾害、确保国家和地区生态环境安全重要作用的区域规划建立生态功能保护区的部署，提出建立生态功能保护区的规划，其是保持广西生态可持续最为有力的措施和最直接的保障。

为了遏制生态环境的进一步恶化，维持生态生态平衡，保障生态安全，保障人民生活的安全，国务院于 2000 年颁发了《全国生态环境保护纲要》，提出了具体的规划措施，建立生态功能保护区对生态系统进行抢救性保护，也是生态可持续发展的明确的体现，根据这一战略部署，自治区政府组织了“广西生态环境现状调查”和“广西生态功能区划”工作，在前期工作的基础上，结合自治区自然生态系统特点、分布以及规律、系统结构与生态服务功能、生态环境问题形成机制进行探究后，拟建立区域性国家级或省级生态功能保护区。

1. 珠江流域桂江、柳江流域及长江流域洞庭湖水系湘江、资江流域源头、水源涵养生态功能保护区

该区域位于桂东北—桂北地区，范围跨桂林市、贺州市、河池市、柳州市、来宾市 5 个市的 22 个市县。桂江支流流域面积为 57 306 km^2，现有人口 819.2 万人。

该流域地处于中亚热带南部。地形、地貌复杂，以山地为主，海拔 1 800 m 以上的山峰有 10 余座，其中海拔 2 141 m 的猫儿山是南岭第一高峰。地带性原生植被为常绿阔叶林，植被总体上保护较好，森林覆盖率（含灌木林）达 65%以上，且天然林占有较大比重。该区域动植物区系起源古老，地理成分多样，生物多样性极为丰富，珍稀濒危及重点保护动植物物种较多，是南岭生物多样性最具代表性的地区。目前，该区域已建立的森林生态系统和野生动植物自然保护区已达 18 个，其中国家级 4 个，自治区 11

个，保护区面积占区域面积比例为10.07%。该区域森林生态服务功能巨大，建立生态功能保护区，加强保护与建设，对保障广西及周边区域、流域生态安全，促进全流域及全区经济社会可持续发展具有重要意义，并对广东省及港、澳地区的经济社会发展具有重要影响。该区域目前存在最大的问题是当地经济发展、群众脱贫致富与生态保护之间的矛盾突出。由于长期以来都是森林资源开发利用为主，工业基础薄弱，经济发展较缓慢，特别是天然林禁伐后，当地经济发展和群众生活受到较大影响。

2. 珠江红河水干流水域水源涵养、水土保持生态功能保护区

该区域位于桂西—桂中部分地区，范围跨百色市、河池市、来宾市和南宁地区4个地市10个县（市、区），流域面积约47 015 km^2，人口约587.4万。该区域地处中亚热带至南亚热带过渡地带，地形地貌复杂，80%以上为山地面积，且是广西岩溶石山地貌的主要分布区。原生植物为常绿阔叶林，但被破坏程度较严重，特别是非地带性的岩溶石山常绿阔叶林已基本消失。森林覆盖率（含灌木林）为 45%左右。受地形地貌和气候的影响，生态环境脆弱，破坏后较难恢复。该区域是广西水土流失、石漠化程度最为严重的地区。红水河泥沙较高，列为自治区水土流失重点监督区和重点治理区。

红河水干流是国家西部大开发“西电东送”的重要基地，在规划建设的10个梯级电站中，已建成天生桥（一级和二级）、岩滩、大化、百龙滩、恶滩等电站，总装机容量540万kW，仅次于长江三峡的第二巨型水电工程龙滩电站也正在建设，建设生态功能保护区、加强生态保护和建设，遏制水土流失的加剧的趋势，对保障流域生态安全、经济社会可持续发展、加快群众脱贫致富步伐以及确保梯级电站稳定运行和效益都具有重大意义。该区域是广西经济发展最为落后的地区，特别是岩溶石山区自然资源匮乏，人地矛盾突出，当地群众靠毁林开荒维持生计，贫困面大，对生态环境也造成严重破坏。红河水梯级电站的开发，大部分淹没区群众只能安置，给生态环境造成相当大的压力。

3. 珠江郁江支流左江流域水源涵养、生物多样性保护生态功能保护区

该区域位于桂西南，与郁南省和越南交界。范围跨百色市、南宁地区、防城港市3地市的10个县（市、区），面积约为26 441 km^2，现有人口330.3万。该区域地处南亚热带，受季风气候和热带海洋性气候的共同影响，气温高，降雨多。地形地貌复杂，80%以上为山地面积，且岩溶石区地貌有较大比重。地带性原生植被为兼具热带和亚热带成分的常绿阔叶林。各类自然林生态系统保存较好，特别是尚存面积较大的原生性岩溶石山植被类型，区域森林覆盖率近 50%。生物多样性丰富，特有物种和重点保护物种多，是苏铁、金花茶、白头叶猴、黑叶猴等野生动植物原分布地，被划为具有国际意义的生物多样性关键地区。区域内已建设森林生态系统和野生动植物自然保护区达 17 个，其中国家级 3 个，自治区级 6 个，保护区占区域面积比例为 15.36%。

4．南海北部湾北部广西海域海洋生物资源保护生态功能保护区

北部湾海域为一个半封闭海湾，因其地理位置位于北热带气候带内，水温高，盐度适中，饵料丰富，且具有河口、滩涂、红树林、海草、珊瑚礁等多种类型的海洋生态系统，因此孕育着丰富而独特的海洋生物，成为许多重要海洋生物的繁殖栖息场所和我国著名渔场。北部湾鱼类资源有 500 多种，虾类 40 多种，软体动物 100 多种，并有儒艮、中华白海豚等珍惜濒危海洋动物。

建设和管理生态功能保护区将不同于自然保护区那样的封闭式管理，而是在不超过生态环境的承载力，避免新的人力破坏以及保持生态系统结构、生态过程及生态功能完整与稳定的前提下，通过人口控制、产业结构调整和产业优化布局、发展生态型经济，对已经破坏的生态系统进行重建与恢复等建设内容，探索新型的、开放式的、保护与发展相协调的管理模式和途径。

三、加强环境法规建设

随着北部湾经济区开放开发和中国—东盟自由贸易区的建成，广西经济社会发展赢得了良好的机遇，生态环境建设也面临着严峻的挑战。广西在可持续发展视野下的地方生态环境法制建设，对促进区域经济、社会和环境的协调发展，只有健全立法和完善法规，广西生态可持续发展才能落到实处，才能实现富裕文明和谐新广西具有重要的现实意义。

（一）广西农村生态环境保护现状透视

近年来，在经济快速增长的情况下，广西在污染防治、资源保护和生态建设等方面取得了明显进展：全区环境污染加剧的趋势得到控制，环境质量总体上保持稳定，生态建设得到进一步加强。由于粗放型经济方式和管理漏洞不同程度的存在，广西仍面临着繁重的污染减排任务，面对人民群众日益增长的环境质量要求和经济结构的升级转型，地方生态环境保护工作日趋重要。据 2010 年广西壮族自治区环境状况公报披露，广西农村环境保护形势依然严峻，传统粗放的农村经济发展模式尚未根本转变，环境管理和环保基础设施严重缺乏。农村生活垃圾污染、畜禽养殖污染、农业面源污染、农田土壤污染等环境问题日益突出，村庄环境脏、乱、差现象严重，工矿企业污染从城市向农村转移，环境问题已经严重制约我区农村社会经济可持续发展。

（二）广西生态环境保护严峻的法制分析

中国—东盟自由贸易区的建成和广西北部湾经济区的开放开发，必将加速广西经济社会发展和系列新项目的引进，在一定程度上可能导致资源的过度开发和不合理利用，造成新的环境问题，给地方生态环境保护带来更大的压力。

（1）地方环保法制不健全。随着我区经济社会发展和人们对环境权的越发重视，地方环保法制的不足日益显现出来。目前广西有关生态环境保护的法律法规还不完善，操作性不强，不少条款还是对国家环保法律法规的复制和翻版，缺乏地方特色，特别是农村生境保护方面的法规缺失。《广西壮族自治区环境保护条例》于 2006 年修改后施行，但应对经济社会的快速发展和人民对环境质量要求的不断提高，也显得有些滞后。《广西壮族自治区森林和野生动物类型自然保护区管理条例》虽在 1997 年进行了修改，但部分条款已经不能满足经济社会发展需要。广西农村生境保护和污染防治方面还非常薄弱，在重点水域的保护、生活垃圾和污染物下乡、土壤污染控制、禽畜养殖污染控制、农药化肥污染等领域基本还处于空白状态，环境法制建设的任务还很重。

（2）环境监管不到位。环境行政主管单位是地方政府的一个组成部门，其人事任免和财政拨付均受地方政府制约，在面对经济发展与生态环境保护相冲突的两难选择时，容易受到政府和上级干预，随意降低环保标准，使环保法规执行大打折扣。环保部门地位不高，对环保工作难以形成统一协调的管理。农业、林业和土地等部门的执法职能常常与之交叉，但由于都是政府的同级职能部门，在环保执法上，环保部门一般是不能指挥它们的，更加谈不上统一监管。笔者曾走访自治区环保监察总队，某业内人士谈到了广西在环保执法监管方面存在的问题：一是执法手段不足、执法技术跟不上环保需要，无法及时了解污染状况；二是执法人员不够、素质不高，无法适应经济社会发展需要；三是处罚力度不大，污染和破坏生态环境者违法成本较低，干扰执法的现象时有发生；四是地方性环保立法不够，有些规定操作性不强。

（3）地方生态环保政策落后于经济社会发展。过去，我国在“人类中心主义”思想和“以经济建设为中心”的指导下，政策的制定往往重经济建设、轻生态环境保护，重城市和工业、轻农村和农业。随着社会经济的发展，现行的生态环保政策不能满足时代发展需要的弊端日益显现出来：一是环保政策缺乏持续性和稳定性，容易受领导意识左右而多变；二是缺乏鼓励投资环保事业的财政、税收、金融和生态补偿等经济政策；三是环保标准不严格，资源价格不合理，常常忽视其生态价值和潜在的经济价值，过度开发利用自然资源；四是在宏观决策和新项目建设上，环保因素考虑不多，论证不够科学，环境影响评价制度落实不到位。

（4）政府宏观决策机制不完善。长期以来，环境保护在经济社会发展中都是处于弱势地位，生态环保部门参与经济社会发展决策的重要性未得到应有的重视，没有建立相应的参与决策机制。不少开发和建设项目的布局缺乏生态保护的制约措施，决策过程中没有进行生态环境影响评估、论证，决策实施中没有生态保护监督和必要措施的采取，项目实施后没有生态保护审计，结果常常因决策失误而导致生态环境的严重破坏和经济的重大损失。

（5）环保法律意识薄弱。长期以来，不少领导干部以为经济增长就是发展，就是政绩。为了追求经济增长，不惜牺牲当地的生态环境和以大量耗费有限的资源为代价，来换取短暂经济指标的实现。他们把生态环境保护和社会经济发展割裂开来，只顾经济发展和项目建设，忽视生态环境的承载能力。部分领导采取急功近利的做法，“有土地快开发，有项目快引进”，片面追求数量和数字，大搞形象工程。一些地方、部门和企业在经济利益的驱动下，往往偏重于对资源的开发利用，忽视对生态环境的保护和永续利用，违背自然规律。农民滥施农药、化肥，随意丢弃废弃物，不仅农业产品受到严重污染，土壤、空气、水源也逐渐受到污染。

（三）加强广西生态环境法制建设的对策

实现经济与环境的协调发展，必须加快地方生态环境立法，及时修订滞后的法律法规，建立健全生态环境法制体系。

1. 健全和完善地方生态环境保护法规体系

建立健全广西地方生态环境法制，应从几方面考虑：一是增加立法数量，扩大环境法律规制的领域和范围。在立法条件成熟时要尽快制订重点资源环境管理、建设项目环境管理、生活垃圾和污染物下乡、土壤污染控制、禽畜养殖污染管理、农药化肥污染防治等方面的法律法规。二是规范和完善环保部门的权力、责任和义务，逐步整合相关部门的执法资源和执法职能。增加环境保护参与地区经济社会发展等重大决策的讨论，提高环保部门的地位。三是引入责任追究制度，强化地方政府环保意识。要改变传统的政绩观，积极推行绿色 GDP，把生态环保指标纳入干部考核范围，逐步建立决策、执行、监督相互分工又相互制约的联动机制。四是增加公众参与生态环境保护的原则和相关规定。引入公众对生态环境立法和环境管理机构的监督机制，在完善环境影响评价的相关立法，作出重大开发建设项目决策时，应当对公众参与的主体、参与方式、参与程序、参与保障等实体性和程序性问题进行明确规定，以保障公众对政府决策的参与和事前监督。

2. 加强生态环境执法监管

完善的环保立法只有通过切实有效的执法，才能落到实处。政府有关部门应当认真履行法律赋予的职责，加强对生态环境保护的监管职能，构建行之有效的生态环境保护监管体系。环保部门要加大执法力度，结合突出的环境问题，开展经常性的专项环境执法行动，特别是要把重点区域、重要流域和危害人民群众身心健康的环境问题作为突破口，严查严办。要严格执行强制淘汰和限期治理制度，加强对污染源的监督管理，适当提高发放排污许可证的条件。环境部门要不断加强能力建设和规范化管理，通过开展环保知识、法律知识的讲座、培训、自学等方式，建立学习的长效机制，使环保执法人员熟悉业务知识和法律常识，提高执法水平和能力。

3. 建立适应市场经济发展的环境经济政策

地方政府要重点研究和制定有利于生态环境保护的经济政策，充分发挥政府和市场在生态环境保护和建设中的积极作用。要利用财政、税收、金融等经济杠杆给予自觉遵守环保法律法规的企业支持，鼓励企业开发环保节能、质优价廉的绿色产品，使其得到实惠，降低守法成本。对那些耗能量大、技术含量低、污染较严重的产品和企业设置发展障碍，提高其违法成本，迫使其自动退出市场。同时要逐步建立生态效益补偿机制，通过向受益地区和单位收取生态效益补偿税费，向为保护生态环境而使经济发展受到影响的地区和单位给予合理补偿，实现生态环境资源的有偿使用。要加大环保资金投入力度，通过国家、地方、企业和个人共同参与及国内外多方引资、多渠道、多途径筹资等方式解决环保资金。政府要积极推行环境标识、环境认证、绿色购买等制度，倡导环境友好型的绿色消费方式，加快产品和产业结构的优化升级，对矿产资源开发和那些可能对生态环境造成较大影响的项目实行生态破坏恢复保证金制度。

四、完善生态补偿机制

生态补偿机制是以保护生态环境促进人与自然和谐发展为目的，根据生态系统服务价值、生态保护成本、发展机会成本，运用政府和市场手段调节生态保护利益相关者之间利益关系的公共制度。生态补偿既包括对生态系统和自然资源保护所获得效益的奖励或破坏生态系统和自然资源所造成损失的赔偿，也包括对造成环境污染者的收费。建立生态补偿机制是落实新时期环保工作任务的迫切要求，党中央、国务院对建立生态补偿机制提出了明确要求，并将其作为加强环境保护的重要内容。目前，我国各省市正在积极探索建立省内和区域生态补偿机制，实践工作主要集中在森林与自然保护区、流域和矿产资源开发的生态补偿等方面。广西在大力发展经济、努力摆脱贫困落后面貌的同时，也高度重视经济发展与生态环境建设的有机结合。广西地处我国西南地区，生态系统比较脆弱，水土流失严重，石漠化面积扩大，自然灾害多，生物多样性丧失严重，这些日益突出的生态与环境问题，已经成为广西社会经济可持续发展的制约因素，建立适合广西地区现实需要的生态补偿机制势在必行。广西生态资源比较丰富，构建生态补偿机制要充分认清当前存在的问题，协调各方利益关系，建设适合现实需要和未来发展的生态补偿机制。

（一）广西探索生态补偿机制的现状

党的十七大作出了建设生态文明的战略部署，胡锦涛总书记在十七大报告中把“建设生态文明，基本形成节约能源和保护生态环境的产业结构、增长方式、消费模式”作为全面建设小康社会奋斗目标的新要求提出来。为此，从 20 世纪 80 年代起，广西开始了生态文明的实践与探索。在探索生态文明建设道路的同时，广西在生态补偿方面也进行了许多探索和试点工作，取得了一定成效。主要表现在：① 生态补偿的工作格局已初步形成。2005 年 8 月 14—15 日，马铁山副书记率团出席在贵州省贵阳市举行的西南六省区市经济协调会第 20 次会议，与四川、云南、西藏、贵州等省市就相关生态文明建设和生态补偿等一些问题达成共识，明确了加强生态文明建设和投入的决心。经过几年的实践，广西在生态文明建设方面取得了一定的成绩。2008 年广西区人民政府组织成立了自治区环保厅、发改委、政府发展研究中心、财政厅等部门参与的广西生态补偿机制研究和试点课题组，对广西桂北等县市进行了调研，寻找确定广西生态补偿机制试点区域并下发了桂政办发[2008]8 号文，将生态功能区划分为 3 类一级生态功能区、6 类二级生态功能区、74 个三级生态功能区，确定了 9 个重要生态功能区。2010 年 7 月，广西第一个市级生态功能区划：南宁市生态功能区划正式出炉，将南宁市划分为 3 类一级生态功能区、8 类二级生态功能区、55 个三级生态功能区，确定了 8 个重要生态功能区。这些生态功能区的划分是生态保护与建设规划、资源合理开发与保护、产业布局和结构调整的重要参考依据，对广西生态文明建设和促进广西可持续发展具有重要意义。② 制定和完善了相关政策法规。2006 年广西正式启动广西壮族自治区森林生态效益补偿基金制度，规定了森林生态效益补偿标准、资金来源、监督主体等。2009 年广西壮族自治区钦州市人民政府出台《钦州市建设用海养殖补偿办法》，规定了建设用海的补偿标准、资金来源、监督主体等。2006 年 2 月 21 日广西出台第一部生态公益林地方性法规《南宁市生态公益林条例》，对生态公益林的界定、主管部门、规划建设原则、采伐、管护、专项资金的使用、管理、经济补偿等都做出具体的规定。此外，人大代表还提议自治区尽快出台生态公益林保护与建设补偿条例，建议建立生态公益林效益补偿机制和自治区级生态公益林效益补偿基金制度。由此可见，广西正在为建立生态补偿机制积极探索，并得到了人民群众的认可。

经过多年的探索，广西在生态补偿机制方面取得了可喜的成绩，但是由于机制不健全，补偿不能完全按照规定进行和生态服务提供者的利益得不到保护的事情时常发生，生态补偿方面还存在不少问题。① 法律法规不完善适用性不强。生态补偿的法律法规不完善，有关生态补偿的规定比较零散，适用性不强。广西已有的生态补偿规定一般散见于不同部门，或者是不同层级的立法中，并多为原则性的规定，无法具体指导实践。生态补偿作为一项新生制度，迫切需要专门立法来指导和调整广大社会各主体的行为，满足新形势下生态补偿的现实需要。② 生态补偿标准单一并且偏低。以生态公益林为例，公益林按权属分有国有、集体和私有 3 部分；按经营实体分有属于自然保护区、属于国有林场、属于乡村集体和个体私有经营；按森林类型分为针叶林、阔叶林、混交林、竹林、灌木林等。现行采取一刀切的补偿标准：不管是什么样的公益林都是补助 67.5 元/hm^2，不利于利益平衡和经营管理。另外，公益林不能进行商业性采伐，在广西 1 株马尾松割脂年收入10～12.5元，每公顷马尾松近熟林可割脂株数最少有750株，1年收入7 500元/hm^2以上，远远高出67.5元/hm^2的公益林补助费，林农极不愿意把自己的林地界定为公益林。对于依靠林木的经济价值作为生活来源的林农来说，其丧失的经济利益得不到充分补偿，自然就有偷砍偷伐破坏生态环境的不法行为。因此，完善生态补偿政策迫在眉睫。③ 生态补偿形式单一并且范围过窄。广西当前的生态补偿几乎全为经济补偿，而且主要局限于退耕还林、天然林保护、矿区植被恢复等内容。一些提供了生态服务产品的地区、企业和个人没有得到补偿，一些破坏生态系统功能的地区、企业和个人也没有得到相应的处罚。然而，在国际上，生态补偿的实施范围已经很广。如美国在农业、自然环境保护、采掘业、流域水管理、环境污染防治等领域广泛建立了补偿机制；欧盟采取了对有机农业、生态农业、传统水土保持，甚至地边田埂生物多样性等的保护措施；日本在造林、水污染防治、自然保护区、农业等领域建立生态补偿机制。④ 生态补偿资金来源少并且使用效率低。目前，广西的生态补偿资金筹措以财政转移支付为主，配套专项补偿基金，忽视区域之间、流域上下游之间、不同社会群体之间的横向转移支付。生态环境的保护和综合治理需要投入大量的人力、财力和物力。政府的财力有限，只依靠财政转移支付生态补偿的这种融资方式，无法满足生态补偿需要的经费，大大限制了生态补偿的持续开展。并且，当前有限的生态补偿资金还难于均衡分摊到各生态补偿区。生态环境保护管理涉及林业、农业、水利、国土、环保等部门，没有专门的部门领导生态补偿工作，导致现行的生态补偿政策措施推行部门化，条块分割，各自为政，使得国家财政拨付的生态补偿资金得不到有力的监管，各个部门拿到钱后都有各自的小算盘，最终导致这些以生态补偿为名拿到的资金真正用到生态补偿上的比例很小。

（二）广西建立和完善生态补偿机制的对策

广西在建立和完善生态补偿机制方面应该坚持“谁开发、谁保护、谁破坏、谁恢复”和“谁受益、谁补偿、谁污染、谁付费”的原则，不断完善法规制度，建立多元化的融资渠道，充分发挥市场机制作用，逐步建立法律化、规范化的生态补偿机制。

1. 完善相应的法规或条例，用法律的形式来落实生态补偿机制

广西要全面建立和完善生态补偿机制，首先必须建立并完善生态补偿的法规或条例，充分利用好少数民族区域自治的优势条件，尽快安排生态

补偿方面的立法调研项目，出台符合广西实际的、操作性强的、专门用于生态补偿的地方性法规和条例，以法律形式明确广西生态补偿的范围、对象、方式和补偿标准等，规制生态补偿机制实施中的各种不规范行为，避免不规范实施带来的不利后果，保障生态环境服务者的利益。

2. 建立多元化的融资渠道，用持续的资金支撑生态补偿机制

能否得到持续的资金支持是生态补偿项目能否启动和维持下去的最终决定因素，因此广西的生态补偿机制需要建立多元化的融资渠道。首先，要争取中央财政加大用于广西生态补偿的预算规模和转移支付力度，同时还要与西南省区间建立横向财政转移支付制度，实行下游地区对上游地区、开发地区对保护地区、受益地区对生态保护地区的财政转移。例如，珠三角地区每年 70%的淡水由广西提供，在冬春季节枯水期，珠江的压咸补淡措施主要依靠广西境内的龙滩、岩滩、长洲等 10 个大型水利枢纽，非常时期可增加调水 5 亿 m^3 左右。珠江流域涵养水源林区的广西居民为了保护生态环境，生产生活都受到了限制。我们应该建立横向生态补偿机制，使生态服务提供者得到合理的补偿。其次，要开征生态补偿税，建立生态补偿基金，保证生态补偿资金有长期稳定的来源。比如，广西可以考虑根据地区经济发展水平及流域上下游位置，向珠三角地区开征一种有差别的生态补偿税来用于珠江流域的生态环境建设。最后，广西的生态补偿资金还可以通过对外合作交流，争取国际性金融机构优惠贷款和民间社团组织及个人捐款等方式进行融资，吸收非政府组织和个人共同参与生态环境建设，扩展生态补偿的资金来源。

3. 建立区域生态环境保护标准，用规范化的形式实现生态补偿机制

某地区或某单位完成生态建设和环境保护的任务，达到生态环境保护标准，是给予一个地区或一个单位生态补偿的基本前提。目前，广西已经将生态功能区划分为几个区，南宁市等一些地市也划了生态功能区。这些生态功能区的生态条件有所差别，并且这些功能区保护的措施和要达到的标准也不会完全相同。因此，需要根据各区域的环境资源状况，尽快建立区域生态环境保护标准。如果达到生态环境保护标准就给予相应的补偿；如果达不到生态环境保护标准就扣减相应的补偿经费；如果对环境造成污染就由责任主体做出相应的赔偿。

4. 探索市场化模式，社会各界共同参与建设生态补偿机制

面对经济发展与环境发展的矛盾日益尖锐，单靠政府主导的生态补偿是远远不够的。同时，由国家来补偿受害人和保护者的损失，无疑是利用全民的税收作为财源，变成全民对造成污染或破坏环境的行为负责，违反了环境公平原则，与现代环境法的趋势和理念相悖。因此，建立和完善广西生态补偿机制要探索市场化模式。广西森林资源和水资源都相当丰富，应该积极探索森林生态交易和水权交易。森林可以吸附大量的二氧化碳，对于控制全球气候变暖至关重要；森林可以涵养水源、改善水质、防止水土流失；森林具有丰富的生物种类，对于生物种群的延续和保护具有重要意义；森林的生态旅游价值也十分巨大。这些都可以作为生态补偿的主体进行森林生态交易。水资源方面，应该积极探索建立区域内外水资源使用权出让或转让等制度，充分发挥地区优势，效仿浙江东阳和义乌两市的水权交易，开展广西与珠三角地区间水权交易。此外，广西还应逐步建立政府管制下的排污权交易，运用市场机制降低治污成本，提高治污效率。广西独特的喀斯特旅游资源吸引着现代都市人，吸引着全球的目光。广西应该充分地利用这个引进资金的条件，引导国内外资金投向广西生态环境保护、生态建设和资源开发，逐步建立政府引导、市场推进、社会参与的生态补偿机制。

5. 积极探索市场化生态补偿模式

积极运用市场化的机制和办法，引导鼓励国内外资金投向生态建设、环境保护和资源开发，逐步建立政府引导、市场推进、社会参与的生态补偿和建设投融资机制。按照“谁投资、谁受益”的原则，支持鼓励社会资金参与生态建设与环境污染整治的投资、建设和运营。引导鼓励生态环境保护者和受益者通过自愿协商实现合理的生态补偿。积极探索生态建设、环境污染整治与城乡土地开发相互促进的有效途径，在改善环境中提高土地开发效益，在土地开发中积累生态环境保护资金，形成良性循环的机制。

6. 拓宽生态建设和环境保护资金筹措渠道

加大生态补偿的投入。充分发挥财政资金在现阶段生态补偿机制建立过程中的主导地位，各级财政在加大补偿资金的投入力度的同时，要按照“谁受益、谁补偿”的原则多渠道筹措生态补偿资金，通过提高原水价格、用水大户水价以及提取土地出让金部分资金等，进一步扩大资金规模。加强地方专项资金的配套使用力度，各县（市、区）应当根据生态补偿的要求和意见精神，加快建立配套的生态补偿专项资金，并制定使用管理办法。配套资金应优先扶持自治区、市级生态补偿资金投向的重点领域和项目，并在促进本地区重要生态功能区和农村及欠发达地区的共同发展中发挥积极作用。

7. 加强关键问题研究，用科学技术支撑生态补偿机制

生态补偿机制的完善需要科技和理论的支撑，生态补偿机制的建立和完善是一项复杂而长期的系统工程，涉及生态保护以及建设资金筹措和使用等各个方面。加上广西的生态系统敏感而脆弱，经济发展总体水平仍然较低，区域性贫困和脆弱环境问题相互交织，经济发展和生态保护之间的矛盾十分尖锐，许多问题还不清楚，有待深入研究。建议将生态补偿问题列入广西重点科研计划，进一步加强广西生态补偿关键问题的科学研究。对广西重点领域（如矿产资源开发、森林和自然保护区保护）以及流域保护过程中的生态补偿标准体系等关键技术（如生态系统服务功能的物质量和价值的核算、生态系统服务与生态补偿的衔接、生态补偿的对象、标准、方式方法），需要组织进一步的科技攻关，制定科学的资源开发生态补偿标准体系。对资源开发和重大工程活动的生态影响评估体系以及生态监测体系都需要进行跨学科综合研究，同时还应努力提高生态恢复和建设的技术创新能力，大力开发利用生态建设、环境保护新技术和新能源技术等，为建立切实有效的生态补偿机制提供有力的技术支撑。

广西已建立的生态补偿机制是结合我区具体实际情况下制定的，在进一步完善我区实施生态补偿机制要求注意均衡，注意分清主次，更要注意各个方面的利益诉求，让改革发展的成果惠及广大人民，让更多的人民真正尝到生态补偿机制给他们带来的好处，生态补偿机制的建立和完善，将为社会的稳定发展、人民的安居乐业起到极大的促进作用。该区生态补偿机制的逐步完善，也将为生态广西经济发展起到极大的推动和促进作用。

本区已建立自然保护区 7 处，涉及研究区总面积 73 532.9 hm^2，占区土地总面积的 6.5%。其中国家级有九万山、花坪、猫儿山 3 处，自治区级银竹老山、泗涧山、建新和元宝山 4 处。自然保护区情况如下（表 6-1）：

表 6-1　广西自然保护区建设情况

保护区名称	涉及县	保护区总面积/hm^2	在研究区范围面积/hm^2	保护对象	批准机关	最初建立日期
九万山	融水、罗城、环江	25 212.8	12 360.2	水源涵养林	国务院	1982.6
猫儿山	兴安、资源、龙胜	17 008.5	7 320.0	典型常绿阔叶林生态系统及铁杉、水源涵养林	国务院	1976.1

保护区名称	涉及县	保护区总面积/hm^2	在研究区范围面积/hm^2	保护对象	批准机关	最初建立日期
花坪	龙胜、临桂	15 133.3	5 800.0	银杉及典型常绿阔叶林生态系统	国务院	1961.11
银竹老山	资源	28 670.0	2 8670.0	资源铁杉	自治区政府	1982.6
泗涧山	融水	10 384.0	1 0384.0	大鲵	自治区政府	2004.10
建新	龙胜	4 860.0	4 860.0	迁徙候鸟		
元宝山	融水	4 158.7	4 158.7	元宝山冷杉、珍稀动物及水源涵养林	自治区政府	1982.6
合计		105 427.3	73 552.9			

这些自然保护区的建立，保护了本区几乎所有野生动植物物种和重要的自然生态系统。自然保护区是自然资源最丰富、自然景观最优美的场所，孕育着丰富的多样性生物，是自然界的精华所在。2001 年，国家启动野生动植物保护和自然保护区建设工程以来，九万山、猫儿山、花坪 3 处国家级自然保护区每年可获得基础设施建设投资数数百万元，自治区财政每年约 200 万元的管护费补助，国家和自治区每年每亩 4.5～4.75 元的标准给付生态效益补偿金。其余 4 处自治区级自然保护区只有其中部分森林能享受国家和自治区提供的森林生态效益补偿金，远不能体现保护区提供的生态服务功能价值，保护区及周边社区群众因建立自然保护区后受到开发利用的限制，一直处在生活极度贫困之中。

建立健全生态补偿机制的保障体系。加强组织领导。各级各部门要从构建和谐社会的高度，深刻认识建立健全生态补偿机制的重大意义，切实加强组织领导，加快建立健全生态补偿机制。各级政府要积极研究和制定完善的生态补偿政策措施；各级环保（生态办）要会同财政部门加强生态补偿专项资金的使用管理，提高资金使用效益：发展改革、经济、建设、水利、农业、国土、林业、物价等部门要各司其职，密切配合，共同推进生态补偿机制的建立健全。各级各部门要加强生态补偿措施的督促落实，对实施生态补偿过程中的重大问题，要及时向上级主管部门汇报。制定补偿标准。加快建立自然资源和生态环境统计监测指标体系，研究制定自然资源和生态环境价值量化评价方法，逐步建立生态补偿标准的技术支撑体系。根据环境保护和生态建设目标责任制考核内容，结合流域生态环境质量指标体系、万元 GDP 能耗、万元 GDP 水耗、万元 GDP 排污强度、交接断面水质达标率等指标，逐步建立科学的生态补偿标准体系，公平合理地安排生态补偿专项资金，强化各类监督。各级人民政府要向同级人大、政协报告或通报生态补偿实施情况，并接受监督。充分重视社会监督，吸取合理化意见和建议，不断增强生态补偿机制建立健全过程中决策的科学化和民主化。

五、广西生态环境建设的配套措施

目前，广西的生产与生态已严重失衡，不合理的开发利用，企业生产的污水排放和有害毒气排放已严重破坏周边的生态环境，已不同程度危害到人民的身体健康，如果不采取切实有效措施治理环境污染问题，不仅当代人生产生活问题解决不好，而且会影响到子孙后代的生存与发展。广西的生态环境可持续建设必须从以下方面下真功夫。

（1）进一步提高认识、转变观念。全区各级党委和政府要进一步提高认识，切实转变思想观念，把对环境保护的转变到科学发展的要求上来。下定决心加强环境保护工作，明确责任，强化措施，努力做到“三个转变”，即从重经济增长轻环境保护转变为保护环境与经济增长并重，从环境保护滞后于经济发展转变为环境保护和经济发展同步，从主要用行政办法保护环境转变为综合运用法律、经济、技术和必要的行政办法解决环境问题。

（2）加快产业结构调整，大力发展循环经济。要坚定不移走新型工业化道路，依靠科技进步，推进经济结构战略性调整，改变粗放型的增长方式，努力形成“低投入、高产出，低消耗、少排放，能循环、可持续”的环保节约型产业结构，从源头上解决环境保护问题。在发展经济的同时，既要充分考虑环境质量、总量控制要求，又要切实保护环境质量，对自然保护区、饮用水水源等环境脆弱区要实行强制保护。

（3）加强环保基础设施建设。加强环保设施建设，是改善环境质量的重要基础性工作。各地要多方筹集资金，加大环保投入，加快建立污水处理厂、垃圾无害化处理厂、固体废物和危险医疗废物处理设施等环保基础设施，逐步完善城市排水管网。

（4）坚持依法治理环境。要严格落实环境准入制度，凡不符合法律规定和产业政策，不符合环保规划的项目，一律不得批准建设。要严格监管，切实解决水、大气、土壤污染等危害人民群众身心健康的重大环境问题。

我区面临的环境污染问题，有些是长期积累的结果，解决起来需要一个过程，必须抓住主要矛盾，解决人民群众最关心、最直接、最现实的环境问题。要加大环保执法力度，对违反规定，破坏环境的企业，该关的要关，该罚的要罚，该通报的要通报，避免短期行为对环境造成破坏。

（5）坚持环境保护和生态建设并重方针。认真做好野生动植物保护与利用和自然保护区建设工作。在全区范围内开展“绿剑”“春雷”“关爱生灵，保护鸟类”等保护野生动植物专项行动。加强执法检查，进一步规范野生动植物保护管理和经营利用工作。建设生态城市和生态村镇，重点抓好“沿江沿河”的生态环境保护，维护革命老区红色生态格局，全面提升生态环境质量，提高区域防灾减灾能力，提升城市生态服务功能，保护城乡人居环境，建立起保障经济社会持续发展的环境支撑体系。

（6）抓好生态能源建设，加大退耕还林等综合治理工程。在全区大力推广“养殖—沼气—种植”生态农业模式，推进沼气池与改厨、改厕、改圈、改水、改路等相结合的生态家园建设步伐。采取“封、造、节、管、水”等措施，多管齐下，开展综合治理。加大退耕还林工程、珠江防护林工程、生态效益补助试点工程、速丰林工程、石漠化治理工程等重大工程建设的步伐，并组织开展林业通道经济建设，推进林业经济的发展。

（7）加强环保宣传教育，提高公众环保意识。要加强宣传，提高全社会环境忧患意识和环境法制观念；建立公众参与环保机制，扩大公众对环境的知情权，对重大建设项目，要举行环保听证。深入开展全民环境教育，推进环境优美乡镇、生态文明村、绿色社区、绿色学校等创建活动，努力营造节约资源和保护环境的社会氛围。

（8）创建广西生态文明示范区。根据广西生态可持续发展的战略部署，创建广西生态文明示范区。具体举措为：一是加强了生态保护和建设，启动了12个县的石漠化治理工程等项目；二是发挥生态资源优势，大力发展生态效益型农业、林业和旅游业，建设了一批绿色、有机农产品基地和生态农业产业区，全区生态农业模式示范区（基地）面积达120多万 hm^2；三是大力推进农村环境综合整治，实施一批村庄环境综合整治试点，因地制宜开展农村生活污水、垃圾和畜禽养殖业污染防治，并取得显著成效；四是应用先进的节能、清洁生产技术促进制糖、造纸、有色冶炼、冶金等传统资源型产业的升级和转型；五是积极探索、建立推进生态文明示范区建设的经济政策和机制，提高了生态公益林补助标准，从2010 年开始，自治区本级财政提高了生态广西建设引导资金的额度，增幅达50%。

参考文献

[1] 中华人民共和国国家统计局. 中国统计年鉴 2011[M]. 北京：中国统计出版社，2011.

[2] 中华人民共和国国家统计局. 中国统计年鉴 2012[M]. 北京：中国统计出版社，2012.

[3] 中华人民共和国国家统计局. 中国统计年鉴 2013[M]. 北京：中国统计出版社，2013.

[4] 广西壮族自治区人民政府. 广西年鉴[M]. 南宁：广西年鉴社，2007.

[5] 广西壮族自治区人民政府. 广西年鉴[M]. 南宁：广西年鉴社，2011.

[6] 《农区生物多样性编目》编委会. 农区生物多样性编目[M]. 北京：中国环境科学出版社，2008.

[7] 李文华. 农业生态问题与综合治理[M]. 北京：中国农业出版社，2008.

[8] 《广西环境保护丛书》编委会. 广西环境管理[M]. 北京：中国环境科学出版社，2011.

[9] 《广西环境保护丛书》编委会. 广西环境发展规划[M]. 北京：中国环境科学出版社，2011.

[10] 《广西环境保护丛书》编委会. 广西环境科学研究[M]. 北京：中国环境科学出版社，2011.

[11] 《广西环境保护丛书》编委会. 广西生态环境保护[M]. 北京：中国环境科学出版社，2011.

[12] 蒋忠诚，李先琨，胡宝清，等. 广西岩溶山区石漠化及其综合治理研究[M]. 北京：科学出版社，2011.

[13] 广西植物研究所. 广西植物志（第二卷 种子植物）[M]. 南宁：广西科学技术出版社，2005.

[14] 覃海宁，刘演. 广西植物名录[M]. 北京：科学出版社，2010.

[15] 广西植物研究所. 广西特有植物（第一卷）[M]. 南宁：广西科学技术出版社，2007.

[16] 赖志强，等. 广西饲用植物志（第一卷）[M]. 南宁：广西科学技术出版社，2011.

[17] 赵其国，黄国勤. 广西农业[M]. 银川：黄河出版传媒集团·阳光出版社，2012.

[18] 赵其国，黄国勤. 广西红壤[M]. 北京：中国环境出版社，2014.
[19] 李天杰，等. 土壤环境学[M]. 北京：高等教育出版社，1999.
[20] 李文苑. 环境法上的环境概念探析[J]. 能源与环境，2007，（4）：67-69.
[21] 左玉辉. 环境学[M]. 北京：高等教育出版社，2002.
[22] 潘爱芳，赫英. 地球化学背景与生态环境综合治理新思路[J]. 西北大学学报（自然科学版），2004，34（1）：85-89.
[23] 王孟本. “生态环境”概念的起源与内涵[J]. 生态学报，2003，23（9）：1910-1914.
[24] 邢永强，张璋，张洪波，等. 浅淡地质环境与环境地质、生态环境的关系及其保护[M]. 北京：地质出版社，2008.
[25] 邢永强，窦明，张璋，等. 环境—生态—水文—岩土理论探讨与应用实践[M]. 北京：地质出版社，2008.
[26] 广西壮族自治区统计局. 广西统计年鉴[M]. 北京：中国统计出版社，2011.
[27] 覃卫坚，李耀先，覃志年. 广西气温气候变化特征研究[J]. 安徽农业科学，2010，38（32）：18315-18318.
[28] 黄梅丽，林振敏，丘平珠，等. 广西气候变暖及其对农业的影响[J]. 山地农业生物学报，2008，27（3）：200-206.
[29] 黄嘉宏，李江南，李自安，等. 近45年广西降水和气温的气候特征[J]. 热带地理，2006，26（1）：23-28.
[30] 李艳兰，周美丽，陆甲. 2009 年夏至 2010 年春广西旱灾分析及抗旱减灾对策[J]. 广西农学报，2011，26（3）：87-89，93.
[31] 周美丽，陆甲，李艳兰，等. 广西 2008 年气候特点及其影响评价[J]. 气象研究与应用，2009，30（2）：62-65.
[32] 周清湘，张肇元. 广西土壤肥料史[M]. 南宁：广西科学技术出版社，1992.
[33] 广西土壤肥料工作站. 广西土壤[M]. 南宁：广西科学技术出版社，1994.
[34] 广西壮族自治区统计局. 广西统计年鉴[M]. 北京：中国统计出版社，2007.
[35] 钟铿，李志才，潘其云. 广西地矿科技半世纪回眸[J]. 南方国土资源，2006，（11）：18-21.
[36] 黎遗业. 广西地质灾害的成因分析及防治对策[J]. 重庆科技学报（自然科学版），2008，10（1）：26-30.
[37] 钟格梅，陈莉，李裕利，等. 广西部分地区地下水饮水水质抽样调查[J]. 中国热带医学，2005，5（4）：898-899.
[38] 姜维，杨丽梅. 广西的水土流失及防治对策[J]. 中国水土保持，2012，（3）：39-41.
[39] 水利部，中国科学院，中国工程院. 中国水土流失防治与生态安全：西南岩溶区卷

[M]. 北京：科学出版社，2010：77-81.

[40] 芦峰. 广西岩溶土地现状与石漠化治理模式探析[J]. 广西林业科学，2012，41（2）：183-185.

[41] 凌乃规. 广西不同类型农田土壤重金属含量状况分析[J]. 农业环境与发展，2010，（4）：91-94.

[42] 姚丽贤，黄连喜，李国良，等. 广西和福建荔枝园土壤农药残留现状研究[J]. 中国生态农业学报，2011，19（4）：907-911.

[43] 赵其国，孙波，张桃林. 土壤质量与持续环境 I. 土壤质量的定义及评价方法[J]. 土壤，1997，29（3）：113-120.

[44] 章家恩. 土壤生态健康与食物安全[J]. 云南地理环境研究，2004，16（4）：1-4.

[45] 孙波，解宪丽. 全球变化下土壤功能演变的响应与反馈[J]. 地球科学进展，2005，20（8）：903-909.

[46] 袁菊，刘元生，何腾兵. 贵州喀斯特生态脆弱区土壤质量退化分析[J]. 山地农业生物学报，2004，23（3）：230-233.

[47] 岳跃民，王克林，张伟，等. 基于典范对应分析的喀斯特峰丛洼地土壤——环境关系研究[J]. 环境科学，2008，29（5）：1400-1405.

[48] 李阳兵，侯建筠，谢德体. 中国西南岩溶生态研究进展[J]. 地理科学，2002，22（3）：365-370.

[49] 袁海伟，苏以荣，郑华，等. 喀斯特峰丛洼地不同土地利用类型土壤有机碳和氮素分布特征[J]. 生态学杂志，2007，26（10）：1579-1584.

[50] 曾洋，周游游，胡宝清. 广西北部湾地区典型土壤肥力研究[J]. 大众科技，2012，14（5）：137-139.

[51] 何军月. 防城区耕地土壤养分变化动态研究[J]. 广西农学报，2010，25（1）：7-9.

[52] 陈桂芬，黄玉溢，熊柳梅，等. 广西农业科学院里建科研基地土壤养分状况调查分析[J]. 南方农业学报，2012，43（2）：196-199.

[53] 李国良，张政勤，姚丽贤，等. 广西壮族自治区与福建省荔枝园土壤养分肥力现状研究[J]. 土壤通报，2012，43（4）：867-871.

[54] 侯傅庆，石华. 华南石灰岩地区土壤的发生和利用[J]. 1962，（2）：6-14.

[55] 陈廷速，甘立，李松，等. 广西主要蔗区宿根蔗根际土壤微生物群落结构分析[J]. 亚热带农业研究，2011，7（2）：129-131.

[56] 何金祥，付传明，黄宁珍，等. 广西岩溶区烟草栽培地土壤养分、微生物与病害发生的调查分析[J]. 中国农学通报，2011，27（15）：292-296.

[57] 苏广实. 喀斯特小流域不同土地利用方式对土壤微生物和酶活性的影响——以广

西都安澄江小流域为例[J]. 中国农学通报，2012，28（18）：81-85.

[58] 陈家瑞，曹建华，李涛，等. 西南典型岩溶区土壤微生物数量研究[J]. 广西师范大学学报：自然科学版，2010，28（4）：96-100.

[59] 苏平. 广西土壤水分分区初探[J]. 广西气象，1987（6）：22-26.

[60] 余志强. 广西主要茶区土壤重金属的监测与污染评价[J]. 广东农业科学，2009，（9）：174-176.

[61] 韦毅刚. 广西植物区系的基本特征[J]. 云南植物研究，2008，30（3）：295-307.

[62] 游群，邓大军. 广西动物多样性研究概况[J]. 广西林业科学，2007，（36）：3.

[63] 尹文英. 土壤动物学研究的回顾与展望[J]. 生物学通报，2001（36）：8.

[64] 蒋国芳. 广西蝗虫研究工：蝗虫的区系组成[J]. 动物学研究，1995，16（3）：223-231.

[65] 赖廷和，何斌源. 广西红树林区大型底栖动物种类多样性研究[J]. 广西科学，1998，5（3）：166-172.

[66] 崔朝霞，张峘，宋林生. 中国重要海洋动物遗传多样性的研究进展[J].生物多样性，2011，19（6）：815-833.

[67] 焦晓丹，吴凤芝. 土壤微生物多样性研究方法的进展[J]. 土壤通报，2004，35（6）：789-792.

[68] 黄进勇，李春霞. 土壤微生物多样性的主要影响因子及其效应[J]. 河南科技大学学报，2004，24（4）：10-13.

[69] 姜莹. 土壤微生物多样性及发展前景[J]. 黑龙江农业科学，2010（7）：174-175.

[70] 李骁，王迎春. 土壤微生物多样性与植物多样性[J]. 内蒙古大学学报，2006（6）.

[71] 何建瑜，赵荣涛，陈永妍，等. 海洋微生物多样性研究技术进展[J]. 生命科学，2012，24（6）：526-530.

[72] 李祎，郑伟，郑天凌. 海洋微生物多样性及其分子生态学研究进展[J]. 微生物学通报，2013，40（4）：655-668.

[73] 唐燕. 浅谈广西生物保护多样性的意义[J]. 科技传播，2010（11）：103，109.

[74] 谭伟福. 广西生物多样性评价及保护研究[J]. 贵州科学，2005（23）：2.

[75] 谭伟福，蒋波. 广西生物多样性保护策略和途径[J]. 生态多样性与气候变化，2007.

[76] 周兴，童新华，秦成，等. 广西可持续发展要解决的生态环境问题及对策[J]. 广西师范学院学报，2003，20（增）：1-9.

[77] 覃盈盈，刘海洋，黄安书，等. 广西湿地两栖爬行动物资源的调查[J]. 贵州农业科学，2011，39（12）：182-186.

[78] 崔朝霞，张峘，宋林生，等. 中国重要海洋动物遗传多样性的研究进展[J]. 生物多样性，2011，19（6）：815-833.

[79] 刘任涛，赵哈林，赵学勇. 半干旱区草地土壤动物多样性的季节变化及其与温湿度的关系[J]. 干旱区资源与环境，2013，27（1）：97-101.

[80] 李淑梅，史留功，李青芝. 不同施肥条件下农田土壤动物群落组成及多样性变化[J]. 安徽农业科学，2008，36（7）：2830-2831，2989.

[81] 黎鹏. 推进生态环境建设　促进可持续发展. 广西日报，2010-03-11.

[82] 杜雯. 广西生态环境建设的几点思考[J]. 世界热带农业信息，2010（12）：1-6.

[83] 赵敏. 试论生态旅游与可持续发展的关系[J]. 湖南社会科学，2003（2）：89-90.

[84] 张坤民，温宗国. 城市生态可持续发展指标的进展[J]. 城市环境与城市生态，2001（14）：6.

[85] 蓝岚，罗春光. 广西壮族的生态文化与可持续发展[J]. 河池师专学报河池师专学报，2004（24）：1.

[86] 胡衡生，李艳琳. 广西生态农业的模式与特点[J]. 广西师院学报，1999（16）：4.

[87] 王金叶，程道品，胡新添，等. 广西生态环境评价指标体系及模糊评价[J]. 西北林学院学报，2006，21（4）：5-8.

[88] 尹闯，林中衍. 建立和完善广西生态补偿机制的对策[J]. 广西科学院学报，2011，27（2）：137-140，144.

附　录

附录 1

生态广西建设规划纲要（2006—2025 年）*

（广西壮族自治区人民政府　二〇〇七年八月）

前　言

21 世纪头二十年是我区经济社会发展必须紧紧抓住的重要战略机遇期，也是我区加快富民兴桂新跨越、全面建设小康社会和努力建设富裕文明和谐新广西的关键阶段。在推进工业化、城镇化和社会主义新农村建设的进程中，加快转变经济增长方式，建设资源节约型、环境友好型社会，保障公共安全和人口健康，促进人与自然和谐，走生产发展、生活富裕、生态良好的文明发展道路，既是全面落实科学发展观和构建社会主义和谐社会的客观要求，也是我区经济社会发展的迫切需要，是充分发挥后发优势、增强我区综合实力和竞争力的必然选择。自治区党委、政府遵循经济社会发展规律和自然生态规律，立足广西区情和长远发展需要，主动适应国际、国内经济社会发展新形势，适时作出了建设生态省（区）的重大战略决策，确立了建设富裕文明和谐新广西的奋斗目标。建设生态广西，是我区全面贯彻科学发展观，落实构建社会主义和谐社会重大思想的具体体现。其内涵是以可持续发展理论为指导，以促进经济增长方式转变和保障生态环境安全为主线，运用生态学和生态经济学原理、循环经济理念以及系统工程方法，把经济社会与人口资源环境有机结合起来，统筹规划和实施经济建设、环境保护和社会发展，优化配置资源，充分发挥生态资源优势和体制机制优势，依靠科技进步，大力发展

---

* 《生态广西建设规划纲要（2006—2025 年）》已经广西壮族自治区人民代表大会常务委员会第 27 次会议审议批准，广西壮族自治区人民政府于 2007 年 9 月 10 日发布实施（桂政发[2007]34 号）。

生态经济，切实改善生态环境，积极倡导生态文明，使我区经济社会步入全面、协调、可持续发展轨道，实现又好又快地发展，把广西建设成为一个既有发达生产力，又保持蓝天碧海、山川秀美的生态省区。

生态广西建设是一项庞大、复杂的系统工程和长期艰巨的任务，也是一个与时俱进、不断发展和进步的动态过程。为了动员和组织全区各方面的力量积极参与生态广西建设，根据自治区党委、政府的部署以及国家相关法律法规，结合我区实际，特制定《生态广西建设规划纲要》（以下简称《纲要》）。本《纲要》提出了建设生态广西的指导思想、原则、目标任务、建设内容和工作措施，是推进生态广西建设的指导性文件，是编制各市县、各部门（行业）规划和实施方案的重要依据。随着生态广西建设的不断深化，将根据实际情况对《纲要》进行适时调整、补充和完善。

一、建设生态广西的现实基础和条件

（一）宏观环境

20 世纪末，全球性的人口增长、资源短缺、环境污染和生态恶化问题成为国际社会关注的焦点。人类经过对传统发展模式的深刻反思，形成了走经济社会发展与资源环境相协调的可持续发展道路的共识。越来越多的国家已把资源环境作为国家综合实力和竞争力的重要标志，将生态安全列为国家安全的重要组成部分，积极探索适合本国国情的可持续发展道路。进入新世纪，全球可持续发展的共同努力进一步强化，在全球经济一体化趋势加快的同时，生态环境与经济活动的相互影响也日益加深。我国是世界上率先将可持续发展战略列为国家基本战略并采取具体行动的国家之一。特别是党的十六大以来，党中央制定了全面建设小康社会的宏伟蓝图，将“可持续发展能力不断增强，生态环境得到改善，资源利用效率显著提高，促进人与自然和谐，推动整个社会走上生产发展、生活富裕、生态良好的文明发展道路”作为全面建设小康社会的主要目标，提出了树立和落实科学发展观、构建社会主义和谐社会的重大战略思想，强调要以科学发展观统领经济社会发展全局，坚持以人为本，转变发展观念，创新发展模式，提高发展质量，落实“五个统筹”，把经济社会发展切实转入全面协调可持续发展轨道。中央的一系列战略决策，标志着我国环境与发展的关系正在发生重大变化，对于我国的现代化建设具有全局和深远的影响。

经济全球化和生态化发展趋势，我国更加明晰的发展战略和政策指向，为我区的发展提供了良好的宏观环境和难得的机遇。我区发展水平虽然还相对较低，但拥有优越的自然条件、良好的生态资源和独特的地缘优势，并且享有国家给予的少数民族地区、边疆地区、西部地区和沿海开放地区等各种特殊政策；国家西部大开发战略深入实施，泛珠三角区域合作、西南六省区市区域合作不断深化，中国—东盟自由贸易区加快建立，泛北部湾经济合作、大湄公河次区域合作正在推进，这多重机遇将为我区更好地利用国内国外两个市场、两种资源和各种有利条件，拓展新的发展空间，发挥后发优势，走出一条适合区情、具有特色的发展道路，实现跨越式发展提供了新的契机。

（二）有利条件和工作基础

（1）地缘区位优势明显。我区地处华南和西南的结合部，与越南及东南亚毗邻，是全国唯一具有沿海、沿江、沿边地域特点的省区，是连接粤港澳与西部地区、实现东西互动的重要通道，也是沟通中国与东盟的重要海陆通道，对促进西部大开发，建立中国—东盟自由贸易区和构建中国与东盟“一轴两翼”区域合作新格局，推进泛北部湾区域、泛珠三角经济区域、大湄公河次区域等区域经济合作具有战略地位和重要作用，并正在成为国家实施对外开放和区域合作战略的前沿。独特的区位条件，可为建设生态广西提供更多的可利用因素和机遇。

（2）特色资源较丰富。我区地处低纬度地区，南濒热带海洋，北回归线横贯中部，属亚热带季风气候区，光照、降水、热量充沛，雨热同季，水热条件结合良好。水资源丰富，年径流总量达 1 880 亿 m^3，占全国年径流总量的 7.2%。拥有陆地海岸线 1 595 km，海域及潮间带滩涂面积广阔，海洋资源丰富且开发潜力巨大。野生生物物种及农林牧渔业种质资源丰富并具特色，已知有野生维管束植物 8 354 种、野生陆栖脊椎动物 916 种、淡水鱼类 212 种、海洋生物近 1 600 种，在全国生物多样性构成中占有重要地位。宜林地面积大，森林覆盖率 51.66%，活立木蓄积量 5.106 亿 m^3。矿产种类多，已探明保有资源储量的矿产 87 种，其中锰、锑等 14 种矿产储量居全国首位，铝土矿、锡矿、铟矿等储量居全国第二位，是全国十大重点有色金属矿区之一。可开发水能蕴藏量 1 800 多万 kW。自然景观和人文景观资源丰富多样、特色突出。这些丰富的资源，为我区大力发展特色经济和生态经济提供了得天独厚的条件。

（3）生态环境保持良好。我区有森林、湿地、海洋等多种类型自然生态系统，并相对稳定地维持着各种生态服务功能。大部分城市环境空气质量达到二级以上标准；主要江河约 90%的河段水质达到或优于地表水Ⅲ类水质标准，符合水环境功能区划要求；近岸海域水环境功能区水质达标率在 85%以上，是目前我国近海水质保持最好的海域之一。良好的环境质量是建设生态广西必不可少的先决条件。

（4）经济社会发展具有较好的基础。改革开放以来，特别是西部大开发战略实施以来，我区国民经济持续较快发展。“十五”期间全区生产总值年平均增长 10.7%，2005 年达到 4 063 亿元，人均生产总值 8 762 元，经济总量和财政实力明显增强，能源、交通、通信、水利和城市基础设施进一步改善，工业化、城镇化、农业产业化加快推进，特色优势产业加快发展，经济结构不断优化，对外贸易较快增长，科技、教育、文化、卫生、体育等各项社会事业全面发展，人口过快增长趋势得到有效控制，消除贫困、防灾减灾等方面成绩显著，城镇社会保障体系初步建立。目前，全区经济快速发展，社会稳定，民族和睦团结，人民生活改善，进入了历史上发展最好的时期，为建设生态广西奠定了良好的经济社会基础。

（5）环境保护与生态建设成效明显。多年来，我区大力实施造林灭荒、封山育林、防护林体系建设、自然保护区建设、退耕还林、水土保持、石漠化治理、农村能源建设、生态农业建设、工业污染防治、酸雨控制、重点流域和城市环境综合整治等环境保护和生态建设工程并取得明显成效。全区建立了 72 个自然保护区、34 个风景名胜区、26 个国家森林公园、6 个国家地质公园，保护区网络已基本形成。31 个市（区、县）列为全国生态示范区建设试点，其中 3 个县已获得国家级生态示范区命名。创建了 11 个国家级和自治区级生态农业示范县，生态富民小康建设示范“十百千万”工程项目覆盖了全区半数以上的县，项目实施面积占农作物面积的 40%，无公害、绿色和有机农产品发展势头良好。文明生态村创建活动在全区广泛开展。农村生态能源建设成效显著，已建成沼气池 273 万座，农村沼气入户率 34.3%，位居全国前列。矿产开发、土地利用和城乡规划管理得到加强。桂林市获得全国环境保护模范城市称号，南宁市获得中国人居环境奖。淘汰了一批高能耗、高污染的落后生产能力，工业企业清洁生产和废物综合利用不断推进，出现了一批循环经济典型企业、行业，工业生态园区建设取得初步进展。这些成功的探索和实践，增强了我区可持续发展的能力，为建设生态广西积累了经验。

（6）可持续发展形成共识。自治区党委、政府将可持续发展作为经济社会发展的重要战略之一，制定了一系列相关政策、法规和规划，将人口、资源、环境保护工作纳入了目标责任制进行考核。积极推进经济结构调整和增长方式转变，实行环境与发展综合决策，提出了发展循环经济的任务和政策措施。广泛深入地开展科学发展观和人口资源环境国情、区情的宣传教育，全社会可持续发展意识逐步增强，广大群众参与资源环境保护的自觉性和积极性明显提高，为建设生态广西提供了良好的社会氛围。

（三）制约因素和存在问题

（1）生态环境脆弱，自然灾害频繁。我区属于多山地丘陵地区，山地丘陵占全区陆域土地面积的 68.3%，其中岩溶石山区约占全区土地面积的 33%，平原面积小且呈零星分布。山区、丘陵区地形复杂，坡陡谷深，土层浅薄且易被侵蚀。以山地森林类型为主的自然生态系统，特别是岩溶山地森林生态系统敏感而且脆弱，遭破坏后恢复困难。受地质、地形、地貌和气候等因素的影响，我区降水时空分布不均，岩溶石山区缺水问题突出。耕地质量不高，坡耕地多，土壤肥力较差，中、低产耕地面积比重占 77%。外来有害生物的入侵及危害日趋明显，生物多样性面临严重威胁。干旱、洪涝、风暴潮、农林病虫害和地质灾害等自然灾害频繁。

（2）人口形势严峻，资源供需矛盾突出。2005 年人口总数 4 925 万人，人口密度 208 人/km^2，预测 2025 年我区人口总量将达 5 644 万人左右，人口压力较大。人口过快增长使资源供需矛盾进一步加大，目前全区人均耕地面积仅 0.78 亩，耕地后备资源匮乏，煤、石油、铁矿等重要资源严重不足，对经济社会发展的制约日趋明显。

（3）经济增长方式仍较粗放，环境压力较大。我区粗放型的经济增长方式尚未根本改变，资源依赖型产业比重大，工艺技术水平还较为落后，资源利用效率不高，工业污染物排放总量大，结构性污染突出，每万元工业增加值能耗、水耗和万元生产总值排放二氧化硫、化学需氧量远高于全国平均水平，部分江河、湖库和局部海域水环境质量下降，酸雨频率居高不下。农药、化肥等农业化学品使用强度较大，不仅导致农业面源污染日趋严重，而且农产品出口也已受到国际贸易技术壁垒的明显制约。因长期受不合理开发活动的影响，局部地区自然生态系统受到破坏，天然林面积减少，森林质量下降，生态系统服务功能减弱，栖息地破碎化明显。土地退化问题突出，全区水土流失面积达 281 万 hm^2，占全区总面积的 12%；岩溶地区石漠化面积达 238 万 hm^2，占全区总面积的 10.1%。沿海滩涂湿地及红树林、海草床面积减少，过度捕捞导致近海鱼类资源衰退。

（4）经济发展水平不高，扶贫解困任务艰巨。由于多种因素的影响，我区经济发展总体水平仍然较低，经济总量不大，许多经济指标明显低于全国平均水平。工业化、农业产业化水平相对落后，规模小，质量和效益不高。农民增收还比较困难，农村贫困面较大，现有国定重点扶贫村 4 060 个，占全区行政村总数的 27.3%，农村绝对贫困人口尚有近百万人，特别是贫困人口主要集中于大石山区，致使区域性贫困和脆弱环境问题相互交织，更增加了扶贫解困难度和生态环境压力。

（5）高素质人才缺乏，自主创新能力不强。我区人均受教育程度较低，人口整体文化科技素质不高，每万人中的大专以上学历人数和科技人员数量均低于全国平均水平，特别是高素质人才缺乏。科技发展基础较薄弱，科技创新能力不强，工业领域具有自主知识产权和知名品牌、市场竞争力强的优势企业少，科技发展水平与完成调整经济结构、转变经济增长方式和切实转入以人为本、全面协调可持续发展轨道的迫切要求不相适应，经济社会发展和环境保护缺乏强有力的科学技术支撑。

二、建设生态广西的指导思想和目 标

（一）指导思想

建设生态广西的指导思想是：以邓小平理论和“三个代表”重要思想为指导，以

科学发展观统领经济社会发展全局，以人与自然和谐发展为目标，以提高人民生活水平和生活质量为根本出发点，以体制创新、机制创新和科技创新为动力，按照加快富民兴桂新跨越、全面建设小康社会和构建富裕文明和谐新广西的要求，坚持可持续发展战略，积极推进经济结构调整和增长方式转变，大力发展循环经济，保护和改善生态环境，促进经济社会又好又快地发展并与人口资源环境相协调，把广西建设成为人民生活富裕、生态环境良好、人居环境优美舒适、人与自然和谐相处、经济发展步入良性循环、社会文明进步的可持续发展省区。

（二）基本原则

（1）尊重规律，协调发展的原则。尊重自然规律、经济规律和社会规律，统筹兼顾局部与全局、当前与长远、经济与社会、城市与农村、人与自然的协调发展，坚持以人为本，正确处理经济社会发展与人口资源环境的关系，促进经济社会全面协调可持续发展。

（2）统筹规划，分类指导的原则。根据资源环境条件、经济发展潜力、重点环境问题等，统筹规划，科学布局，因地制宜地开展生态广西建设各项活动，形成各具特色的区域发展格局。突出重点，分步实施，优先抓好重点产业的生态化转型以及重点流域、重点地区、重点领域的污染防治和生态建设。通过典型示范，以点带面、稳步推进。

（3）依靠科技，开拓创新的原则。加快科技创新步伐，加强先进科技成果的推广应用，提高生态广西建设的科技含量。积极推进机制创新、体制创新、管理创新，建立符合市场经济规律的发展机制。

（4）政府主导，市场运作的原则。发挥政府在生态广西建设中的决策主体、监管主体和服务主体作用，加大公共财政投入，强化监管，提供良好的政策环境和公共服务。建立多元化的投资机制和各项激励约束机制，充分运用市场机制调动社会力量参与生态广西建设的积极性，促进生态广西建设的公益性与市场经济的竞争性有机结合。

（5）公众参与，开放合作的原则。综合运用法律法规、宣传教育等手段，使法规的强制性与公众的自觉性有机结合，营造全社会关心和共同参与生态广西建设的良好氛围。进一步拓展对外开放领域，扩大国际国内交流与合作，在更大空间范围内推进生态广西建设。

（三）总体目标

建设生态广西的总体目标是：经过20年的努力，全区经济增长方式转变取得显著成效，资源合理利用率显著提高，经济实力显著增强，生态环境明显改善，生态文化繁荣，建成一批具有广西特色、竞争力强的生态产业，基本实现人口规模、素质与生产力发展要求相适应，经济社会发展与资源、环境承载力相适应，实现节约发展、清洁发展和安全发展，基本形成全面协调可持续的国民经济体系和资源节约型、环境友好型社会。

（四）建设步骤及分阶段目标

与全面建设小康社会和构建富裕文明和谐新广西的战略步骤相衔接，生态广西建设分为全面启动和重点推进阶段、全面建设和加快发展阶段、全面达标和深化提高阶段3个建设期。

1. 全面启动和重点推进阶段（2006—2010年）

生态广西建设全面启动；建立健全创建工作机制，通过重点区域、领域的试点示范，积累经验，为全面建设阶段工作的推进打下良好的基础。

——全民生态环境意识进一步提高，可持续发展理念深入人心，形成生态广西建设的良好氛围，并建立起良性的决策和监管机制。

——转变经济增长方式和调整产业结构进一步取得成效，建设一批生态产业、生态园区、环境友好型企业等示范项目，生态经济初具规模。

——资源利用方式优化初见成效，节约型技术、装备、材料得到推广应用，节能降耗水平和资源综合利用效率有较大提高。

——环境保护和生态建设进一步加强，生态破坏和环境污染的趋势得到遏制，重点行业污染物排放强度明显下降，大部分历史积累和遗留的环境问题得到有效解决，重点区域、重点流域的环境质量得到改善，重要生态功能区和自然保护区得到有效保护，部分已遭破坏的自然生态系统得到有效恢复。

——生态市、生态县创建活动全面开展，建成一批环保模范城市、生态示范区、环境优美乡镇和文明生态村，区域性新农村建设取得明显成效。

——基本公共服务明显增强，建立健全突发性公共事件应急体系、防灾减灾体系；初步建立生态环境监测监控和信息服务体系、食品安全体系、公共卫生和医疗服务体系。

到2010年，全区生产总值达到6 500亿元，人均生产总值达13 300元，第三产业比重达到38%；总人口控制在5 200万人以内，城镇化水平达到40%；全区森林覆盖率达到54%；万元生产总值能源消耗降低15%，万元工业增加值用水量降低35.6%，工业固体废物综合利用率达到70%以上；耕地保有量保持稳定；主要污染物排放量控制在国家下达的指标内，其中，化学需氧量排放量控制在94.0万t以内，二氧化硫排放量控制在92.2万t以内；地表水水质、近岸海域水质和主要城市空气环境质量达到环境功能区划标准的比例超过90%；县城及以上城市污水处理率达到50%，新增城镇污水处理能力124万t/d；城镇生活垃圾无害化处理率达到60%；退化土地治理率达到50%，其中石漠化治理率达到30%。

2．全面建设和加快发展阶段（2011—2020 年）

生态广西建设全面推进并走上健康发展轨道。基本建成协调发展的生态经济体系，可持续利用的资源体系，山川秀美的生态环境体系，自然和谐的人居环境体系，文明健康的生态文化体系，保障有力的支撑体系等生态广西建设体系框架，经济、社会、资源、人口、环境进一步均衡发展；建成一批重大生态经济建设工程，生态经济形成规模并产生较好效益，可持续发展能力进一步增强；生态环境质量明显提高。

到 2020 年，我区的经济发展水平、经济增长方式、生态环境质量、生活质量和社会进步各项指标基本达到国家生态省建设指标要求。全区 70%以上市、县达到生态市（县）建设指标。人均生产总值超过 25 000 元，第三产业比重达到 40%；人口自然增长率下降到 4.10‰以下，城镇化水平达到 50%；全区森林覆盖率达到 58%，地表水水质、近岸海域水质和主要城市空气环境质量达到环境功能区划标准的比例不低于 92%；城镇污水集中处理率达到 80%，城镇生活垃圾无害化处理率达到 83%；退化土地治理率达到 85%，石漠化治理率达到 70%。

3．全面达标和深化提高阶段（2021—2025 年）

再用五年左右的时间，进一步提高生态广西各方面建设的水平，生态经济发达，生态环境质量处于全国前列，生态文化氛围全面形成。全区经济社会与人口、资源、环境全面协调发展，可持续发展能力显著增强。80%以上的市、县达到生态市、生态县建设指标。

到 2025 年，人均生产总值达 35 000 元，城镇化水平达到 55%；森林覆盖率稳定在 58%以上，地表水水质、近岸海域水质和主要城市空气环境质量全部达到环境功能区划标准；城镇污水集中处理率达到 95%，城镇生活垃圾无害化处理率达到 95%以上。

（五）建设指标体系

围绕生态广西建设的总体目标和主要任务，依据国家环境保护总局制定的生态省建设指标体系（试行）、国家“十一五”规划确定的约束性指标并结合广西实际，从经济发展、资源环境保护、社会进步三个方面，选取具有代表性的指标 25 项，构成生态广西建设指标体系。其中，国家生态省建设试行指标 21 项，我区增加指标 4 项。

经济发展指标包括人均生产总值、人均财政收入、农民年人均纯收入、城镇居民年人均可支配收入、环保产业比重、第三产业占生产总值比重、万元生产总值能耗、万元工业增加值取水量 8 项指标；资源环境保护指标包括森林覆盖率、受保护地区占国土面积比例、退化土地恢复率、物种多样性指数和珍稀濒危物种保护率、主要河流年水消耗量、城镇生活垃圾无害化处理率、城镇污水集中处理率、主要污染物排放强度、降水 pH 值年均值和酸雨频率、空气环境质量、水环境质量、旅游区环境达标率 12 项指标；

社会进步指标包括人口自然增长率、城镇化水平、恩格尔系数、基尼系数、环境保护宣传教育普及率 5 项指标。这些指标中，农民年人均纯收入、人均财政收入这两个指标与生态广西建设目标差距最大，是生态广西创建过程中的难点和工作重点。

指标体系还将根据生态广西建设的实际情况和国家新的要求进行适当调整。同时，按照分类指导的原则，各地应在国家制定的生态市、生态县建设指标的基础上，结合当地实际，研究制定生态市、生态县建设的指标体系，用于评价生态市、生态县的创建进程。

三、生态广西建设的生态功能分区

以全区生态功能区划研究成果为依据，将全区划分为 8 个生态区。根据各生态区的区位特征、自然生态特点、主导生态功能及主要生态问题、资源环境承载力、开发现状及发展潜力等，明确其产业发展方向和生态保护与建设重点。

（一）桂东北山地丘陵生态区

1. 主要特征

本区包括桂林市、贺州市所辖区县，梧州市的蒙山县，来宾市的金秀县和柳州市的三江、融水、融安等县，总面积 53 155.69 km^2，占全区陆地总面积的 22.36%。区内山地面积大，高海拔的山地多，山地间交错分布有较大面积的谷地；雨量丰富，四季分明。自然生态系统相对保持较好，是全区森林覆盖率最高、森林质量最好的区域，是桂江、柳江、湘江、资江等重要江河的源头区，生物多样性丰富，已建有 23 个自然保护区，生态功能地位十分重要。旅游资源和农林资源优势突出，特色鲜明，具有著名的漓江风景名胜区等多处景区（点），是我区重要的粮、果、林基地，发展生态旅游业和特色农林业极具潜力。该区的主导生态功能是：保持和提高江河源头水涵养能力，增强水调蓄功能，保持水土，维护生物多样性。面临的主要生态环境问题是：天然林面积减少，森林质量降低，水源涵养功能减弱，特别是旱季漓江等江河水量锐减；雨季局部区域山洪、泥石流、滑坡等灾害多发；城镇生活污染物排放对江河水质影响较大。

2. 发展方向与保护建设重点

本生态区重点发展以高新技术产业为主体的现代工业，以旅游为主导的第三产业，以高效农业、生态农业、观光农业为特点的现代农业。控制森林资源开发利用强度，严格限制发展污染物排放强度大的产业。生态保护和建设的重点是：加强自然植被特别是水源涵养林的保护和恢复，建立重要生态功能保护区，维护生态系统的完整性，提高水源涵养生态服务功能；继续开展退耕还林还草、封山育林和水土流失治理；加强自然保护区建设和管理，保持生物多样性；积极防治地质灾害；积极调整、优化工业结构和布局，加大火电、造纸、建材等行业污染、农业面源污染和城镇生活污染治理力度，重点加强漓江综合整治及水生态修复。

（二）桂中岩溶盆地生态区

1. 主要特征

本生态区包括柳州市的市辖区及柳江、柳城、鹿寨等县，来宾市的兴宾区及合山、象州、武宣等县（市）。总面积 17 105.80 km^2，占全区陆地总面积的 7.19%。地貌以岩溶平原为主，降雨量较少。本生态区是广西重要的粮、糖生产基地及主要工业区。工业比较发达且门类较多，其中，汽车、机械、有色冶炼、制糖、日用化工、钢铁、造纸、化工、水泥等行业已形成优势。该区的主导生态功能是水土保持。面临的主要生态环境问题是：自然生态系统已受人类活动的长期干扰和破坏，森林覆盖率较低，生态功能退化，水土流失较严重；平原区干旱缺水，土地较贫瘠；城市大气污染和酸雨问题较突出。

2. 发展方向与保护建设重点

本生态区重点发展甘蔗、桑蚕、水果、中草药等旱作农业、草食畜牧业以及延长其产业链的加工业；利用优势资源发展制糖、生物质能源以及锰、铟等系列产品为重点的新材料等特色产业，改造优化提升汽车、机械、钢铁、化工、有色冶炼等传统工业。生态保护和建设的重点是：保护和恢复自然植被，加大退耕还林还草和水土流失治理力度；采用节水灌溉技术和工程措施，解决桂中平原干旱问题；实施沃土工程，提高耕地生产力；加大柳州老工业基地污染源治理力度，着力解决酸雨污染问题；加快城镇生活污染治理步伐。

（三）桂中北岩溶山地生态区

1. 主要特征

本生态区包括河池市的金城江区及罗城、环江、宜州、南丹、大化、都安、东兰、巴马等县（市），来宾市的忻城县，南宁市的马山县。总面积 33 435.77 km^2，占全区陆地总面积的 14.06%。本生态区是广西最典型、连片面积最大的岩溶石山区，也是土壤侵蚀敏感性和石漠化敏感性极高的区域。气候温暖湿润。区内锡、锑、铅、锌等矿产资源和水能资源比较丰富，建有 2 个自然保护区。该区的主导生态功能是保持水土和涵养水源。面临的主要生态环境问题是：不合理的土地利用、毁林开垦、过度放牧造成自然植被严重破坏，森林覆盖率较低，生态系统服务功能退化，水土流失、石漠化严重；坡耕地面积比重大，土地生产力低；岩溶洼地易旱易涝；矿业开发造成局部区域环境污染和生态破坏严重，有色冶炼业大气污染问题较突出。

2. 发展方向与保护建设重点

本生态区重点发展桑蚕、中药材、草食动物、香猪等特色农林牧业以及延长其产业链的加工业；发展有色金属深加工业及矿业废物的综合利用，改造提升冶炼加工业，合理开发水电资源。严格限制发展污染物排放强度大的产业。生态保护和建设的重点是：全面实施石漠化综合治理，通过封山育林、退耕还林还草、小流域治理、农村生态能源建设以及改变耕作方式和草食动物饲养方式等措施，恢复自然植被，提高水源涵养和水土保持能力；建立都阳山岩溶山地生态功能保护区；开展有色矿业及冶炼业的废物综合利用，推进矿区生态恢复与重建，治理矿区环境污染。

（四）桂西北山地生态区

1. 主要特征

本生态区包括百色市的隆林、西林、田林、乐业、凌云等县，河池市的天峨、凤山等县，总面积 21 644.28 km^2，占全区陆地总面积的 9.10%。地貌主要为山地，是全区地势最高的区域，气候较干凉。生态区位重要，是南盘江、红水河、右江的重要水源涵养区，生物多样性丰富，珍稀物种多，建有 8 个自然保护区；水能资源丰富，是我国重要的水电基地，有天生桥、龙滩等特大型水电站。本区的主导生态功能是水源涵养、水土保持和生物多样性维护。主要生态环境问题是：山地天然阔叶林受到明显破坏，森林质量降低，水源涵养、水土保持等生态服务功能减弱；坡耕地面积大，水土流失较严重；栖息地破碎，紫茎泽兰等外来物种入侵危害日趋严重，生物多样性面临威胁。

2. 发展方向与保护建设重点

本生态区重点发展山地复合型生态特色产业，可建成我区重要的中药材、名贵花卉、烤烟、茶叶和优质用材林等产业基地；充分利用水力资源优势发展水电业；利用丰富独特的岩溶地貌、河流湖库、森林等景观资源发展生态旅游业。控制森林资源消耗量大的产业发展，严格限制严重污染水环境的产业发展。生态保护和建设的重点是：建立水源涵养与生物多样性维护生态功能保护区，加大封山育林力度，恢复退化自然植被特别是天然林，提高山地森林生态系统服务功能；加强自然保护区建设和管理，构建生态廊道，改善栖息地环境；继续实施退耕还林还草、农村生态能源建设、小流域综合治理；禁止陡坡开垦和过度放牧；开展外来入侵物种防治；对重点湖库区水环境污染进行综合整治。

（五）桂东南丘陵生态区

1. 主要特征

本生态区包括玉林市、贵港市所辖区县（市），梧州市的市辖区及苍梧、藤县、岑溪等县（市），总面积 34 746.29 km^2，占全区陆地总面积的 14.61%。地貌以丘陵为主，气候湿热。人口密度较大，农业较为发达，城乡贸易活跃；机械、水泥、陶瓷、石材、制药、食品等工业行业已形成一定规模。本区域主导生态功能为水源涵养、水土保持、防洪蓄水。面临的主要生态环境问题是：天然林面积小且零星分布，森林质量较差，生态服务功能下降，生物物种减少；矿产、石材开采造成的生态破坏、水土流失问题比较突出；城镇生活污染、农业面源污染、畜禽养殖污染影响水源安全，局部区域地下水过度开采引发地陷等现象；洪灾多发。

2. 发展方向与保护建设重点

本生态区重点发展高效优质现代农业、特色林果畜禽业等复合型农林牧业；以高科技改造提升建材、制药、食品、林化等传统工业；利用区位优势承接东部转移的低消耗低污染加工制造业，大力发展环保、生物、电子信息、新能源以及高效节能环保型内燃机等高新技术产业和现代物流业；限制高污染产业发展。生态保护和建设的重点是：采取封山育林、改造人工林等措施，恢复和增加天然阔叶林面积，提高森林涵养水源的功能；建设大桂山、大容山、六万大山等重要生态功能保护区；加强小流域水土流失治理和矿区生态重建；推行农业标准化和生态化生产，减轻农业面源污染，抓好畜禽养殖业污染防治；加快农村沼气建设；加快城镇环保基础设施建设，突出抓好南流江污染综合整治；加强地下水资源的保护和合理利用，实施跨流域补水工程，解决玉林市水资源不足问题。

（六）桂南丘陵台地生态区

1. 主要特征

本生态区包括南宁市的市辖区及横县、宾阳、上林、武鸣等县，北海市、钦州市、防城港市所辖区县（市），面积 38 542.49 km^2，占全区陆地总面积的 16.21%。地貌以丘陵台地为主，海洋性气候明显，高温多雨。该区生物多样性丰富，已建立自然保护区 8 个。沿海、沿边区位优势突出，海岸线长，港口条件好，滨海旅游资源丰富，是我区海洋水产、热带水果、林产品等重要生产基地，高新技术产业发展较快，食品加工、造纸、化工、机械制造、港口航运、海产养殖及加工，海洋旅游、边境贸易等特色产业已形成一定规模，是广西政治、经济、文化中心。该区的主导生态功能为水源涵养、水土保持、防风固沙、生物多样性维护。面临的主要生态环境问题是：人工纯林面积比重较大，各类防护林体系较薄弱，森林生态功能较差，局部区域土地沙化，生物多样性受到威胁；丘陵区过度开发，水土流失较严重；城镇生活污染物及工业污染物排放严重影响邕江、钦江等河流水质；沿海局部区域过量开采地下水导致海水倒灌，风暴潮灾害时有发生。

2. 发展方向与保护建设重点

本生态区重点发展热带南亚热带水果、南国花卉、速生丰产林、经济林等特色农林业；改造提升制糖、卷烟等食品工业，积极发展生物质能源、生物、软件开发、电子信息、新医药等高新技术产业，利用邻海优势发展现代重化工业、现代物流业以及信息、金融、旅游、文化等服务业，培育和发展海洋化工、海洋生物、海洋制药等新兴产业。生态保护和建设的重点是：保护和恢复十万大山等重要生态功能区的自然植被，增强其生态服务功能；加强自然保护区建设和管理，推进沿海防护林体系建设；继续实施退耕还林、封山育林，加强水土流失治理和沙化土地治理，特别是大型水库库区周边的水土保持和污染防治；合理开发利用滩涂、港湾等资源，严格控制沿海地下水开采，加快沿海蓄水、引水、供水工程建设，保持沿海地区水资源供求平衡；加大中、低产农田改造力度，推行农业标准化和生态化生产；加快建设城市和沿海工业园区的环保基础设施，综合治理陆源污染，削减入海污染物，加快推进邕江、钦江等重点江河污染综合治理。强化对沿海重化工业的环境风险防范，保护好海洋环境。

（七）桂西南岩溶山地生态区

1. 主要特征

本生态区包括百色市的右江区及那坡、靖西、德保、田阳、田东、平果等县，崇左市所辖县（区），南宁市的隆安县，总面积 39 120.53 km^2，占全区陆地总面积的 16.45%。本区地貌主要为岩溶山地，气候干热，土壤侵蚀敏感性和石漠化敏感性较高，生态环境脆弱。生物多样性极为丰富，特有物种多，成为国际关注的生物多样性热点地区，已建有 19 个自然保护区。铝土、锰等矿产资源丰富，已形成铝、锰、制糖、水泥及甘蔗、杧果、边境贸易等特色产业。本区的主导生态功能为水土保持和生物多样性维护。面临的主要生态环境问题是：天然林特别是石山区植被破坏较为严重，局部石漠化现象突出；栖息地较为破碎，飞机草等外来物种入侵危害严重，生物多样性面临威胁大；陡坡开垦、局部矿产无序开发导致的生态破坏和水土流失严重；旱灾频繁。

2. 发展方向与保护建设重点

本生态区重点发展甘蔗、南亚热带水果、反季节蔬菜、烤烟、速生丰产林、草食畜禽等特色产业；利用资源优势发展铝、锰、制糖、水泥及生物质能等产业；发展生态旅游业。限制高耗水及严重污染水环境的产业发展。生态保护和建设的重点是：建立桂西南岩溶山地水土保持重要生态功能保护区，实施严格的封山育林，加快水源涵养林和水土保持林建设，继续采取退耕还林还草、小流域综合治理、农村生态能源建设等综合措施治理石漠化；加强自然保护区建设管理，构建生态廊道，保护自然生态系统与重要物种栖息地，控制外来物种入侵；实施沃土工程，提高耕地肥力，采用工程措施和节水灌溉技术，解决干旱问题；开展矿区生态恢复与重建，综合防治工业和生活污染。

（八）近岸海洋生态区

1．主要特征

本生态区包括北海、钦州、防城港 3 个市的滩涂（面积 1 005 km^2）、0～20 m 等深线的浅海（面积 6 488 km^2）及海岛（500 m^2 以上的海岛面积 66.90 km^2）。本区是海洋鱼虾类产卵场、洄游通道及鱼、虾、贝类养殖区和红树林、海草床、珊瑚礁主要分布区，在保护海洋渔业资源、维护海洋生物多样性等方面具有重要功能。区内已有 5 个海洋及湿地类型自然保护区。本区旅游资源丰富，有北海银滩、涠洲岛，钦州龙门七十二泾，防城港江山半岛、金滩等景区景点；近海有丰富的钛铁矿、金红石、锆英石、石英砂等砂矿。本区主导生态功能为维护海洋生物多样性和渔业资源。面临的主要生态环境问题是：红树林、海草床等重要湿地面积减少，过度捕捞导致渔业资源萎缩，近岸局部海域水质因陆源污染和水产养殖污染而下降。

2．发展方向与保护建设重点

本生态区应大力发展海洋生态养殖业、海洋矿产、海洋运输、海洋生态旅游以及海洋能源等产业。生态保护和建设的重点是：加强各类海洋资源开发的监管力度，防止典型海洋生态系统进一步破坏；实施海洋生态恢复和重建，加强沿海湿地、海洋自然保护区和渔业资源保护区的建设与管理，保护海洋珍稀濒危物种及其栖息环境，杜绝破坏红树林、海草床和珊瑚礁的行为；加强港口、船舶污染和海水养殖污染防治，改善近海水质；加强围海造地的规划管理，防止因无序开发导致海洋环境改变。

四、建设生态广西的主要任务

（一）建设以循环经济为主导的生态经济体系

创新发展思路，依靠科技进步，调整优化经济结构，培育发展循环经济，推进新型工业化进程，壮大特色优势产业，促进经济增长方式由高消耗、高污染型向资源节约型和环境友好型转变，提高经济增长的质量和效益，形成具有广西特色的生态经济体系。

1．构建循环经济型工业

（1）调整优化工业结构。按照科技含量高、经济效益好、资源消耗低、环境污染少的新型工业化发展要求，加快工业结构的调整，逐步形成有利于资源节约和环境保护的工业体系。制定、实施资源能源利用效率和污染物排放限制等方面的准入制度，严格限制资源能源利用效率低、污染物排放强度高的产业发展，坚决淘汰技术落后、浪费资源、污染严重的产业、企业和产品，防止区外落后生产技术、设备和高污染企业向我区转移。大力发展生物、新材料、新能源、电子信息、光机电一体化、环保、现代中医药等先进制造业、高新技术产业，做大做强制糖、造纸、林化和生物质能等特色产业。扶持发展以海洋生物、海洋化工、海洋药物、海洋功能食品、海水综合利用等新兴海洋产业，重点改造提升重化工业和铝加工业，通过推广绿色化工、无废工艺和延伸产业链，实现传统产业技术结构和产品结构的进一步优化。

（2）优化生产力布局。根据各生态区的特点及区域功能定位，合理规划和调整区域工业布局。加快北部湾（广西）经济区工业发展，构筑桂林、南宁、北海高新技术产业基地，改造优化提升柳州工业，使之成为先进制造业基地；培育建设百色铝工业基地、河池有色金属工业基地、崇左和来宾锰工业基地，梧州、贺州承接东部产业转移基地，推进玉贵走廊工业发展。提高工业区域集中度，集中力量搞好国家和自治区级高新技术产业园区、经济技术开发区和特色产业园区建设，引导加工工业向各类园区集中、向县城以上城镇集聚，县域工业重点发展劳动和技术密集型产业。在生态环境脆弱区、重要生态功能区以及自然保护区、风景旅游区、水源保护区等重要生态环境敏感地区，严格限制或禁止布局污染型工业。

（3）建设循环经济型企业和工业园区。按照“减量化、再利用、再循环”的要求，积极培育循环经济行业和企业，以冶金、火电、有色金属、化工、轻工（包括酿造、制糖、造纸等）、建材等资源型行业以及汽车等现代制造业为重点，以实施清洁生产和推行 ISO 14000 环境管理标准为切入点，大力开展节能、节水、节材和资源综合利用活动，逐步建立完善的清洁生产组织管理体制和实施机制，努力实现增产不增污或增产减污。实施企业生态化战略，鼓励企业开展产品生态设计、能源、水的梯次使用和废物的循环利用，创建一批高标准、规范化的循环经济示范企业。

推进工业园区的生态化建设，按照循环经济理念调整改造已建工业园区和建设新工业园区。鼓励具有循环特征、特别是原材料使用具有上下游关系的产业进行集聚，形成生态工业群体。合理规划园区内资源流、能源流、信息流和工业设施、基础设施、服务设施，通过废物交换、循环利用、清洁生产等手段，形成企业共生和代谢的生态网络，促进不同企业之间横向耦合和资源共享，物质、能量的多级利用、高效产出与持续利用。重点建设一批循环经济型工业示范园区，把柳州市和北部湾（广西）经济区建设成为循环经济的示范区域。

（4）发展壮大环保产业。鼓励发展先进、经济、高效的市场急需的环保技术、工艺和装备（产品），有计划地推进工业废水、城市生活污水、城市固体废物处理、工业“三废”和生活废物的资源化利用、烟气脱硫除尘和机动车尾气净化等领域的产业化进程。建立服务功能齐全的废物回收、再生和处理体系，推进废旧物资的回收和集中加工处理。通过优势资源整合，培育一批有实力、竞争力强的环保企业和企业集团。引导环保服务业的发展，加快推行环保设施运营的市场化、社会化、企业化和专业化。

2. 大力发展生态效益型农林牧渔业

（1）生态农业。按照“整体、协调、循环、再生”的要求，以农业产业化经营为基本途径，进一步提高农业资源良性高效循环利用水平，大力发展高产、优质、高效、生态、安全农业，着力推进农业优势产业发展，逐步建立结构合理化、技术和产品标准化、生产环境生态化、资源利用高效化的生态农业体系。大力推进农业标准化和安全食品生产，科学合理使用农药和化肥，推广免耕法、配方施肥、生物和物理防治等先进实用技术，加快无公害农产品、绿色食品和有机食品生产基地建设。在平原、丘陵和台地区加大养殖—沼气—种植“三位一体”生态农业技术推广力度，提高农业废弃物资源化利用水平；在山地区积极推广“山区复合型生态农林牧业”模式。继续推进生态农业县建设，重点将桂东北、桂南和桂东南建设成我区重要的生态农业基地。

（2）生态林业。按照森林分类经营的要求，促进森林资源开发利用的集约化、生态化，满足国民经济对林产品多样性的要求。加强低产林改造和林木抚育，提高森林质量和木材产量。科学造林，采用先进、生态的营林措施，人工造林必须营造混交林，杜绝炼山。优化林树种结构，因地制宜地发展速生丰产用材林、浆纸原料林、名特优新经济果木林、饲用林、生物质能源林、特色药材林、特色香料林、南国花卉等产业。以林浆纸一体化、林板一体化、林脂一体化为重点，加快推进生态型林产工业的发展。积极发展森林旅游业。推广节约木材新技术、新工艺、新设备，充分利用木材边角废料，提高林木资源利用率。逐步建立起比较发达的生态林业产业体系。

（3）生态畜牧业。加强对现有草山草坡的保护和合理开发利用。优化畜牧业结构，加快饲草料基地建设，充分利用丰富的农作物秸秆资源，大力发展优质、高效节粮型草食畜禽，重点发展奶水牛、肉牛，加大名优特色畜禽产品的开发力度。转变养殖方式，推行畜禽养殖业清洁生产和规模化、标准化养殖，实施“无公害畜产品行动计划”，逐步实现畜禽的小区养殖、舍饲圈养。加强畜禽养殖废弃物综合利用，促进生态农业、有机农业的发展。加快完善畜禽疫病防治体系，建立全自治区范围的无规定动物疫病区，研发推广应用高效疫苗、动物疫病快速诊断技术和安全无污染饲料、无残留兽药，提高畜产品安全水平。加大品种改良和推广力度，培育绿色畜产品生产基地，大力发展畜禽产品深加工，提高畜产品的市场竞争力。

（4）生态渔业。以养为主，养捕结合，大力发展名特优新稀水产品的规模化海水、淡水高效养殖，控制近海捕捞，加快外海捕捞和远洋捕捞。合理开发江河、水库等大水面渔业资源，积极推广生态型养殖模式，大力发展绿色、无公害水产品生产；加强对海水、湖库、河流规模化养殖密度的控制，科学选择和投放饲料；加强水产养殖病害防治体系建设。大力发展优势水产品加工，提高水产品附加值。

3. 加快发展生态友好型服务业

（1）现代物流业。大力发展高效节约型现代物流业，积极推广应用现代物流设施设备、管理、信息技术，改造提升物流产业基础设施、物流组织和运行方式，促进传统物流向网络化、信息化、环保型的现代物流转变。限期淘汰高耗能、高耗水设备，提高物流业能源和水资源利用率。推广普及可再生包装材料，降低物流业一次性消费品的使用量。大力发展超市、连锁店、专卖店、配送中心等新型组织和业态，积极推进连锁经营和电子商务，形成绿色流通渠道和交易体系。

（2）生态旅游业。充分发挥生态旅游资源优势，坚持旅游开发与自然、历史文化遗产保护同步规划、同步实施，按照统筹规划、整合资源、培育品牌、建设精品、形成网络的要求，围绕山水、滨海、边关、民族风情、历史文化和红色旅游等特色旅游资源，建设一批重点生态旅游景区和生态休闲度假区，加快景区景点和旅游基础设施建设，完善道路、环保、服务接待等设施，丰富旅游产品，打造一批具有广西特色、竞争力强的生态旅游产品和若干主题型生态旅游区，把旅游业培育成为重要支柱产业和对外开放形象产业，把广西建成全国旅游强省和旅游主要目的地。重点着力打造桂林山水、北海银滩、德天瀑布、百色天坑、金秀大瑶山、资源丹霞地貌六大生态旅游品牌，积极发展观光农业。加强旅游品牌、旅游精品线路、旅游整体形象的系统宣传、推介和促销。大力开发特色旅游商品，适应多样化旅游需求。

（3）新型服务业。坚持生态化、市场化、产业化和社会化方向，加快发展会展、金融、信息、咨询、社区服务等新型服务业。充分利用中国－东盟博览会平台，带动有条件的城市发展特色会展产业，逐步做大会展经济，努力把南宁市、桂林市培育成为国际性区域会展城市。加快发展社区服务、教育培训、文化体育等需求潜力大的服务行业。积极发展各类社会中介服务机构，加快培育竞争力较强的大型服务企业集团。进一步扩大服务业对外开放。

（4）生活服务业。运用现代经营方式改造提升餐饮、宾馆和零售商业等生活服务业，培育“绿色市场”。按照绿色市场标准，推进市场设施现代化建设，建立无公害食品、绿色食品、有机食品专柜，鼓励开设“绿色商店”“绿色超市”。建立保障食品安全的质量控制体系和市场准入制度，实行生产、流通、消费全程监督管理。

（二）建设可持续利用的资源保障体系

坚持“在保护中开发、在开发中保护”的方针，对资源开发实行统筹规划、合理布局，加强自然资源的合理开发利用和保护，积极推进资源由粗放利用向集约和节约利用的转变，优化资源配置，提高资源利用效率和综合利用水平，增强资源对经济社会可持续发展的保障能力。

1. 水资源的保护、节约和合理利用

加强水资源的保护和优化配置，制定水资源综合开发与保护规划，统筹兼顾和协调地区、行业间的用水关系，实施水（环境）功能区划管理。经济发展、城市发展规划要以水定规模，按流域环境容量科学布局。优化配置水资源，合理安排生产、生活、生态等用水，提高水资源利用效率和效益。建立健全水资源管理制度，完善取水许可和水资源有偿使用制度，建立水权分配和交易制度。建设节水型社会，运用经济手段和价格机制，调节水资源供求关系，引导节约用水。加强农田水利基础设施建设，普及推广节水灌溉技术，大力发展节水农业，提高灌溉用水的利用率和利用效率。加强工业节水技术改造，推广节水技术和设备，改进钢铁、电力、化工、制糖、造纸等高耗水行业生产工艺，提高工业废水重复利用率，在缺水地区和水环境敏感区禁止建设高耗水和水污染物排放强度高于规定限值的产业。重视生活节水，积极推广节水型用水器具，推进公共建筑设施、生活小区、住宅节水和中水回用设施建设，建立节水型服务业体系。加强水资源保护，健全蓄水、保水等水源涵养工程体系，对水源涵养地、供水水源地划定保护区域，强化监督管理，保持重要水源水量和水质的稳定，确保城市和农村饮水安全，重点解决严重威胁人民群众身体健康的高氟水、高砷水、苦咸水、污染水以及局部地区供水量不足的问题。建立全区水资源监控和监督体系，全面、动态、实时掌握全区水资源状况。在地下水严重超采地区划定地下水禁采区和限采区，严格控制开采地下水。

2. 土地资源的保护、节约和合理开发利用

加强耕地资源保护，严格实行占用耕地补偿制度、基本农田保护制度、非农业建设占用基本农田许可制度和补划制度，保持耕地占补平衡。从严控制建设用地规模，进一步优化土地利用结构与布局，完善土地分区规划和分区用途管制，促进农民居住向城镇和中心村集中、工业项目向工业园区和工业集中区集聚，合理确定基础设施规模、布局，推进土地集约利用和节约利用，使区域的经济布局、人口分布与土地承载能力相适应。在符合生态保护要求、保障供水的前提下，对现有土地后备资源择优、适度开发。加大耕地整理力度，增加有效耕地面积，改造劣质耕地，提高耕地质量及其生产能力，采取工程措施与生物措施开展矿山废弃土地复垦。

3. 森林资源的保护和合理利用

切实加强森林资源保护管理，依法实行采伐限额制度，严格控制森林资源的过量消耗，确保森林资源总量持续增长。加强生态公益林资源保护和建设，提高森林覆盖率和林木蓄积量。依据生态功能区划，科学制定森林资源开发利用规划和速丰林发展规划，划定禁伐区、限伐区，规范开发利用秩序，防止布局和开发不当造成生态破坏。对商品林要加强采伐管理，坚持采伐量不超过生长量，根据资源可供给量确定木材加工、林纸发展规模，保持林业生产能力和加工能力的基本平衡。进一步完善林业产业政策，明确

市场准入条件，严格限制浪费资源、破坏环境的木材加工、造纸企业的重复建设和低水平扩张。加强对本土优良树种的选育扩繁，大力发展具有地方优势的生态、经济兼用林。不断提高森林科学经营管理水平，加强林木抚育，切实加大林业执法力度，严厉打击乱砍滥伐森林、乱批滥占林地等违法行为。建立森林资源调查、动态监测及评价体系，开展森林可持续能力评估。

4. 矿产资源的保护、合理开发和综合利用

完善矿产资源规划体系，加强矿产资源开发监督管理，整顿和规范矿产资源勘察开采秩序，科学划定矿产资源禁止开采区、限制开采区和允许开采区，依法按规划设置采矿权和探矿权，提高矿产资源综合利用水平。大力推广新技术和新工艺，实行综合开采和利用，提高矿产资源利用率。重点做好锡多金属矿、铅锌矿等主要矿产中有用组分的回收利用。合理确定并控制矿区最低开采品位，杜绝采富弃贫，所有矿山“三率”（采矿回采率、采矿贫化率、选矿回收率）要达到批准的矿山设计或矿产资源利用方案的要求，重点矿区“三率”要求达到国内先进水平。严格控制小矿山，逐步减少开采零星分散小矿和露天开采等对生态环境影响较大的矿山数量，促进规模化开采，集约化经营。

5. 海岸带及海洋资源的保护和合理开发利用

完善海洋功能区划，加强海域使用管理。制定近岸海域海洋资源保护和合理利用规划，全面推行海域有偿使用制度，合理开发深水岸线，优化港口布局，强化海岛资源保护。加强渔业资源调查评估，控制和压缩浅海传统渔业资源捕捞强度，严格执行北部湾海域禁渔区、禁渔期和休渔制度，禁止使用破坏渔业资源的渔法、渔具，增加渔业增殖放流，建立资源增殖保护区，支持人工鱼礁建设，增殖和恢复渔业资源。合理规划海水养殖区域、规模及面积。加强北部湾广西沿海矿产、油气等资源勘察与开发。

6. 生物资源的保护和合理开发利用

组织开展全区生物物种资源调查，编制生物资源保护利用规划，加强生物资源就地、异地保护和基因库建设。建立生物资源增殖、物种及其产品经营的管理体系，逐步解决和满足社会对生物资源的多种需求。开展人工种植、养殖和繁育，运用现代生物技术开发利用遗传资源，加强原产地农牧业种质资源和中草药种质资源的保护。建立一批野生动植物抢救、驯养、繁殖中心和珍稀植物栽培基地，对珍稀濒危和重点保护动植物实施抢救性保护。

7. 气候资源的开发利用

充分利用光、热、降水等气候资源发展特色农林产业，调整耕作制度，提高复种指数，扩大冬种面积，建成一批热带作物、反季节果蔬、牧草生产基地。积极开展气候资源变化的研究，加强气候变化的监测，不断提高气候资源开发利用和气候变化监测、评估和服务能力。

8．清洁能源和可再生能源的开发利用

调整能源生产和消费结构，大力开发利用太阳能、风能、潮汐能、生物能、地热能等可再生能源，提高清洁能源比重。加快生物质能开发利用技术的研发和产业化，重点推进以甘蔗、木薯为原料生产燃料酒精、秸秆沼气发电等生物质能产业发展，下大力气推广普及农村沼气，积极推进核电开发。

9．区外国外自然资源的合作开发利用

实施“走出去”战略，鼓励企业参与区外、国外资源开发利用，通过贸易、股权投资、合作开发等多种方式利用国外、区外资源，弥补区内自然资源不足。重点加强与周边省区特别是东盟国家在矿产资源、能源和农林资源等领域的合作开发。联合建设跨省区的水电、天然气等清洁能源生产供应体系，扩大供给能力。

（三）建设山川秀美的生态环境体系

坚持预防为主、保护优先方针，切实加强环境监管，严格执行环境影响评价制度、污染物排放总量控制制度和排污许可证制度，强化从源头上防治污染和保护生态，改变先污染后治理、边治理边破坏的状况。综合防治工业污染、农业农村环境污染、城市污染和其他污染，改善环境质量，保障人民群众身体健康，并为发展腾出环境容量。优先保护天然植被，加大退化生态系统修复力度，恢复和提高自然生态系统服务功能，维护生物多样性，确保生态安全。

1．加强环境污染综合防治

（1）水污染防治。要以饮水安全为重点，加强饮水水源保护区的管理，坚决取缔水源保护区内的排污口。进一步加大工业行业特别是食品（制糖、酒精、淀粉等）、造纸、化工、制药、矿产采选等重点行业的废水治理力度，全面实现污染物达标排放，严格限制高污染行业的发展，坚决淘汰落后的生产工艺、设备。加快城镇污水处理厂建设，统筹供水、用水、节水与污水再生利用，完善配套管网，采取多种方式提高污水处理率。推进养殖业污染防治及养殖废弃物综合利用，防止养殖业污染水源。下大力气抓好左江、右江、邕江、郁江、桂江、钦江、南流江等重点流域以及南盘江天生桥水库、青狮潭水库、西津水库、合浦水库、大王滩水库等重点湖库区水污染综合治理，实行行政区河流交接断面水质目标管理；实施碧海行动计划，加强近岸海域河口和海湾水环境污染防治，合理布局海水养殖区域并控制养殖规模，对海上油气勘探开采、海洋倾废、船舶排污和港口环境严格监管，配套建设污水、垃圾处理或接收设施。

（2）大气污染防治。严格控制各类大气污染物排放，重点抓好火电、钢铁、有色冶炼（包括铝、铅锌等）、化工、建材等行业工业二氧化硫、烟尘、粉尘及有毒有害废气的削减，改善空气质量和减轻酸雨危害。以控制燃煤排放二氧化硫为重点，实施燃煤电厂脱硫工程，新建燃煤火电机组必须同步建设脱硫设施，现役火电厂必须在 2010 年以前全部安装脱硫设施，淘汰 5 万 kW 以下小型火电机组。对工业锅炉、炉窑加快技术更新和烟气脱硫改造，逐步淘汰现有的高能耗、重污染的小型燃煤锅炉。鼓励发展和使用节能环保型汽车，加快淘汰超标排污老旧车辆，减轻机动车尾气污染。

（3）固体废物污染防治。加强各类固体废物控制与管理，加快资源化、减量化、无害化步伐。重点开展化工和有色冶炼废渣、尾矿以及农业和农产品加工废弃物的资源化利用，减少污染物排放。健全危险废物收集、转移、运输、处置全过程环境监管制度，建设危险废物及医疗废物集中安全处置设施，严禁排放和擅自处理危险废物。加快城镇生活垃圾分类收集、无害化处理设施建设步伐，强化对垃圾的资源化回收利用。加强进口废物利用的环境管理，杜绝境外危险废物进入区内。

（4）农业和农村环境污染防治。加大农村环境保护力度，有效控制农业环境污染。制定并实施全区农村小康环保行动计划，开展村庄环境综合整治和环境优美乡镇创建，因地制宜地妥善处理生活垃圾和污水。加强农药、化肥等农用化学品的安全使用管理，引导农民科学施肥、用药，大力推广测土配方、平衡施肥、病虫害生物防治技术，减轻农药、化肥对土壤和农作物的污染。加强农业土壤环境污染防治，开展土壤污染状况调查和污染耕地综合治理，实施一批土壤污染治理修复示范项目。开展主要农产品产地环境的监督性监测，在重点地区建立农业环境质量定期评价制度。

（5）核与辐射环境污染防治。加强核与辐射环境安全监管，健全放射源安全监管体系，强化核设施和放射源运行监督及退役安全处置，强制实行放射性废物（源）安全收贮。加快广西放射性废物库的扩建改造。

2. 切实保护好自然生态

（1）建立重要生态功能保护区。在桂东北山地、桂中大瑶山山地、桂西南岩溶山地等具有重要水源涵养功能和生物多样性关键区域规划建设一批生态功能保护区。根据国家生态功能保护区相关法规政策，建立我区生态功能保护区法规体系、管理体制和运行机制。生态功能保护区内应停止一切导致生态功能继续退化的开发和严重污染环境的项目建设，在生态严重退化的区域实施必要的生态移民；通过生态补偿机制以及保护与恢复重建项目、生态产业发展项目的实施，使这些区域的生态功能逐步得到恢复和提高，保持流域区域生态平衡，保障我区生态安全。

（2）加强自然保护区建设和管理。加快自然保护区建设步伐，在现存具有自然生态系统代表性、物种丰富及珍稀濒危物种分布区、红树林、海草等湿地、海洋生态系统，抢救性建立一批自然保护区。加大对自然保护区的经费投入和建设管理力度，开展自然保护区建设管理评估，推进自然保护区的规范化建设，提高建设和管理水平。

（3）加强外来物种防治和生物安全管理。开展外来有害物种入侵、危害状况、影响机理的调查和防治研究，建立健全生物多样性保护和生物安全监管体制机制，开展生物物种引进的环境风险评估，积极采取科学有效的措施防治外来有害生物，通过严格监管，防止外来有害物种侵入和转基因物种的扩散。

（4）强化资源开发生态监管。以防止新的人为生态破坏为重点，切实加强对农业、林业、畜牧业、矿产、水、海洋、旅游等资源开发活动的生态环境保护与管理。所有的重大资源开发规划和项目建设必须严格执行环境影响评价制度，监督落实生态保护和生态恢复措施。禁止陡坡开垦；速生丰产林基地建设应合理规划并进行区域环境影响评价，禁止在生态脆弱区、重要生态功能保护区等区域种植短轮伐期速生林，造林应采用生态的方法，多树种搭配，严格限制连片单一林种种植。严禁在崩塌滑坡和泥石流易发区、公路铁路沿线及海岸线可视范围，以及易导致自然景观破坏的区域采石、采砂、取土。水资源开发和水电建设项目要统筹考虑流域生产、生活、生态用水需求，并采取必要措施保护生物多样性，防止无序开发。旅游开发应防止自然风景人工化、风景名胜区城市化。

3．加大生态修复和重建力度

（1）构建以森林为主体的生态屏障。加强森林生态系统保护，强化森林生态功能。注重发挥生态系统的自然修复功能，保护好自然植被和生物多样性。巩固退耕还林还草成果，继续推进封山育林、珠江流域及长江流域防护林体系、沿海防护林体系、水土保持、石漠化治理、农村能源等重点生态工程建设，加快沿路、沿河、沿湖、沿海防护林带和生态廊道构建。坚持因地制宜原则，科学实施林业生态建设，调整林种结构，运用生态造林技术和方法，以乡土优势树种为主营造种类多样、结构复杂和功能明显的生态林，提高生态林的比重。

（2）加强矿山和重大地质灾害区的生态治理。开展矿区生态恢复重建的工程建设，重点推进南丹大厂矿区、平果铝矿区、岑溪石材开采区以及大新下雷、靖西湖润锰矿区等矿山的生态治理。加强地质环境保护和地质灾害防治，制定地质灾害防治规划，严格实施工程建设地质灾害危险性评价，进一步做好滑坡、崩塌、泥石流、地面塌陷等地质环境灾害的防治，减轻危害和损失。

（3）开展重点江河水生态系统保护与修复试点。以漓江流域为重点，通过补水工程、污染防治、生物护岸、河道清淤、退耕还泽、生物多样性保护等措施，努力恢复水生态系统自然特征和生态功能。

（四）建设人与自然和谐的人居环境体系

稳定人口低生育水平，减轻资源环境压力。坚持走新型城镇化道路，完善城镇规划，优化城镇布局，加强城镇管理，建设完善城镇基础设施和公共服务设施，逐步在全区形成大中小配套、布局合理、各具特色、优势互补的生态城市、生态集镇和生态社区，为居民提供便利、舒适、优美和有益于健康的人居环境。

1. 稳定人口低生育水平

严格实行现行的生育政策，统筹解决人口问题。努力降低政策外生育，控制人口过快增长，稳定低生育水平。严格实行人口与计生工作目标管理责任制，建立健全利益导向机制，完善计划生育基本服务项目免费制度，加快建立独生子女和二女结扎户子女伤残和死亡家庭扶助制度、农村计划生育家庭奖励扶助制度和计划生育保险制度。实施“少生快富”工程，积极推行优生优育，提高出生人口质量，坚决遏制人口出生性别比升高势头。

2. 改善城镇人居环境

完善城镇规划体系，优化城市功能区域布局，对城镇建设的规模、用地布局、开发建设方式作出科学安排，明确各服务功能区范围和发展方向，形成合理的城镇发展空间形态。加快完善城镇基础设施，提高城镇污水和生活垃圾处理率、绿地率和绿化覆盖率；保护历史文化名城和历史街区。加强城区及周边天然林地、草地、湿地等生态系统保护。因地制宜地建设以住宅、庭院、社区（小区）、街道、公园以及城郊等多层次的城镇绿地体系。有计划地实施老城区工业污染源的关停搬迁，加快整治城市内河、内湖的污染，恢复生态和景观功能，控制噪声、扬尘、餐饮业油烟等污染。普及节能建筑物建设，提高太阳能利用水平。大力发展公共交通，推广使用清洁交通工具和使用清洁燃料。合理规划城市输变电设施和通信、广播电视等发射装置的布局，控制城市电磁辐射环境污染。实施“城乡清洁工程”，全面改善城乡生活环境，继续推进环境保护模范城市、园林城市、卫生城市、环境优美乡镇等创建活动。

3. 建设生态村庄

按照社会主义新农村建设的要求，科学规划乡村体系，因地制宜建设实用合理、体现民族特色和区域风情、风格多样美观的村庄。加快以路、水、能源为重点的农村基础设施建设，特别要加强贫困地区基础设施、生产设施的建设，明显改善农村基本生产生活条件。推进生态文明村建设，实施“百村示范，千村整治”的农村小康新村建设工程、生态富民家园工程，引导农民推行以清垃圾、清污泥、改水、改路、改厕、改圈、改厨的“两清五改”为主要内容的村容村貌整治，发展庭院经济生态种养，提倡和鼓励住宅建设的“人畜分离”，硬化村内道路，保障安全饮水，推广使用沼气等清洁能源，植树绿化，推行垃圾集中处理和生活污水定点排放，更新改造民宅，建立完善农村社区服务体系和配套设施，改变农村“脏、乱、差”状况，实现村庄净化、绿化、美化。

（五）建设体现现代文明的生态文化体系

围绕建设资源节约型社会和环境友好型社会的目标，加强生态文明教育，强化生态环境意识，努力促进全社会崇尚有利于资源节约、环境保护的生产方式、生活方式和消费方式，建立人与自然和谐、良性互动的关系。

1. 培育生态文明观

通过媒体宣传、学校教育、干部培训等多种途径和方式，大力开展人口、资源、环境国情区情教育、生态环境警示教育和节约资源保护环境主题宣传活动，不断增强公众的人口资源环境意识和可持续发展意识，提升生态文明素质。把资源环境保护法律法规、可持续发展理论、环境保护科学知识纳入各级党校、行政学院的培训内容，用科学发展观武装各级领导干部的头脑，树立环境是资源也是资产、资本的价值观，确立保护环境就是保护生产力，改善环境就是发展生产力的思想，增强贯彻落实科学发展观的自觉性和坚定性。将环境教育作为学校教育和职业教育的重要内容，开设相关专业、课程或讲座，编写相关教材和面向社会各层次的科普读物，努力培养具有生态保护知识与意识的一代新人。继续开展绿色学校、绿色社区、绿色家庭、绿色宾馆饭店、绿色医院、环境友好型企业和文明生态村等“绿色系列”创建活动，组织青少年开展“保护母亲河行动”等形式多样的环保实践活动，发挥环保志愿者的作用，使节约资源、保护环境成为全社会共同的价值取向和自觉行动。

2. 推行环境友好型生产方式

以企业为主体推进绿色生产。在企业大力宣传环境友好理念和循环经济理念，让环境文化、生态文明融入企业文化并扎根企业，渗透到企业的管理层面，体现在企业的生产过程，促进企业正确对待、主动承担环境责任和社会责任，推动企业建立适应资源节约型、环境友好型社会要求的生产方式。建立完善企业环境管理制度，鼓励企业积极推行生态设计、清洁生产，开发生产环保型、节约型产品。

3. 倡导绿色文明健康的生活方式

在全社会大力提倡资源节约、环境友好的生活方式，引导消费观念和消费习惯的转变，使节约成为良好的社会风气和消费时尚。增加绿色产品有效需求，鼓励消费环境标志产品、绿色食品、有机食品、节能节水产品和再生制品，减少使用一次性用品，不食用野生动物。

4. 开发和丰富生态文化产品

充分挖掘、保护和弘扬传统生态文化，加强民族民间文化和自然遗址保护。积极开发体现广西山水、民族、人文特色和普及生态知识、倡导生态文明的文化产品，做大做强生态文化产业。重点建设“走进花山”、中国—东盟艺术村、广西民族文化博览园、民族生态博物馆、桂林戏剧主题公园等一批生态文化设施。在猫儿山自然保护区、山口红树林自然保护区、崇左板利一岜盆白头叶猴自然保护区乐业天坑地质公园等重点自然保护区、森林公园、地质公园，以及物种基因保存库、生态工业园区、生态农业园区、生态型住宅区等规划建设一批生态科普教育基地。加快建设基层图书馆、文化活动室等公益性文化设施。

（六）建设科学、高效、稳定的能力保障体系

实施“科教兴桂”战略，加快科技、教育的发展，全面推进科技创新体系建设，提高自主创新能力，适应经济社会发展对知识、技术和人才的需要。强化政府公共服务职责，完善公共服务设施，提高公共服务能力和水平，建立健全支撑经济社会可持续发展的公共服务保障体系。

1. 增强科技创新和支撑能力

将自主创新和引进消化吸收结合起来，组织力量加强关键技术攻关和高新技术研发。加快建设以企业为主体、产学研结合、产品创新为核心的技术创新体系，以高等院校、科研院所、国家（自治区）重点实验室为主体的科学研究开发体系，以各种科技服务组织为纽带的社会化、网络化科技中介服务体系。支持重点领域的大中型企业和高新技术企业研发机构和技术中心建设，突出引进技术的消化吸收再创新，鼓励原始创新，发挥科技型企业在技术创新中生力军作用。加强科研院所之间、科研院所与高等院校之间的结合和资源集成，形成一批高水平的、资源共享的基础科学和前沿技术研究基地。大力培育和发展各类科技中介服务机构，加快科技成果转化，加快农业科技进村入户。

把资源节约利用、环境保护和公共安全保障列为科技发展的重点领域及优先主题，实施一批重大科技专项，力争取得突破性成果，解决制约经济社会发展的重大瓶颈问题。以提高资源综合利用效率和延长产业链为目标，重点研究开发有色金属、蔗糖、木薯、特色林产、药用植物和海洋生物等优势资源的综合利用与产业化技术，攻克相关资源产业升级及产业链延长的关键共性技术，重点引进开发冶金、化工、建材等主要高耗能行业的节能技术、生物质能源产业化和太阳能、风能等新能源利用技术，解决资源型工业节能降耗和清洁生产问题。以解决我区重大环境问题和改善环境质量为基本出发点，重点开展区域性环境污染的综合防治技术、退化生态系统的修复重建技术、重点产业清洁生产技术、废物资源化技术、生态环境监测评估技术等的研究开发。加强公共安全领域关键技术研究，开展自然灾害监测与防治技术、重大突发性疾病疫情预防与控制技术、地方性重大疾病预防与控制技术、突发公共安全事件应急处置技术等研究开发。

2. 优先发展教育

优化教育结构，统筹发展各类教育。普及和巩固义务教育，着力加强农村义务教

育，稳步发展普通高中教育。积极发展职业技术教育和继续教育，加快培养高素质劳动者和高技能专门人才。大力发展高等教育，加快区域性高水平大学建设，积极引进国内外名牌大学与我区高校联合办学，优化学科专业结构，加强环境保护、生态产业、循环经济等重点学科建设，加快相关领域高素质人才培养。广泛开展科普教育，提高社会公众知识水平和文化素质。加强农民的农业生产技能培训。

3. 加强公共服务

强化政府公共服务职责，建立健全公共服务制度，完善公共服务设施，合理配置公共服务资源，提高公共服务能力和水平。加快发展医疗卫生事业，提高社会基本医疗服务和预防保健水平。建立和完善全区重大疾病预防控制网络体系和突发公共卫生事件应急机制，提高疾病预防控制、医疗救治和应急救治能力，构筑保障人民健康和生命安全的屏障。调整城市公共医疗卫生资源，加快完善城镇基本医疗保险制度，构建社区医疗服务体系。改善医疗卫生机构条件，逐步构建比较科学的城镇医疗卫生服务体系。加强以乡镇卫生院为重点的农村卫生基础设施建设，健全农村三级医疗卫生服务和医疗救助体系，建立健全农村新型合作医疗制度。完善农业社会化服务体系，加强农业科技推广与创新、良种、植保、动植物疫病防控、农产品流通、农业装备、农业气象和农业信息化等服务能力建设。强化食品安全监管，建立科学有效的食品安全标准体系和检验监测体系。

4. 加快公共安全体系建设

建立气象、环境质量、水土保持、生物资源、地质环境、海洋环境等生态环境动态监测和预警网络，形成科学的网络运行及信息共享机制，及时跟踪和全面反映环境状况及变化趋势。强化应急能力建设，建立健全自然灾害、突发性公共安全事件、重特大环境事件应急处置体系，提高处置公共突发事件的能力。进一步加快防灾减灾体系建设，重点建设洪涝干旱、农林病虫害、海洋灾害、人畜疫病和地震、地质灾害的防御防治工程。

五、生态广西建设重点工程

围绕生态广西建设的总体目标和主要任务，在建设期内着重对我区循环经济发展、生态环境保护与建设有重大影响的重点领域，组织和推进一批重大项目建设，估算静态总投资 2 751 亿元，其中，从“十一五”开始安排的建设项目 68 个，总投资为 824.4 亿元。2011—2025 年的建设项目将根据生态广西建设工作情况和经济社会发展需要，纳入每一个五年计划并作出安排。

（一）生态工业工程

主要包括循环型工业园区建设和重点行业、重点企业清洁生产技术改造，清洁能源和替代能源、生物质产业工程。重大工程有：以钢铁、铝业、制糖、有色金属、轻工、燃料酒精、化工、建材等行业为重点的循环工业试点示范工程；以贵糖、南糖、凤糖、农垦糖业生态工业园、百色铝生态工业园、国家级和自治区级高新科技园区及工业园区等为重点的循环经济产业园区建设工程；重点行业企业清洁生产技术改造工程；再生资源回收利用体系建设工程；以甘蔗、木薯、马铃薯为主要原料的生物质产业工程；以核能发电、燃气发电、农村小水电、太阳能、风能、海洋能源等为重点的清洁能源工程。

（二）生态农林牧渔业工程

主要包括：以沼气建设为重点的生态富民家园建设工程；良种工程；绿色和有机食品生产基地建设工程；无公害生物农药、高效肥料开发及示范项目；生态养殖小区建设工程；秸秆和畜禽粪便资源综合利用示范项目；草食畜牧业开发工程；生态渔业工程；名特优新经济果木林基地项目；林木种苗和良种繁育基地项目；速生丰产工业原料林基地项目等。

（三）生态服务业工程

主要包括：生态旅游建设工程；生态文化建设工程；绿色流通体系建设工程；生态教育基地建设工程；“绿色系列”创建工程。

（四）资源保护和利用工程

主要包括：城镇饮用水水源地保护工程；农村饮水安全工程；生物种质资源保护工程；矿产资源综合利用工程；耕地保护与整理工程；农业“沃土工程”；农田水利灌溉工程。

（五）环境污染综合防治工程

主要包括：重点流域水污染综合整治工程；大气污染及酸雨防治工程；城市污水和城市垃圾处理工程；医疗废物和危险废物处置工程；海洋污染防治工程；畜禽养殖污染防治及废弃物综合利用工程；土壤污染治理修复工程；环境安全监控系统建设工程。

（六）生态保护与建设工程

主要包括：重点生态公益林保护工程；珠江流域和沿海防护林体系建设工程；石

漠化综合治理工程；退耕还林还草工程；湿地保护与恢复工程；自然保护区建设及管理工程；野生动植物保护增殖工程；水土保持工程；生态功能保护区建设工程；森林防火工程；农村综合治理“百村示范千村整治”工程；矿山生态恢复重建工程；近海海域生态系统保护工程；城镇生态环境建设工程。

（七）防灾减灾工程

主要包括：防洪（潮）工程；抗旱工程；地质灾害治理工程；防灾减灾综合监测系统工程；重大灾害预警预报应急系统工程。

（八）能力保障工程

主要包括：科技创新支撑体系建设工程；产品技术标准及环境保护标准体系建设工程；突发公共卫生事件应急体系建设工程；动物防疫体系建设工程；农产品标准化生产和全程质量监控体系建设工程；食品质量检验检测与安全监测体系建设工程；生态环境安全监管和应急体系建设工程；生态法规建立完善及执法监管能力建设工程；生态科技人才培养工程。

六、生态广西建设的保障措施

创建生态广西，是一项事关全局和长远的战略任务，必须采取行政、法律、科技、经济、宣传、教育等手段，从加强组织领导、健全政策法规、完善体制机制、强化人才保障、拓宽投融资渠道、鼓励公众参与和扩大交流合作等方面采取切实有效的措施，全面落实规划提出的各项目标和任务。

（一）加强组织领导，明确目标责任

全面加强对生态广西建设工作的统一领导与组织协调。成立生态省（区）建设工作领导小组，明确各部门的分工和责任，对重大事项进行统一部署和综合决策，协调各部门、各地区间的行动，统筹解决生态广西建设中的重大问题。各市、县（区）也应成立相应的组织领导及综合协调管理机构，形成自治区、市、县分级管理，部门协调配合，上下良性互动的推进机制。

建立生态广西建设目标责任制，实行各级党委、政府一把手亲自抓、负总责。将生态广西建设任务指标逐级分解、落实到市县、部门和企业，实行定期考核，考核结果作为各级领导干部实绩评价的重要内容，对各类评优创先活动要实行环境保护一票否决，确保责任落实、措施到位，推动各级领导干部做科学发展观的积极实践者。

（二）推进形成主体功能区

充分考虑地区之间资源环境条件和发展差异，实行区别对待的区域政策，促进各具特色的区域发展格局的形成。根据不同区域的资源环境承载能力和发展潜力，统筹规划未来人口分布、经济布局、国土利用和城镇化格局，将国土空间划分为优化开发、重点开发、限制开发、禁止开发四类主体功能区。在国土开发密度较高、资源环境承载能力已经减弱的区域实行优化开发，坚持环境优先，大力发展高新技术产业，优化产业结构，提升产业水平，集约利用资源，实现增产减污；在资源环境承载能力较强、经济和人口集聚条件较好的区域实行重点开发，着力推进工业化、城镇化，增强经济实力，同时严格控制污染物排放总量，做到增产不增污；在资源环境承载力较弱、人口和经济集聚条件不够好、对全区和较大区域范围生态安全至关重要的区域要实行限制开发，保护优先，合理选择发展方向，因地制宜地发展特色产业，加强生态修复和环境保护，使之逐步成为重要生态功能区；在自然保护区和其他具有特殊保护价值的区域实行禁止开发，强化保护，严格控制人为因素对自然生态的干扰，严禁不符合规定的开发活动。要根据不同区域主体功能定位，制定科学合理的绩效评价和政绩考核办法，对优化开发区域要强化经济结构、资源消耗、自主创新等的评价，弱化经济增长的评价；对重点开发区域要综合评价经济增长、质量效益、工业化和城镇化水平等；对限制开发区域要突出生态环境保护等的评价，弱化经济增长、工业化和城镇化水平的评价；对禁止开发区域主要评价生态环境保护。

（三）健全法规体系，强化执法监督

将生态广西建设纳入依法管理轨道。本规划纲要以及各市（县）编制的生态市（县）建设规划须经同级人大常委会审议通过后实施，并组织开展规划实施情况的年度检查和阶段性中期评估。结合我区实际，抓紧制订出台有利于促进资源环境保护、生态建设和循环经济发展的地方法规及相关领域标准体系，清理、修订现有不适应科学发展观要求的法规、规定，形成较为完善的具有广西特色和有利于生态广西建设的法规体系。

强化依法行政意识，严格执行资源环境保护的法律法规，做到有法必依、执法必严、违法必究，进一步完善执法监察的长效机制，加强对各级领导干部执行环境资源等法律法规情况的监察，强化各级人大、政协的监督，切实保障各级政府和相关执法部门依法行使管理职能；严格执行行政执法责任追究制度，规范相关执法部门和执法人员的执法行为，严肃查处各种环境违法违纪行为，以保障各项法律、法规、规章和规划计划的落实。

（四）创新管理体制，推进民主决策

推进行政管理体制改革，转变政府职能，创新管理方式，形成有利于转变经济增长方式、促进全面协调可持续发展的机制。要把政府职能切实转到经济调节、市场监管、社会管理、公共服务上来，在充分发挥市场配置资源基础作用的同时，强化政府在生态广西建设方面的综合协调能力。建立部门职责明确、分工协作的工作机制，切实解决地方保护、部门职能交叉造成政出多门、责任不落实、执法不统一等问题。加强整体意识，淡化行政区划界限，克服部门分割现象，整体谋划、整体投入、整体实施、整体推动，强化区域间经济发展与资源环境保护的联系、合作。

建立、完善发展与环境综合决策机制。健全对涉及经济社会发展全局的重大事项决策的协商和协调机制、专家咨询机制，对重要规划、政策以及重大项目实行专家咨询论证制度。严格执行《环境影响评价法》，进一步加大建设项目执行环境影响评价制度的监管力度，对土地利用开发规划，区域、流域、海域的开发利用规划，工业、农业、畜牧业、林业、能源、水利、城市建设、旅游、自然资源开发等专项规划，依法实行规划环境影响评价，充分考虑资源和生态环境的承载能力，从决策和源头上控制环境污染和生态破坏。加大决策的透明度，健全对与群众利益密切相关的重大事项决策的公示、听证制度，充分发挥公众的监督作用，推进决策科学化、民主化。

（五）完善经济政策，加强宏观调控

制定、完善、推行有利于生态广西建设的财政、税收、价格、信贷、贸易、土地、风险投资等政策体系，为重点工程项目实施提供良好的政策环境。将农村义务教育、减少贫困、计划生育、公共卫生、公共安全、环境保护、资源管理等作为公共财政预算安排的优先领域，特别是要逐步增加对限制开发区域和禁止开发区域用于公共服务和生态环境补偿的财政转移支付。继续实施鼓励退耕还林、扶贫等各项优惠政策。充分发挥税收的调节作用，完善促进资源节约型和环境友好型社会建设的税收政策，对废弃物资回收再生利用、资源综合利用等项目给予税收优惠。建立和完善能够反映资源环境成本的价格和收费政策，发挥价格机制在资源的供求和可持续利用等方面的调节功能，引导各类要素资源按市场规则进行配置。制定自然资源与环境有偿使用政策，对重要自然资源征收资源开发补偿费，政府定价要充分考虑资源的稀缺性和环境成本，建立能够有效推进企业保护环境的激励政策和减少污染排放的约束机制，逐步提高工业企业排污收费标准，全面实施城镇污水处理和生活垃圾处理的收费政策。完善生态补偿政策，建立生态补偿机制。

改革和完善现行的国民经济核算体系，对环境资源进行核算，使有关统计指标能

够充分反映经济发展中的资源环境代价，探索建立环境资源成本核算体系和以绿色 GDP 为主要内容的新型国民经济核算体系。将节能降耗纳入经济社会发展的统计、评价考核体系。

（六）拓展多元化筹资渠道，完善市场化运作机制

各级政府要按照建立公共财政的要求，调整财政支出结构和投入方式，切实增加对公共服务领域的资金投入，充分发挥政府在生态广西建设中的主导作用。采取政府投资的股权收益适度让利、公共性项目财政补助等政策措施，引导社会资本进入生态保护与建设领域，推动生态建设和环境保护项目的社会化、市场化运作。统一规划、统筹安排农业开发、污染防治、水土保持、河道整治、扶贫开发、植树造林、企业清洁生产技术改造等有关的专项资金，集中投向重点区域和重点项目建设。建立生态广西建设引导资金，采取财政贴息、投资补助和安排项目前期经费等手段，发挥示范和牵动作用，吸引社会资金投入，扶持生态建设和环境治理重点项目建设。积极争取国家高新技术重大产业在广西布局以及相关领域的专项资金支持，利用中央财政转移支付力度不断加大的有利条件，将更多的资金投入生态保护与建设。

运用市场化手段，建立多元化的投融资机制，鼓励和支持社会资金投向生态广西建设。推行污染治理市场化，鼓励社会资本参与城镇污水、垃圾处理等环保基础设施的建设和运营；开展排污交易试点，提高环境治理效益和资金使用效率。积极支持生态工业、生态农业、生态服务业等重点产业项目申请银行贷款和企业上市融资；鼓励不同经济成分和各类投资主体，以独资、合资、承包、股份制、股份合作制、BOT 等不同形式参与生态广西建设。

（七）加快人才队伍建设，改善科技基础条件

建立健全激励机制，营造公开、公平、公正的竞争环境，充分调动和发挥专业技术人员的积极性、创造性。加快培养、引进生态广西建设急需的各类专业人才，加强相关领域人才“小高地”建设，培养造就一批创新能力强、高水平的科技专家和领军人才。进一步壮大技术推广和科普人才队伍，组建生态广西建设的专家咨询队伍。

加大科技投入，建立开放、流动、协作的运行机制，加强研究实验基地和大型仪器共享平台、科技信息资源网络环境平台、科技成果转化和产业化公共服务平台等科技基础条件建设，实现科技资源的有效配置和共享。将生态建设和环境保护领域重点实验室、中试基地、科技示范园和企业孵化基地等技术创新能力建设项目列入技术创新能力建设计划，给予重点支持。

（八）强化宣传教育，引导公众参与

充分利用广播、电视、报刊、互联网等新闻媒体，多层次、多形式地开展生态广西建设的舆论宣传和科普教育，及时宣传报道和表扬先进典型，公开揭露和批评违法违规行为。建立和完善公众参与制度，鼓励公众参与生态广西建设，使之具有广泛的群众基础。涉及群众切身利益的规划、决策和项目，应充分听取群众意见，保障公民对生态广西建设工作的知情权、参与权和监督权。将能源消耗和污染物排放等主要指标完成情况定期公布，接受社会监督。

（九）加强合作交流，扩大对外开放

深入实施开放带动战略，全方位扩大对外开放，大力推动中国—东盟“一轴两翼”区域经济合作新格局，扩大、深化与国内各省区市的经济合作，主动在区域合作中发挥作用。加强与国内先进省市在可持续发展领域的交流，重视研究和吸收生态省建设理论的最新成果，借鉴其他省份建设生态省的成功经验和做法，不断提高生态广西建设工作水平。积极参与泛珠三角区域合作，扩大与西南地区的经济协作，促进区域一体化发展。

围绕发展循环经济、生态环境保护与建设、资源综合利用、扶贫开发等领域，积极开展国际合作与交流，引进国外先进技术、人才和管理经验，把利用外资与生态经济发展和环境保护有机地结合起来。根据我国与周边国家签订的多边和双边协定，加强边境地区环境保护合作，共同构建环境安全体系。

生态广西建设事关我区经济社会发展全局，功在当代，利在千秋。全区各族人民要在自治区党委、政府的统一领导下，认真贯彻落实科学发展观，统一思想，奋发图强，开拓创新，扎实工作，确保生态广西建设工作不断推进，建设目标如期实现。

附录 2

广西壮族自治区生态功能区划*

为更好地保护生态环境，防止各种不合理人为活动造成的生态破坏，指导自然资源有序开发和产业合理布局，推动经济社会与生态环境协调、健康发展，建设生态文明。根据国家环境保护总局和国务院西部地区开发领导小组办公室《关于开展生态功能区划工作的通知》（环发[2002]117 号）精神，我区组织开展了生态功能区划编制工作。

广西生态功能区划是在广西生态现状调查的基础上，通过系统分析生态系统类型及其空间分布特征、主要生态问题和产生原因、生态系统服务功能重要性与生态敏感性空间分异规律，确定不同地域单元的主导生态功能，划分生态功能区类型，确定对保障广西生态安全具有重要作用的重要生态功能区域。生态功能区划是主体功能区划、生态保护与建设规划、资源合理开发与保护、产业布局和结构调整的重要参考依据，对于转变经济发展方式、增强区域社会经济发展的生态支撑能力，促进富裕文明和谐新广西建设具有重要意义。

广西生态功能区划的范围为广西陆域部分，不包括海洋。

一、基本原则、主要目标和区划依据

（一）基本原则

（1）主导功能原则：生态功能确定以生态系统的主导功能为主，次要功能服从主要功能。在具有多种生态服务功能的地域，坚持生态调节功能优先的原则，优先定位生态调节功能。

（2）区域相关性原则：在区划过程中，充分考虑生态系统服务功能在不同区域保障生态安全作用的差别，从区域、流域的层面进行综合分析，确定生态功能类型。

（3）协调原则：生态功能类型的确定与自治区国民经济社会发展规划、土地利用规划、农业区划、林业区划、城镇体系规划、生态建设规划等有关区划、规划相协调。

（4）遵循自然规律原则：充分考虑人类活动与生态系统结构、过程和服务功能相互作用关系，根据区域生态系统服务功能重要性、生态敏感性、生态问题的空间分异规

---

* 《广西壮族自治区生态功能区划》已经广西壮族自治区人民政府同意，并于 2008 年 2 月 14 日正式发布实施（见广西壮族自治区人民政府办公厅文件，文号：桂政办发[2008]8 号）。

律，确定划分的主导因子及划分依据。

（二）主要目标

（1）分析广西不同区域的生态系统类型、生态环境问题、生态敏感性和生态系统服务功能类型及其空间分布特征，划分生态功能区类型，明确各类生态功能区的主导生态服务功能以及生态环境保护目标，划定广西重要生态功能区域。

（2）引导按要素管理生态系统的传统模式向“统筹兼顾、分类指导”的现代生态系统管理模式转变，增强各功能区生态系统的生态调节功能，实现区域生态系统的良性循环。

（3）为区域产业布局、资源利用和经济社会发展规划提供科学依据，指导区域生态保护与生态建设，促进经济社会和生态环境保护的协调发展。

（三）区划依据

以生态环境现状评价、生态环境敏感性与生态服务功能重要性评价为依据进行生态功能区划。

1. 生态环境现状评价

我区地处低纬度地带，北回归线横贯中部，南濒热带海洋，亚热带季风气候特征明显，光热充足、雨量丰沛、雨热同季，自南向北依次出现北热带、南亚热带、中亚热带三个生物气候带；山地、丘陵、台地、谷地、盆地、平原等各类地貌纵横交错，河流众多，地层组成复杂多样且地区性差异明显。特殊、复杂、优越的自然环境条件，孕育了极其丰富的生物物种，形成森林、湿地、海洋等多种类型自然生态系统，并相对稳定地维持着各种生态服务功能。全区野生维管束植物 8 354 种，野生陆栖脊椎动物 946 种，内陆水域淡水鱼类 271 种；森林覆盖率 52.71%；已建立了各种类型自然保护区 73 处，占全区土地面积的 6.4%；全区多年平均水资源量 1 883 亿 m^3。大部分城市环境空气质量达到二级以上标准；主要江河约 90%的河段水质达到或优于地表水III类水质标准，符合水环境功能区水质要求。

但是，我区生态环境形势还比较严峻，仍然存在着自然灾害频繁、森林质量下降、生物多样性受到破坏、水土流失和石漠化较严重、粗放的经济增长方式对环境压力较大等一系列生态环境问题，生态安全面临着威胁。

2. 生态环境敏感性评价

生态环境敏感性的评价主要内容包括土壤侵蚀敏感性、石漠化敏感性、生物多样性敏感性、酸雨敏感性等方面。根据各类生态环境问题的形成机制和主要影响因素，分析各地域单元的生态环境敏感性特征。

土壤侵蚀敏感性：我区土壤侵蚀敏感性主要受地形、降水量、土壤质地和地表覆盖的影响。全区土壤侵蚀敏感性面积 21.03 万 km^2，占全区土地总面积的 88.54%。桂西北岩溶山区、桂西南岩溶山区和桂东北的中低山地区是土壤侵蚀的极度或高度敏感区。

石漠化敏感性：我区石漠化敏感性主要受岩性、坡度、土地利用与植被覆盖度的影响。全区石漠化敏感性面积 5.32 万 km^2，占全区总面积的 22.40%。石漠化敏感性土地主要分布于桂西南、桂西北和桂中地区的岩溶地貌区，在桂东北也有少量分布。

生物多样性及生境敏感性：全区生物多样性及生境敏感性面积 14.37 万 km^2，占全区土地总面积的 60.47%。极敏感和高度敏感区主要分布在广西四周和中部的中山山地以及桂西南岩溶山区。

酸雨敏感性：我区酸雨敏感性与植被、土地利用、土壤、岩石、水分盈亏量等因素有关。全区酸雨敏感性面积 22.37 万 km^2，占全区土地总面积的 94.17%。极敏感区主要分布在桂东南地区；高度敏感区主要分布在桂南、桂东南、桂东和桂东北地区。

3．生态系统服务功能重要性评价

我区生态服务功能包括生态调节功能、产品提供功能与人居保障功能。其中，生态调节功能主要是指水源涵养、土壤保持、生物多样性保护等维持生态平衡、保障区域生态安全等方面的功能；产品提供功能主要包括提供农产品、林产品等功能；人居保障功能主要是指城市发展功能，包括中心城市、重点城镇等。生态系统服务功能重要性评价是根据生态系统结构、过程与生态服务功能的关系，分析生态服务功能特征。

水源涵养重要性：全区水源涵养极重要地区面积 12.03 万 km^2，主要分布于桂北、桂东北、桂西北、桂东南和桂西南的山地；水源涵养重要地区面积 4.48 万 km^2，主要分布于桂西和桂中的石山区、桂东和桂东南的丘陵区。

土壤保持重要性：全区土壤保持极重要区面积 5.67 万 km^2，主要分布桂东北山地、桂西北和桂西南的岩溶山地；土壤保持重要区面积 9.31 万 km^2，分布在极重要区的外缘，零星分散分布在山前地区、盆地边缘和丘陵顶部。

生物多样性保护重要性：我区生物多样性保护极重要地区面积 2.55 万 km^2，主要分布于桂西南、桂西北和桂东北的山地；生物多样性保护重要地区面积 7.80 万 km^2，主要分布在桂北、桂东和桂西北的山地。

产品提供重要性：我区商品粮基地主要分布在桂北、桂中和桂东南，糖料基地主要分布在桂中、桂西南和桂南，荔枝、龙眼、香蕉基地主要分布在桂东南和桂南，杧果基地主要分布在右江谷地，柑、橙、柚等基地主要分布在桂东北。良种桉、马占相思原料林基地主要分布在桂东南、桂南和桂西南，马尾松、大叶栎、丛生竹原料林基地主要分布在桂东、桂北与桂中，西南桦、马尾松、杉木用材林基地主要分布在桂西北。

人居保障重要性：我区人居保障功能区主要包括中心城市、重点城镇。中心城市包括南宁、桂林、柳州、玉林、贵港、梧州、贺州、北海、钦州、防城港、河池、来宾、百色、崇左 14 个。重点城镇主要包括各个县（含县级市）的县城和重点镇。

二、生态功能分区

根据生态系统的自然属性和所具有的主导生态服务功能类型，全区划分为生态调节、产品提供与人居保障 3 类一级生态功能区。

在一级生态功能区的基础上，依据生态功能重要性划分为 6 类二级生态功能区。生态调节功能区包括水源涵养与生物多样性保护功能区、水源涵养功能区、生物多样性保护功能区、土壤保持功能区；产品提供功能区为农林产品提供功能区；人居保障功能区为中心城市功能区。

在二级生态功能类型区的基础上，根据生态系统与生态功能的空间差异、地貌差异、土地利用的组合以及主导功能划分为 74 个三级生态功能区。

（一）生态调节功能区

1-1 水源涵养与生物多样性保护功能区

1-1-1 桂北山地水源涵养与生物多样性保护功能区

1-1-2 海洋山-都庞岭-花山水源涵养与生物多样性保护功能区

1-1-3 贺州东北部山地水源涵养与生物多样性保护功能区

1-1-4 驾桥岭-大瑶山北部水源涵养与生物多样性保护功能区

1-1-5 天峨东北部山地水源涵养与生物多样性保护功能区

1-1-6 乐业-天峨-凤山-凌云-田林山地水源涵养与生物多样性保护功能区

1-1-7 隆林-西林-田林山地水源涵养与生物多样性保护功能区

1-1-8 大瑶山南部水源涵养与生物多样性保护功能区

1-1-9 大明山水源涵养与生物多样性保护功能区

1-1-10 大王岭-黄连山水源涵养与生物多样性保护功能区

1-1-11 六韶山水源涵养与生物多样性保护功能区

1-1-12 西大明山水源涵养与生物多样性保护功能区

1-1-13 西津水库库区丘陵水源涵养与生物多样性保护功能区

1-1-14 十万大山水源涵养与生物多样性保护功能区

1-2 水源涵养功能区

1-2-1 摩天岭水源涵养与林产品提供功能区

1-2-2 大环江-小环江流域山地水源涵养与林产品提供功能区

1-2-3 大桂山北部-桂江中上游山地水源涵养与林产品提供功能区

1-2-4 大桂山南部-桂江下游山地-蒙江中下游山地水源涵养与林产品提供功能区

1-2-5 盘阳河-灵歧河流域山地水源涵养与林产品提供功能区

1-2-6 澄碧河水库-百东河水库-达洪江水库山地水源涵养与林产品提供功能区

1-2-7 高峰岭水源涵养与林产品提供功能区

1-1-8 镇龙山水源涵养与林产品提供功能区

1-2-9 莲花山水源涵养与林产品提供功能区

1-2-10 罗贤水库-六陈水库-平合水库库区水源涵养与林产品提供功能区

1-2-11 大容山水源涵养与林产品提供功能区

1-2-12 云开大山水源涵养与林产品提供功能区

1-2-13 大青山水源涵养与林产品提供功能区

1-2-14 四方岭-大王滩水库库区水源涵养与林产品提供功能区

1-2-15 六万大山-罗阳山水源涵养与林产品提供功能区

1-2-16 洪潮江水库库区水源涵养与林产品提供功能区

1-3 生物多样性保护功能区

1-3-1 环江木论岩溶山地生物多样性保护功能区

1-3-2 武鸣-隆安岩溶山地生物多样性保护功能区

1-3-3 桂西南岩溶山地生物多样性保护功能区

1-4 土壤保持功能区

1-4-1 全州东山山地土壤保持功能区

1-4-2 南丹-环江-金城江岩溶山地土壤保持功能区

1-4-3 融安-鹿寨-永福岩溶山地土壤保持功能区

1-4-4 红水河流域岩溶山地土壤保持功能区

1-4-5 平果中北部岩溶山地土壤保持功能区

（二）产品提供功能区

2-1 农林产品提供功能区

2-1-1 兴安-全州-灌阳谷地农林产品提供功能区

2-1-2 临桂-永福谷地农林产品提供功能区

2-1-3 桂东北岩溶峰林谷地农林产品提供功能区

2-1-4 贺州桂岭盆地农林产品提供功能区

2-1-5 融水-罗城-宜州-柳城岩溶峰林谷地农林产品提供功能区

2-1-6 鹿寨-柳江丘陵农林产品提供功能区

2-1-7 蒙山盆地农林产品提供功能区

2-1-8 信都-铺门谷地农林产品提供功能区

2-1-9 桂中平原农林产品提供功能区

2-1-10 郁江平原-浔江平原农林产品提供功能区

2-1-11 浔江北部-北流江流域丘陵林农产品提供功能区

2-1-12 马山-武鸣-隆安-平果丘陵林农产品提供功能区

2-1-13 武鸣盆地农林产品提供功能区

2-1-14 南宁盆地农林产品提供功能区

2-1-15 兴业丘陵盆地农林产品提供功能区

2-1-16 玉林盆地农林产品提供功能区

2-1-17 右江谷地农林产品提供功能区

2-1-18 桂南丘陵农林产品提供功能区

2-1-19 左江流域岩溶平原农林产品提供功能区

2-1-20 龙州盆地农林产品提供功能区

2-1-21 博白-陆川-北流丘陵农林产品提供功能区

2-1-22 防城港-钦州-北海沿海台地农林产品提供功能区

（三）人居保障功能区

3-1 中心城市功能区

3-1-1 南宁中心城市功能区

3-1-2 柳州中心城市功能区

3-1-3 桂林中心城市功能区

3-1-4 梧州中心城市功能区

3-1-5 北海中心城市功能区

3-1-6 玉林中心城市功能区

3-1-7 贵港中心城市功能区

3-1-8 钦州中心城市功能区

3-1-9 防城港中心城市功能区

3-1-10 河池中心城市功能区

3-1-11 百色中心城市功能区

3-1-12 贺州中心城市功能区

3-1-13 来宾中心城市功能区

3-1-14 崇左中心城市功能区

三、生态功能区主要特征和保护方向

（一）水源涵养与生物多样性保护功能区

全区有水源涵养与生物多样性保护生态功能三级区 14 个，面积 6.45 万 km^2，占全区土地面积的 27.22%。分布在桂北、桂东北、桂西北和桂西南的中低山区域，主要是九万山、大苗山、大南山、天平山、猫儿山、越城岭、海洋山、都庞岭、花山、驾桥岭、大瑶山、金钟山、岑王老山、六韶山、大王岭、大明山、西大明山、十万大山等山脉。这些区域天然植被保存良好，水源涵养能力较强，是大江大河的源头和水源涵养区。该类生态功能区是我区目前天然地带性植被（热带季雨林、亚热带常绿阔叶林）保存最好的地区，生态系统结构相对完整，生物种类繁多，拥有大量珍稀、特有和古老的生物种类，是我区自然保护区分布的主要区域。这些区域的水源涵养和生物多样性保护服务功能极为重要。

主要生态问题：天然阔叶林面积减少，森林质量降低，水源涵养功能减弱，特别是旱季江河水量锐减；雨季局部区域山洪、泥石流、滑坡等灾害多发；坡耕地面积大，水土流失较严重。

生态保护主要方向与措施：规划建立重要生态功能保护区，重点强化水源涵养和生物多样性保护生态功能。加强生态公益林建设，恢复与重建自然生态系统，加强自然保护区建设和管理，保持生物多样性，适度发展商品林；合理利用生态景观优势和生物资源优势，积极发展生态农业、有机农业和生态旅游等生态产业；控制森林资源开发利用强度；严格限制发展导致水体污染的产业；积极防治地质灾害。

（二）水源涵养功能区

全区有水源涵养生态功能三级区 16 个，面积 4.03 万 km^2，占全区土地面积的 17.04%。分布在桂东、桂东南、桂西北和桂北的山地丘陵，主要是大桂山、云开大山、大容山、镇龙山、莲花山、六万大山、罗阳山、四方岭、大青山和桂江、蒙江、盘阳河、灵歧河、大环江、小环江等流域山地以及罗贤、六陈、平合、洪潮江、小江、凤亭河、大王滩、澄碧河、百东河、达洪江等水库库区。这些区域生态公益林与商品林交错分布，森林植被保持相对完好，水源涵养服务功能极为重要。

主要生态问题：人类活动干扰强度大；人工纯林面积比重较大，森林结构单一，涵养水源、保持水土等生态服务功能下降，生物物种减少；部分库区坡耕地面积大，水土流失严重；城镇生活污染物、工业污染物排放及规模水产养殖影响了部分水库水质。

生态保护主要方向与措施：加强生态公益林的改造与建设，通过封育恢复自然植被，促使其逐步向常绿阔叶林演化，提高水源涵养的功能；林产业向合理利用与保护建设相结合的生态型林业方向发展，保持森林生长与采伐利用的动态平衡，兼顾生态效益和经济效益，逐步恢复和改善地力；加强水土保持；严格限制发展导致水体污染的产业。

（三）生物多样性保护功能区

全区有生物多样性保护生态功能三级区 3 个，面积 1.55 万 km^2，占全区土地面积的 6.53%。主要分布于桂西南的龙州、宁明、大新、隆安、靖西、德保、那坡等县和环江的岩溶山区。山多地少，易旱易涝，生态系统脆弱。桂西南岩溶山区保存有面积较大的北热带石灰岩季雨林，环江县木论岩溶山区保存有大片的中亚热带石灰岩常绿落叶阔叶混交林，岩溶生态系统完整，生物种类繁多，拥有大量岩溶珍稀、特有和古老的生物种类，是国际生物多样性保护的热点地区之一，对于生物多样性保护具有重大意义。该类型区生物多样性敏感性极为敏感，生物多样性保护服务功能极为重要。

主要生态问题：农业扩张、交通建设、过度放牧、生物资源过度利用、外来物种入侵等导致物种自然栖息地遭到破坏，栖息地破碎化、“岛屿化”严重，生物多样性受到严重威胁；天然林破坏较为严重，森林覆盖率低，生态系统服务功能退化，水土流失、石漠化严重；坡耕地面积比重大，土地生产力低；局部矿产开发造成区域环境污染和生态破坏。

生态保护的方向与措施：保护自然生态系统与重要物种栖息地，维护生态系统完整性；加强自然保护区建设，提高自然保护区管理能力；禁止对生物多样性有影响的经济开发，防止不合理开发建设活动导致物种栖息环境的改变；禁止对野生动植物进行滥捕、乱采、乱猎，加强对外来物种入侵的控制；继续采取封山育林、退耕还林、小流域治理、农村生态能源建设等措施，恢复重建石山森林生态系统，提高水源涵养和水土保持能力；加强矿区生态恢复与重建，综合防治工业污染和生活污染。

（四）土壤保持功能区

全区有土壤保持生态功能三级区 5 个，面积 3.08 万 km^2，占全区土地面积的 12.97%。分布在桂西北和桂中的岩溶山区，石山平地少，石头多土壤少，耕地资源极缺，生态系统极为脆弱。土壤侵蚀敏感性和石漠化敏感性极为敏感，土壤保持服务功能极为重要。

主要生态问题：不合理的土地利用、毁林开垦、过度放牧造成自然植被严重破坏，森林覆盖率较低，生态系统服务功能退化，水土流失、石漠化严重；坡耕地面积比重大，土地生产力低；岩溶洼地易旱易涝；矿业开发造成局部区域环境污染和生态破坏，有色金属冶炼污染问题突出。

生态保护主要方向与措施：调整产业结构，加速城镇化进程，加快农业人口转移，降低人口对土地的压力；全面实施石漠化综合治理，通过封山育林、退耕还林、小流域治理、农村生态能源建设、改变耕作方式、草食动物舍饲圈养等措施，恢复自然植被，提高水源涵养和水土保持能力；严禁陡坡垦殖和过度放牧，严禁乱砍滥伐树木；开展有色金属矿业及冶炼业的污染防治和废物综合利用，治理矿区环境污染，推进矿区生态恢复与重建。

（五）农林产品提供功能区

全区有农林产品提供生态功能三级区 26 个，面积 8.26 万 km^2，占全区土地面积的 34.91%。主要分布在桂东北、桂中、桂东南、桂南和桂西南的平原、台地和低丘。这些区域的生态服务功能主要是提供农林产品，兼顾生态调节功能保护。

主要生态问题：耕地面积减少，土壤肥力下降；农业面源污染及城镇生活污水污染比较突出；部分农业区干旱；林种结构单一，森林质量下降；矿产开采造成的植被破坏、水土流失问题比较突出。

生态保护主要方向与措施：调整农业产业和农村经济结构，合理组织农业生产和农村经济活动；坚持保护基本农田；加强农田基本建设，增强抗自然灾害的能力；推行农业标准化和生态化生产，发展无公害农产品、绿色食品和有机食品；加快农村沼气建设，推广“养殖-沼气-种果”生态农业模式；协调木材生产与生态功能保护的关系，科学布局和种植速生丰产林区，合理采伐，实现采育平衡；加快城镇环保基础设施建设，加强城乡环境综合整治。

（六）中心城市功能区

中心城市功能区包括南宁、柳州、桂林、梧州、北海、玉林、贵港、钦州、防城港、河池、百色、贺州、来宾、崇左 14 个中心城市。

主要生态问题：城市环保设施滞后，部分城市水环境、空气环境污染问题较为突出，城市生态功能不完善。

生态保护主要方向与措施：推进生态城市建设，改善生态人居，建设生态文明，弘扬生态文化；合理规划布局城市功能组团，完善城市功能；以循环经济理念指导产业发展，加快产业结构调整，推广应用清洁能源，提高资源利用效率；加强城市园林绿地系统建设，保护城市自然植被、水域；深化城市环境综合整治，加快城市环保设施建设；加快公共交通建设，控制机动车尾气排放，减少环境污染。

四、重要生态功能区

根据各生态功能区对保障区域生态安全的重要性，以水源涵养、土壤保持、生物多样性保护三类主导生态调节功能为基础，确定了 9 个重要生态功能区。

（一）桂北山地水源涵养与生物多样性保护重要区

该区总面积 1.90 万 km^2，范围包括桂林市的资源县、龙胜县、全州县西北部、兴安县西北部、灵川县北部、临桂县北部和西部、永福县北部，柳州市的三江县、融水县北部和中部、融安县北部，河池市的罗城县北部、环江县东北部。区内分布有越城岭、猫儿山、大南山、天平山、摩天岭、大苗山、九万山等山地。

本区主导生态功能为水源涵养和生物多样性保护。该区域是漓江、资江、寻江、湘江、洛清江、都柳河、融江、龙江的源头区和水源涵养区，对保护这些流域的生态安全具有重要作用。该区域是中亚热带典型常绿阔叶林分布区域，珍稀物种资源丰富，是我国中亚热带地区的重要物种贮存库。有猫儿山、花坪、九万山 3 个国家级自然保护区，有银竹老山、五福宝顶、建新、青狮潭、寿城、元宝山、泗涧山大鲵 7 个自治区级自然保护区。该区域是具有国际意义的生物多样性分布中心，对全球生物多样性的保护具有重要意义。

主要生态环境问题：天然阔叶林面积减少，人工纯林、经济果木林增多，森林质量降低，水源涵养功能减弱，旱季江河水量锐减；雨季局部区域山洪、泥石流、滑坡等灾害多发；坡耕地水土流失较严重；生物多样性受损严重；城镇生活污染物排放对江河水质影响较大。

生态保护和建设的重点：加强自然植被特别是水源涵养林的保护和恢复，保护生态系统的完整性，提高水源涵养生态服务功能；继续开展退耕还林、封山育林和水土流失治理；加强自然保护区建设和管理，加大建设基金的投入，保护生物多样性；积极防治地质灾害；加大城镇生活污染治理力度；控制森林资源开发利用强度；调整产业结构与生产布局，发展生态旅游、绿色食品、有机食品等生态产业，严格限制导致水体污染的产业。

（二）桂东北山地水源涵养与生物多样性保护重要区

该区总面积 1.71 万 km^2，范围包括海洋山、都庞岭、花山、驾桥岭、桂江中上游山地、大桂山、大瑶山等山地。

本区主导生态功能为水源涵养和生物多样性保护。这些山脉是湘江、桂江、蒙江、柳江、黔江和寻江的发源地和水源涵养区，对于维护这些流域的生态安全具有重要作用。这些山地的森林茂密，地带性植被为亚热带常绿阔叶林，有千家洞、大瑶山 2 个国家级自然保护区，有海洋山、驾桥岭、银殿山、七冲、大桂山鳄蜥、大平山、古修、金秀老山 8 个自治区级自然保护区，珍稀物种资源丰富，是具有国际意义的生物多样性分布中心，对全球生物多样性的保护具有重要意义。

主要生态环境问题：自然生态系统遭到各种人类活动的破坏，天然阔叶林面积少，人工针叶林面积大，森林质量降低，水源涵养功能有所下降，生物多样性降低；物种栖息地岛屿化，生物多样性保护功能减弱；坡耕地水土流失较严重；矿山开采和矿山废弃地造成局部环境污染和生态破坏。

生态保护和建设的重点：加强水源涵养林的保护和恢复，保护现有天然林，扩大阔叶林面积，提高水源涵养生态服务功能；加强区内自然保护区建设和管理，建立生物廊道或者动物的“跳板”，减少物种栖息地岛屿化效应；采用综合措施治理水土流失；调整产业结构与生产布局，发展生态旅游、绿色食品、有机食品等生态产业。

（三）桂西北山地水源涵养与生物多样性保护重要区

该区总面积 1.98 万 km^2，范围包括隆林县、西林县、田林县、乐业县、凌云县、凤山县的西部、天峨县西南部和西北部。

本区主导生态功能为水源涵养与生物多样性保护。是右江、南盘江、布柳河、红水河的源头区和水源涵养区，对保护这些流域和龙滩水电站以及天生桥水电站的生态安全具有重要作用。区内有岑王老山、金钟山国家级自然保护区，有王子山雉类、大哄豹、那佐苏铁、龙滩、雅长兰科植物、泗水河 6 个自治区级自然保护区。保护区保存有大片的天然阔叶林，生物多样性丰富，珍稀物种多，是我国南亚热带地区的重要物种贮存库，对于保护南亚热带生物多样性具有重要作用。

主要生态环境问题：天然阔叶林受到明显破坏，森林质量降低，水源涵养、水土保持等生态服务功能减弱；坡耕地面积大，水土流失较严重；栖息地破碎，紫茎泽兰等外来物种入侵危害日趋严重，生物多样性面临威胁；部分库区水体富营养化。

生态保护和建设的重点：加大封山育林力度，恢复退化自然植被特别是天然林，提高山地森林生态系统服务功能；加强自然保护区建设和管理，构建生态廊道，改善栖息地环境；继续实施退耕还林、农村生态能源建设、小流域综合治理；禁止陡坡开垦和过度放牧；防治外来入侵物种；综合整治库区水环境污染。

（四）都阳山岩溶山地土壤保持重要区

该区总面积 1.40 万 km^2，范围包括天峨县东南部、东兰县、巴马县、金城江区西南部、凤山县东部和东北部、大化县、都安县西北部和西南部、马山县东北部和西部、平果县东北部、上林县西北部。

本区主导生态功能为土壤保持。是典型岩溶山区，广西最大的连片石山区和贫困山区，水土流失严重，石漠化面积大。区内分布的林、灌、草植被具有重要的水土保持功能，对保护都阳山区以及红水河流域的岩滩水电站和大化水电站的生态安全都具有重要作用。

主要生态环境问题：土壤侵蚀和石漠化极为敏感；不合理的土地利用、毁林开垦、过度放牧造成自然植被严重破坏，森林覆盖率低，生态系统服务功能退化，水土流失、石漠化严重；坡耕地面积比重大，土地生产力低；岩溶洼地易旱易涝。

生态保护和建设的重点：全面实施石漠化综合治理，通过封山育林、退耕还林、小流域治理、农村能源建设以及改变耕作方式和草食动物饲养方式等措施，恢复自然植被，提高水源涵养和水土保持能力；充分发挥生态系统的自我修复能力，促进生态功能的修复；实施异地生态扶贫搬迁工程；巩固生态建设成果，促进地方经济发展和农民脱贫致富。

（五）大明山—高峰岭水源涵养与生物多样性保护重要区

该区总面积 0.26 万 km^2，范围包括大明山山脉和高峰岭山地丘陵。

本区主导生态功能为水源涵养与生物多样性保护。大明山是武鸣河和清水河的源头区和水源涵养区，对于维护这些流域的生态安全具有重要作用；分布有大明山国家级自然保护区和龙山自治区级自然保护区，生物多样性丰富，珍稀物种多，是我国南热带地区的重要物种贮存库。高峰岭山地丘陵拥有 14 个水库，河流注入邕江和红水河；是南宁城市天然生态屏障，对维护城市生态环境、调节区域气候具有非常重要的作用。

主要生态环境问题：大明山的中下部多为马尾松针叶林和经济林，森林涵养水源的功能有所下降；坡耕地面积大，水土流失比较严重。高峰岭山地丘陵区，多为人工针叶林和速丰林，涵养水源的功能减弱。

生态保护和建设的重点：加强区内自然保护区建设和管理；开展退耕还林、植被恢复和水土流失治理，保护现有天然林，进行封山育林，恢复为阔叶林，提高森林质量和森林涵养水源的功能；适当发展生态旅游。

（六）桂西南岩溶山地生物多样性保护重要区

该区面积 1.95 万 km^2，范围包括那坡县、靖西县、德保县、天等县以及右江区西南部、田东县南部、田阳县南部、平果县西南部、大新县西北部和东北部、隆安县西部和西南部、江州区北部、扶绥县北部、龙州县北部和东南部、宁明县西北部。

本区主导生态功能为生物多样性保护。区内有弄岗国家级自然保护区和老虎跳、西大明山、龙虎山、下雷、恩城、大王岭、黄连山-兴旺、那佐、古龙山 9 个自治区级自然保护区，保存有大片的北热带石灰岩季节性雨林，岩溶生物多样性丰富，珍稀物种多，是我国北热带岩溶地区的重要物种贮存库，是具有国际意义的生物多样性分布中心，对全球生物多样性的保护具有重要意义。该区是典型岩溶山区和贫困山区，区内分布的林、灌、草植被具有重要的水土保持功能，对维护桂西南石山区和右江流域以及左江流域的生态安全都具有重要作用。

主要生态环境问题：土壤侵蚀和石漠化极为敏感；天然林破坏严重，森林覆盖率低，石漠化现象突出；物种栖息地较为破碎，飞机草等外来物种入侵危害严重，生物多样性面临威胁；陡坡开垦、局部矿产无序开发导致的生态破坏和水土流失严重；旱灾频繁。

生态保护和建设的重点：实施严格的封山育林，加快水源涵养林和水土保持林建设，继续采取退耕还林、转变草食动物饲养方式、小流域综合治理、农村能源建设等综合措施治理石漠化；加强自然保护区建设管理，构建生态廊道，保护自然生态系统与重要物种栖息地，防治外来物种入侵；采用工程措施和节水灌溉技术，解决干旱问题；开展矿区生态恢复与重建。

（七）大容山水源涵养重要区

该区面积 0.10 万 km^2，范围包括容县西北部、北流市北部、桂平市南部、兴业县东部。

本区主导生态功能为水源涵养，是南流江、北流江和郁江、浔江一些支流的源头区和水源涵养区，有 10 个中小型水库，对于保护这些流域的生态安全具有重要作用。

主要生态环境问题：人工林面积大，天然阔叶林面积小，森林质量降低，森林涵养水源的功能下降。

生态保护和建设的重点：开展植被恢复和水土流失治理，保护现有天然林，进行封山育林，恢复阔叶林，提高森林涵养水源的功能；适当发展生态旅游业。

（八）六万山水源涵养重要区

该区面积 0.20 万 km^2，范围包括玉林市福绵区西部和西北部、博白县北部和西北部、浦北县东北部、兴业县的南部。

本区主导生态功能为水源涵养。是武思江、南流江源头区和水源涵养区，是小江和武思江两个大型水库和充粟中型水库的水源地，对于保护这些流域和水库的生态安全具有重要作用。区内有那林自治区级自然保护区，生物种类丰富。

主要生态环境问题：人工林面积大，天然阔叶林面积小，森林质量降低，森林涵养水源的功能下降。

生态保护和建设的重点：开展植被恢复和水土流失治理，保护现有天然林，进行封山育林，恢复阔叶林，提高森林涵养水源的功能。

（九）十万大山水源涵养与生物多样性保护重要区

该区面积 0.63 万 km^2，范围包括宁明县南部、上思县东部和南部、防城区大部分、东兴市北部、钦北区西南部。

本区主导生态功能为水源涵养与生物多样性保护。是明江、北仑河、长湖江、竹排江、江平江、防城河和茅岭江的源头区和水源涵养区，是 25 个大中小型水库的水源地，对于保护这些流域和水库的生态安全具有重要作用。有十万大山和防城金花茶国家级自然保护区，有大面积的北热带季节性雨林，珍稀物种资源丰富，是我国北热带地区的重要物种贮存库，是具有国际意义的生物多样性分布中心，对全球生物多样性的保护具有重要意义。

主要生态环境问题：天然林阔叶面积减少，人工林面积大，森林涵养水源的功能下降；坡耕地面积大，水土流失比较严重。

生态保护和建设的重点：加强区内自然保护区建设和管理；开展退耕还林、植被恢复和水土流失治理；调整产业结构与生产布局，发展生态旅游、绿色食品、有机食品等生态产业。

五、生态功能区划实施的保障措施

（1）各级政府制定重大经济技术政策、经济社会发展规划，要依据生态功能区划，充分考虑生态功能的完整性和稳定性。

（2）各级政府制定生态保护与生态建设规划，要根据生态功能区的功能定位，确定合理的生态保护与生态建设目标，制定可行的方案和具体措施，促进生态系统的恢复，增强生态系统服务功能，为区域生态安全和可持续发展奠定基础。

（3）对区域生态安全有重大意义的水源涵养、水土保持、生物多样性保护等重要生态功能区，应建立国家级、自治区级或市级的生态功能保护区。

（4）经济社会发展应与生态功能区的功能定位保持一致。资源开发利用项目应当符合生态功能区的保护目标，不得造成生态功能的改变；禁止建设与生态功能区定位不一致的项目；对已建和在建的与功能区定位不一致的项目，应根据保护生态功能的要求，逐步改造或搬迁，落实恢复项目所在区域生态功能的措施。

（5）建立结构完整、功能齐全、技术先进的生态功能区管理信息系统，促进生态环境行政管理和社会服务信息化。对重要生态功能区的生态功能及其保护状况定期组织评估和考核，并公布结果。

（6）加强生态保护的宣传教育。积极宣传生态功能区划的重要性，加强对党政干部、新闻工作者和企业管理人员的培训，普及生态环境保护教育；调动广大人民群众和民间团体参与资源开发保护监督，鼓励公众和非政府组织参与生态功能区管理。